国家级实验教学示范中心

全国高等院校医学实验教学规划教材

供临床、预防、基础、口腔、麻醉、影像、药学、检验、护理、法医、中医等专业使用

生物化学实验指导

主　编　孙玉宁

副主编　姚　青　张　茜

编　委　（按姓氏笔画排序）

孙玉宁　芦晓红　杨　怡　李　岩

李　燕　李建宁　张　茜　张继荣

张淑雅　赵　薇　姚　青　顾银霞

高玉婧　黄卫东　裴秀英

科学出版社

北　京

内 容 简 介

本书是按照五年制医学院校实用性人才培养要求编写的实验教材。全书共分两篇。第一篇为生物化学实验基础,包括生物化学实验的基本操作,常用实验技术,实验记录和实验报告书写要求等内容。第二篇为实验与学习指导,按照理论课章节进行编排,每一章由实验预习、知识链接与拓展、实验、复习与实践四个环节组成,将实验内容和理论紧密结合在一起。本教材实验内容不仅编入了生物化学教学中的经典实验,而且编入了一些综合性、设计性实验、分子生物学实验及科研成果的应用。既强调基本技能的锻炼,又突出科研能力的培养。

本书既可供医学院校本科各专业教学使用,也可作为研究生及从事相关专业研究人员技术参考书,作为医学生完成学业、考研和医师资格考试的参考书籍。

图书在版编目(CIP)数据

生物化学实验指导 / 孙玉宁主编 .—北京:科学出版社,2013.6
国家级实验教学示范中心·全国高等院校医学实验教学规划教材
ISBN 978-7-03-037635-0

Ⅰ.生… Ⅱ.孙… Ⅲ.生物化学-化学实验-医学院校-教学参考资料
Ⅳ.Q5-33

中国版本图书馆 CIP 数据核字(2013)第 116138 号

责任编辑:王 颖 / 责任校对:郑金红
责任印制:徐晓晨 / 封面设计:范璧合

科学出版社出版
北京东黄城根北街 16 号
邮政编码:100717
http://www.sciencep.com

北京科印技术咨询服务公司 印刷
科学出版社发行 各地新华书店经销

*

2013 年 6 月第 一 版 开本:787×1092 1/16
2016 年 1 月第三次印刷 印张:14 1/4
字数:336 000
定价:45.00 元
(如有印装质量问题,我社负责调换)

前　　言

　　生物化学,即生命的化学,是一门从分子水平阐释生命现象与规律,揭示生命奥秘的科学。它是一门实验性很强的基础医学学科,是进一步学习其他基础医学课程和临床医学课程的必备基础知识。理论知识源于实验研究,生物化学实验是生物化学教学的重要组成部分。通过实验,可以让学生巩固和加深对生物化学基本理论的理解和记忆,掌握基本技术、基本技能,培养他们基本的科研思维以及分析问题、解决问题的能力。为适应教育部倡导的以科学发展观统领教育全局,进一步提高教学质量,培养符合现代医学模式和适应我国医疗、卫生发展需求的医学人才,建立以学生为中心的自主学习模式、加强终身学习能力和创新能力的培养,我们近几年对生物化学课程的理论及实验体系进行了改革,理论教学中开展案例式教学,加强与临床知识的衔接;实验教学方面,在原有实验教材的基础上,逐步开展现代分子生物学实验,加强科研成果在本科生实验中的应用与结合,为此编写《生物化学实验指导》。该教材中除了经典实验之外,还增加了常用的分子生物学实验内容;同时增添了实验预习、知识链接与拓展、复习与实践等内容。

　　《生物化学实验指导》教材有两个方面的突出特点:首先,实验内容系统、全面,融合科研成果的应用。教材不仅编入生物化学教学中的经典实验,而且编入一些综合性、设计性实验以及分子生物学实验;同时还将我们科研中的一些研究成果应用在实验教学中。如重组基因克隆鉴定、重组蛋白的诱导表达等试验都渗入了我们科研中的一些研究结果。经过5年多的实践,我们体会到在实验教学改革和探索中,不仅在培养学生实验兴趣、动手操作的能力有很大程度的提高,而且在科研思维、科研能力的培养上也取得了非常满意的效果。其次,实验内容按照理论章节进行编排,将实验内容和理论紧密结合在一起。每一章由四个环节组成:即实验预习、知识链接与拓展、实验、复习与实践。实验预习环节是本章理论知识的高度凝练、概括和综合,便于学生复习和记忆,更重要的是有利于学生将理论和实验紧密结合,加深对具体实验原理的理解。知识链接与拓展环节融入了与本章有关的临床知识、案例以及现实生活中与生物化学知识相关的实例。针对临床病例,从生化知识的角度分析疾病发生的生化机制,并通过具体案例资料作为学生实践分析的材料,以达到学以用,基础与临床的早期结合。现实生活中的相关实例,如三聚氰胺的"毒奶粉事件"、"太空作物"、"转基因食品"等实例的介绍,以此加深学生对生化知识的理解、拓宽生化知识面,真正做到从课堂到临床,从课堂到现实生活等多方面对生物化学知识的理解和掌握。复习与实践环节编选了一些试题,包括选择题、名词解释、简答题和论述题,并给出了参考答案,便于学生复习和对知识的融会贯通。

　　本教材适用于临床、预防、基础、口腔、麻醉、影像、药学、检验、护理、法医、中医等本科及专科的生物化学实验教学;也可供医学院校生物化学教师、科研人员及研究生参考。本教材也可作为医学生完成学业、考研和医师资格考试的参考书籍。

　　衷心感谢所有参编人员为本教材编写付出的艰辛努力,以及所在单位的各级领导和有关部门热情鼓励和支持。

　　由于生物化学及技术发展迅速,内容涉及广泛,加之编者水平有限,书中有不足甚至错误之处,恳请广大读者批评、指正。

孙玉宁

2013 年 3 月

目　　录

第一篇 生物化学实验基础

第一章 概　述

一、生物化学实验的目的和特点

生物化学是生命科学的基础学科,也是一门重要的实验性学科。其基础理论和技术手段已被广泛地应用于生命科学研究的各个领域。生物化学实验技术是生命科学尤其是医学研究和检验的基本技术。开展生物化学实验的目的是为了让医学生巩固和加深对生物化学基础理论的理解,掌握生物化学基本操作技术,培养基本的科研思维和实验数据的整理和分析能力,为其临床学习和将来进行科学研究打下扎实的基础。

生物化学是一门重要的实验性基础学科。自 20 世纪初期,作为一门独立的学科从生理学独立出来后,生物化学迅速发展。但归根结底,每一项重要理论的提出,都源于实验,而又反过来指导实验。实验将设想上升为理论,理论又在指导实验的同时,向实验提出了新的要求,二者相辅相成,促进了整个学科的发展。所以,生物化学实验在整个生物化学及相关学科的发展上,都起着决定性的作用。

生物化学实验作为一门实验性学科,归纳起来,有如下的主要特点:

1. 与其他学科相互渗透　生化实验主要是应用化学的原理和方法所设计的科学实验。但由于科学发展的横向性,有关学科互相渗透,因此生化实验在渗入其他学科的同时,也渗进了一些相关学科的理论知识和实验方法。

2. 微量和定量　随着生化实验技术方法的进步,用于生化检测的样品量,大多已从以往的常量降到现在的微量和超微量(ml,μl),但所得结果却较常量精确。另外,生化实验大多为定量测定,因为定量测定才更能说明物质的量与质的改变情况。由于上述原因,生化实验要求有严格的条件,这就要求实验者必须一丝不苟地遵守所规定的条件,才能期望得到正确的结果。

3. 生物取材　生化实验往往涉及生物大分子和生物材料的检测,因此取材常为生物体的组织器官,甚至活的生物体,并且要按照需要定时,定位地取样。有时要自行喂养动物,以人为地控制其代谢。

4. 手段先进　生化实验拥有先进的实验手段。实验器材和仪器的现代化,是当今生化实验领域中分不开的。可以说,新技术手段的出现和发展,推动了生物化学的发展。

5. 联系临床　医学生化实验与临床医学密切联系。有一些实验直接为临床服务,如辅助诊断,了解治疗效果和预后等;有的实验结果则可向临床医务人员发出某种信号,以及时引起重视。

二、生物化学实验记录和实验报告的书写

学生在进入实验室之前必须认真阅读实验指导,预习实验内容,熟悉实验原理所涉及的相关理论知识。实验课上要认真听老师讲解实验要求,独立或与实验小组其他成员协作完成实验内容,如实记录实验数据和现象,并独立完成实验报告。

实验报告是科学实验的忠实记录和总结,是锻炼学生分析问题能力的有效途径。也是对学生实验课学习成绩考查的参考。所以每次实验结束,应认真作好实验报告。

1. 实验记录 实验记录是实验过程的原始资料,也是书写实验报告的依据。实验者必须实事求是地记录实验过程中所观察到的真实结果和出现的问题。在判断所出现的结果时,务必客观,切忌掺入主观因素。不准无根据地涂改原始记录,确因记错而需纠正时,可将原错处轻轻划掉(不要涂抹,要使被划处仍可看清),然后加写正确的记录;也可保留原错处,而在其后或最后加以说明。

2. 实验报告 书写实验报告应字体端正,清楚易认。内容包括:实验题目,实验日期,基本原理,主要操作,实验结果(定量实验应包括计算公式及计算数据;对定性实验应有结论),讨论等。如实验中出现某些问题,应尽可能对出现的原因进行分析。

（裴秀英　孙玉宁）

第二章　生物化学实验常用标本的制备

一、全　　血

全血是在取出人或动物的血液后,立即与适量的抗凝剂充分混合所得的抗凝血。每毫升血液需加抗凝剂的量如下:草酸钾或草酸钠 1~2mg;柠檬酸钠 5mg;氟化钠 5~10mg;肝素 0.1~0.2mg。通常先将抗凝剂配成水溶液,按所取血量的需要加于试管或其他合适的容器中,转动试管容器使成一薄层以使血液均匀的与抗凝剂接触,在 100℃ 以下烘干(若用肝素则干燥温度在 30℃ 以下)。

选择抗凝剂的种类视血液的不同用途而定。实验室中常用草酸盐作为抗凝剂,因为草酸盐溶解度大,用量少,性质稳定,价格低廉。柠檬酸盐对动物体无毒,故若需将抗凝血回注入动物体时,宜用柠檬酸钠抗凝。氟化物有抑制糖酵解作用,故测定血糖时可用氟化钠抗凝。但氟化钠也能抑制脲酶活性,故用脲酶测定尿素时不能用氟化钠抗凝。肝素是生理抗凝剂,较为理想,但价格较贵。抗凝的机理是从血中除去 Ca^{2+} 而防止血液凝固。

二、血　　浆

血浆是指除血细胞之外的血液成分。制备血浆的方法是将抗凝全血在离心机中离心,使血细胞下沉,所得之上清液即为血浆。血浆制备的过程中应防止溶血,故要求在采取血液时所用的注射器、针头及试管或其他盛器等皆需清洁干燥,取得全血后也要避免剧烈振摇。

三、血　　清

血清是血液凝固后所析出的草黄色液体。制备血清的方法是:采血后不加抗凝剂,在室温下使其凝固,通常经过 3h 血块即收缩析出血清。制备血清也要防止溶血,故所用设备必须干燥,且在血块收缩后及早分出血清。酶活性测定时常用血清而不用草酸盐或柠檬酸盐抗凝,可以避免这些物质对酶活性可能产生的影响。

四、无蛋白血滤液

在生物化学分析中,有时须避免蛋白质的干扰,常用蛋白质沉淀剂除去血液中的蛋白质。血液在加沉淀剂后离心或过滤所得的上清液或滤液即为无蛋白血滤液。常用的蛋白质沉淀剂有:钨酸、三氯乙酸等。实验室中以硫酸和钨酸钠作为蛋白沉淀剂,所得之血滤液常用于血糖、肌酐、非蛋白氮等成分的测定。用三氯乙酸作为蛋白沉淀剂制得的血滤液,酸性较强,利于磷、钙等溶解,常用于测定血清无机离子含量。

五、尿　　液

尿液中含有肾脏排泄代谢的多种代谢产物。故一昼夜中尿液所含的化学物质的含量,往往随进食、进水、运动及其他情况而有所波动,所以若做定量测定时,应收集 24h 尿液。

收集的方法是:嘱患者排去尿液,记录时间,以此时间算起,收集至次日同一时间(即 24h)内的全部尿液。尿液应倒入有盖的清洁盛器中。收集完毕后,立即量出总量并记录,以便计算待测物质 24h 尿液的含量。临检测时,应将尿液混摇。然后取适量尿液测定。

视测定项目的需要,有时需收集定时尿液,即一天中某一时间的尿液。如早晨空腹排的晨尿,或作某种试验性测定时(如维生素排出测定),要在服药后数小时采集尿。为防尿液腐败变质,影响测定结果,应加适当的防腐剂。通常在测定含氮物质时,用甲苯做防腐剂,用量约为 5ml/L 尿液;而做激素的代谢产物及无机盐测定时,宜采用浓盐酸(5ml/L 尿液)做防腐剂。

(裴秀英　孙玉宁)

第三章　生物化学实验的基本操作

一、玻璃仪器的清洗

生化实验常用各种玻璃仪器,其清洁程度直接影响实验结果的准确性。因此,清洗玻璃仪器不仅是实验前后的常规工作,也是一项重要的技术性工作。清洗玻璃仪器的方法很多,需根据实验要求、污物的性质和沾污程度选用合适的清洁方法。

(一) 新购玻璃仪器的清洗

新购玻璃仪器,其表面附有碱质,可先用肥皂水刷洗,再用流水冲净后,浸泡于 1%~2% 盐酸中过夜;再用流水冲洗,最后用蒸馏水冲洗 2~3 次,干燥备用。

(二) 使用过的玻璃仪器的清洗

1. 一般玻璃仪器　如试管、烧杯、锥形瓶等,先用自来水冲洗后,用肥皂水或去污粉刷洗,再用自来水反复冲洗,去尽肥皂水或去污粉,最后用蒸馏水淋洗 2~3 次,干燥备用。

2. 容量分析仪器　吸量管、滴定管、容量瓶等,先用自来水冲洗,待沥干后,再用铬酸洗液浸泡数小时,然后用自来水充分冲洗,最后用蒸馏水淋洗 2~3 次,干燥备用。

3. 比色杯　用毕立即用自来水反复冲洗。洗不净时,用盐酸或适当溶剂冲洗,再用自来水冲洗。避免用碱液或强氧化剂清洗,切忌用试管刷或粗糙布(纸)擦拭。

上述所有玻璃器材洗净后,以倒置后器壁不挂水珠为干净的标准。

二、玻璃仪器的干燥

(一) 晾干

不急用的玻璃仪器洗净后,可沥尽水分,倒置于无尘的干燥处,让其自然风干。

(二) 加热烘干

一般玻璃仪器洗净并沥尽水分后,可置于电烘箱中烘烤,温度控制在 105~110℃,烘烤 1h 左右。但带有刻度的量器不宜在高温下烘烤,有盖(塞)的玻璃仪器,如容量瓶、称量瓶等,应去盖(塞)后烘烤。

三、吸量管的种类及使用

(一) 吸量管的种类及用途

1. 奥氏吸量管　这类吸量管的特点是在同一容量的各类吸量管中,其容量表面积最小,故准确性最高。奥氏吸量管上只有一个刻度(图 3-1),放液时残留于管尖的液体必须吹出。它常用于量取黏度较大的液体(如血液等),其规格有 0.5ml、1ml、2ml、3ml、5ml 等。

2. 移液管 又称移液吸量管。每根移液管上只有一个刻度(图 3-1),放液时任其自然流出后,让管尖接触容器内壁 15 ~ 30s,管尖残留液体不得吹出。其规格有 10ml、20ml、25ml、50ml 等。

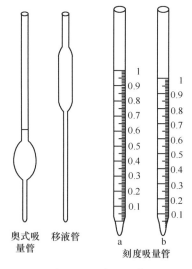

奥式吸
量管　移液管

刻度吸量管

图 3-1　三类吸量管

a. 刻度不到尖端的吸量管;b. 刻度
到尖端的吸量管

3. 刻度吸量管 这类吸量管带有许多分刻度,刻度标记有自下而上和自上而下两种,供量取 10ml 以下的任意体积的液体之用。其规格有 0.1ml、0.2ml、0.25ml、0.5ml、1ml、2ml、5ml 及 10ml。

刻度吸量管有两种类型(图 3-1):①全流出式刻度吸量管。此吸量管刻度标至尖端刻度容量包括液体流出的全部,放液时需将管尖残留液体吹出。这种吸量管上端有些标有"吹"字,有些则无。值得注意的是有些标有"快"字,表明此吸量管检校时,已校正过尖端残留液的误差,故不能吹出管尖残留液体。②不完全流出式刻度吸量管。此种吸量管上有零刻度,又有总刻度。使用时,以刻度为准,不能放液至最后的刻度线以下。

为了便于准确、快速地选取所需的吸量管,国际标准化组织统一规定,在刻度吸量管上方印有各种彩色环,以示容积区别(表 3-1)。

表 3-1　各标准刻度吸量管的色标和环数

	标准容量(ml)									
	0.1	0.2	0.25	0.5	1	2	5	10	25	50
色标	红	黑	白	红	黄	黑	红	橘红	白	黑
环数	单	单	双	双	单	单	单	单	单	单

此外,不完全流出式吸量管还在单环或双环上方再加印一条宽 1 ~ 1.5mm 的同色彩环,以与完全流出式刻度吸量管相区别。

(二) 吸量管的使用方法

1. 执管 用中指和拇指拿住吸量管上部,食指按住吸量管上口以控制流速;刻度数字应对向操作者(图 3-2)。

2. 取液 将吸量管插入液体内(切忌悬空,以免液体吸入吸耳球内),用吸耳球吸取液体至所取液量的刻度上端 1 ~ 2cm 处,然后迅速用食指按紧吸量管上口,使管内液体不再流出。

3. 调准刻度 将已充满液体的吸量管提出液面,用滤纸片抹干管尖外壁液体,然后垂直提吸量管于供器内(管尖悬离供器内液面)。用食指控制溶液流至所需刻度,此时液体凹面、视线和刻度线应在同一水平面上,并立即按紧吸量管上口。

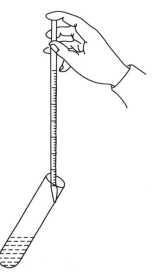

图 3-2　使用吸管的手势

4. 放液　放松食指,让液体自然流入受器内。此时,管尖应接触受器内壁,但不应插入受器内的原有液体之中,以免污染吸量管及试剂。

5. 洗涤　吸取血液、尿、组织样品及黏稠试剂的吸量管,用后应及时用自来水冲洗干净。如果吸取一般试剂的吸量管可不必马上冲洗,待实验完毕后,用自来水冲洗干净,晾干水分,再浸泡于铬酸洗液中。数小时后,再用流水冲净,最后用蒸馏水冲洗,晾干备用。

四、可调式移液器的使用

(一) 可调式移液器的结构

可调式移液器的结构见图3-3。

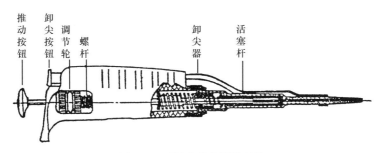

图 3-3　可调式移液器的结构

注意:推动按钮内部的活塞分2段行程,第一挡为吸液,第二挡为放液,手感十分清楚

(二) 操作

1. 调　调整调节轮至所需体积值。

2. 套　套上枪头,旋紧。

3. 握　垂直持握可调式移液器,用大拇指按至第一挡。

4. 插　将枪头插入溶液,徐徐松开大拇指,使其复原。

5. 擦　将可调式移液器移出液面,必要时可用纱布或滤纸拭去附于枪头表面的液体,注意不要接触枪头孔口。

6. 排　排放时,重新将大拇指按下,至第一挡后,继续按至第二挡以排空液体。

注意:移取另一样品时,按卸尖按钮弃掉枪头并更换新枪头。

五、722型分光光度计的使用

1. 预热　打开电源开关,使仪器预热20min。为了防止光电管疲劳,预热仪器时应将试样室盖打开,使光路断开。

2. 选定波长　根据实验要求,转动波长手轮,调至所需要的波长。

3. 固定灵敏度挡　在能使空白溶液很好地调到"100%"的情况下,尽可能采用灵敏度较低的挡,使用时,首先调到"1"挡,灵敏度不够时再逐渐升高。

4. 调节 T=0　打开试样室盖,点击"0"旋钮,使数字显示为"00.0"。

5. 调节 T=100%　将盛蒸馏水(或空白溶液)的比色皿放入比色皿座架中,对准光路,把试样室盖子轻轻盖上,点击透过率"100%"按钮,使数字显示正好为"100.0"。

6. 吸光度的测定 将盛有待测溶液的比色皿放入比色皿座架中的其他格内,盖上试样室盖,轻轻拉动试样架拉手,使待测溶液进入光路,此时数字显示值即为该待测溶液的吸光度值。读数后,打开试样室盖,切断光路。重复上述测定操作 1~2 次,读取相应的吸光度值,取平均值。

7. 关机 实验完毕,切断电源,将比色皿取出洗净,并将比色皿座架用软纸擦净。

六、离心机的使用

离心机种类很多。一般实验室具备的离心机是最大转速在 4000~5000r/min 台式或落地式离心机。本节主要介绍本实验室的 TGL-16G 高速台式离心机和 TDL-5-A 型台式离心机的使用。

(一) TGL-16G 高速台式离心机

(1) 将样品等量放置在试管内,并将其对称放入转头。

(2) 拧紧转轴螺母,盖好盖门,将仪器按上电源后,打开仪器后面的电源开关,此时数码管显示"0000",表示仪器已接通电源。

(3) 如需调整仪器运行参数(运转时间和运转速度),可按功能键,使相应的指示灯亮,数码管即显示该参数值,此时可用"▲"及"▼"键相结合调整该参数至需要的值,并按记忆键确认储存。

(4) 按开始键启动仪器。仪器运行过程中数码管显示转速,当需要查看其他参数时,可按功能键,使该参数对应的指示灯点亮,数码管即显示该参数值。当仪器到达设定的时间或中途停机,停机过程中数码管闪烁显示转速,属正常现象。

(5) 设定最高转速:1 号转 16000r/min;2 号转 12000r/min。

(二) TDL-5-A 型台式离心机的使用

(1) 将离心管对称放置于编号相同模子内。

(2) 准确平衡。

(3) 对称放置、卡好。

(4) 盖好风罩、盖门。

(5) 按控制板面上的运转键,开始运转。待到设定时间后,离心机自动停止。运转过程中或转子未停稳的情况下禁止打开盖门,以免发生事故。

(6) 离心机一次运转时间不应超过 60min。

【思考题】

(1) 离心操作的关键是什么? 如何才能做到?

(2) 若量取 5.15ml 液体,应选取哪种规格的刻度吸量管?

(裴秀英 李 燕)

第四章　常用生物化学实验技术

一、分光分析技术

分光光度法是利用物质在紫外或可见光区的分子吸收光谱,对物质进行定性分析、定量分析及结构分析的方法。按所吸收光的波长区域不同,分为紫外分光光度法(60~400nm)和可见分光光度法(400~750nm)。

用不同波长的光依次透过待测物质,并测量物质对不同波长的光的吸收程度(吸光度),以波长为横坐标,吸光度为纵坐标作图,就可以得到该物质在测量波长范围内的吸收曲线。这种曲线体现了物质对不同波长的光的吸收能力,也称为吸收光谱。吸收光谱通常由一个或几个宽吸收谱带组成。最大吸收波长(λ_{max})表示物质对辐射的特征吸收或选择吸收,它与分子中外层电子或价电子的结构(或成键、非键和反键电子)有关。朗伯-比尔定律是分光光度法和比色法的基础。这个定律表示:当一束单色光穿过透明介质时,光强度的降低同入射光的强度、吸收介质的厚度及溶液的浓度成正比。用数学公式表达为:

$$A = \lg I_0/I = \varepsilon bC$$

式中的 A 叫做吸光度;I_0 为入射辐射强度;I 为透过吸收层的辐射强度;(I/I_0) 称为透射率 T;式中 b 的单位为 cm,C 为物质的量浓度(mol/L),ε 是一个常数,叫做摩尔吸光系数,单位为 L/(mol·cm)。ε 值越大,分光光度法测定的灵敏度越高。

分光光度计由 5 个部件组成(图 4-1):①光源。必须具有稳定的、有足够输出功率的、能提供仪器使用波段的连续光谱,如钨灯、卤钨灯(波长范围 350~2500nm),氘灯或氢灯(180~460nm),或可调谐染料激光光源等。②单色器。由入射、出射狭缝、透镜系统和色散元件(棱镜或光栅)组成,是用以产生高纯度单色光束的装置,其功能包括将光源产生的复合光分解为单色光和分出所需的单色光束。③样品室。供盛放溶液进行吸光度测量之用,分为石英池和玻璃池两种,前者适用于紫外到可见区,后者只适用于可见区。容器的光程一般为 0.5~10cm。④检测器,又称光电转换器。常用的有光电管或光电倍增管,后者较前者更灵敏,特别适用于检测较弱的辐射。近年来还使用光导摄像管或光电二极管矩阵作检测器,具有快速扫描的特点。⑤显示装置。这部分装置发展较快。较高级的光度计,常备有微处理机、荧光屏显示和记录仪等,可将图谱、数据和操作条件都显示出来。

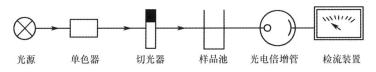

图 4-1　分光光度计的组成

分光光度法的应用范围包括:①定量分析,广泛用于各种物料中微量、超微量和常量的无机和有机物质的测定。②定性和结构分析,紫外吸收光谱还可用于推断空间阻碍效应、氢键的强度、互变异构、几何异构现象等。③反应动力学研究,即研究反应物浓度随时间而变化的函数关系,测定反应速度和反应级数,探讨反应机理。④研究溶液平衡,如测定络合物的组成、稳定常数、酸碱离解常数等。

二、离心分离技术

离心分离技术是最常用的分离细胞组分和生物分子的方法,因为不同的细胞器和分子有不同的体积和密度,可在不同离心力的作用下沉降分离。离心力是指物体做圆周运动时形成的一种迫使物体脱离圆周运动中心的力。离心力的单位是 g,即重力加速度($980.66cm/s^2$),离心力的大小可根据离心时的旋转速度 V(r/min 每分钟转速,revolution per minute)和物体离旋转轴中心的距离 r(cm)按下式(1)计算:

$$g=r\times V^2\times 1.118\times 10^{-5} \tag{1}$$

或按式(2)计算所需的转速

$$V=(g\times 89\ 445)/r \tag{2}$$

在离心场中物体所受离心力的大小,与物体离旋转轴中心的距离有关,离轴心越远,所受到的离心力越大,计算时通常采用平均距离。

根据离心机转速的不同常将离心机分为普通离心机(最高转速 4000r/min),高速离心机(最高转速 20000r/min)和超速离心机(最高转速 60000r/min 以上)。

制备离心技术包括两种方法:一种是分级离心法;另一种是密度梯度离心法。

(一)分级离心法

分级离心法是基于粒子沉降速度不同而分离的方法。非均一的粒子悬浮液在离心机中离心时,各种粒子以各自的沉降速度移向离心管底部,逐步在底部形成一层沉淀物质。为了分出某一特定组分,需要进行一系列离心。通常先选择一个离心速度和离心时间,进行第一次离心,把大组分不需要的大粒子沉降去掉。这时所需要的组分大部分仍留在上清里,然后将收集到的上清液用更高的转速离心,把需要的粒子沉积下来。倾去上清,再把沉淀悬浮起来,用较低转速离心。如此反复高速、低速离心,直至达到所需粒子的纯度为止。

(二)密度梯度离心法

密度梯度离心可以同时使样品中几个或全部组分分离,具有很好的分辨能力。这种方法是把样品粒子在一个密度梯度介质中离心。这个介质由一适合的小分子和样品粒子可在其中悬浮的溶剂组成。离心时,离轴心越远介质密度越大。密度梯度离心法可分为速率区带离心技术和等比重技术。

三、层析技术

层析技术是利用待分离的混合物中不同组分的理化性质及生物学性质的差异将各组分分离的一种物理学方法。在层析分离系统中有两个相:一个是固定不动的,称为固定相;另一个是沿着固定相流动的,称为流动相。待分离的混合物中,不同组分在两个相的分布不同,它们以不同速度在各个相移动,如此则可把各组分分开。

层析也称色谱分离或色层析。层析分离有多种方法,根据工作原理的不同,可分为吸附层析、分配层析、分子筛层析、离子交换层析及亲和层析等;也可根据支持物的不同,分为氧化铝吸附层析、纸层析、薄层层析、凝胶层析等。层析技术由于设备简单,既可分离大样品,也可分离实验室规模的小样品,而且具有满意的分离效果,因此在生产和实验研究中应用很广。这里只着重介绍凝胶层析和离子交换层析的基本原理。

(一) 凝胶层析

当用洗脱液(流动相)对装填着凝胶(固定相)的层析柱进行洗脱时,样品混合物即随洗脱剂流经固定相。此时其中的物质由于分子大小不同,在固定相上的阻滞作用也将有所差异,因而流出层析柱的速度各不相同,混合物中各物质随即被分离。这种分离物质的手段称为凝胶层析(gel chromatography)。

凝胶类物质的特点是具有水不溶性,同时具有多孔的网状结构。在实际操作中,把合适的凝胶颗粒装填在层析柱内(玻璃或塑料制品),再把待分离的混合物自柱顶加入,然后用合适的洗脱液进行洗脱。在洗脱过程中,混合物中各物质主要依据分子的大小进行层析分配。分子量大的物质,因分子的直径较大,不能进入凝胶颗粒的网孔内,而被排阻在凝胶颗粒外部,即只分布在凝胶颗粒的间隙中,沿着这些间隙流动。这样,它们流速较快,在洗脱液的"冲洗"下,先被洗出柱外。那些分子量小的物质,因分子的直径较小,能够进入凝胶颗粒的网孔,即被滞留在凝胶颗粒内部。在洗脱过程中,这些较小分子的洗脱行为是先在孔隙中间扩散,然后进入凝胶颗粒内部,再被洗出至孔隙,再进入颗粒内部。如此不断的入出和出入,直到这些物质被洗出柱外。由于洗脱的"路径"较长,因而它们被后洗脱出来。总之在洗脱液的洗脱下,混合物中分子量最大的物质最先出柱,分子量最小的物质最后出柱;介乎中间的物质,则分子量越大洗出越快,分子量越小洗出越慢。这样,不同的物质就被分离。这种分离过程,有如筛孔过滤,所以被称为凝胶过滤或分子筛层析。

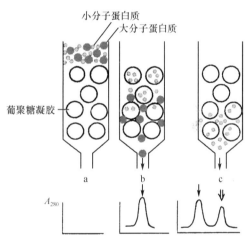

图 4-2　葡聚糖凝胶层析过程示意图

葡聚糖凝胶层析过程见图 4-2。

在实际工作中,应用较广的是天然琼脂糖凝胶和人工合成的交联葡聚糖凝胶。前者的商品名为 Sepharose,后者为 Sephadex,均为瑞典产品。目前我国已有部分类似产品供应。

(二) 离子交换层析

离子交换层析(ion exchange chromatography)是溶液中待分离的离子,与静电结合在不溶性支持介质(离子交换剂)的离子进行可逆交换,从而把不同的物质分离开来的层析方法。离子交换层析通常是在层析柱上进行。离子交换层析分离物质的基本原理是:不同物质的极性不一,混合物中各离子和离子交换剂功能基团(活性基团)的亲和力各异,因此与洗脱液中带有同样电荷的离子的交换速度不同,被洗脱下来的速度也就有所差异,从而被相互分离开来(图 4-3)。

离子交换剂现今多采用人工合成树脂。树脂为一类水不溶的高分子聚合物,具有多孔网状结构,便于离子进出(吸附和解吸)而进行交换。用于蛋白质等生物大分子的离子交换

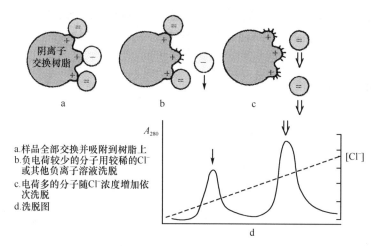

a.样品全部交换并吸附到树脂上
b.负电荷较少的分子用较稀的Cl⁻
或其他负离子溶液洗脱
c.电荷多的分子随Cl⁻浓度增加依
次洗脱
d.洗脱图

图 4-3　离子交换层析过程示意图

树脂,也是引入了功能基团和高分子聚合物,如离子交换纤维素和离子交换葡聚糖凝胶等。

离子交换树脂分为两大类:分子中具有酸性基团,能交换阳离子的称为阳离子交换树脂;分子中具有碱性基团,能交换阴离子的称阴离子交换树脂。虽然离子交换反应都是平衡反应,但在实际工作中,由于向层析柱内连续添加洗脱液,因此反应一直主要朝正反应方向进行,直到交换基本完成。

四、电 泳 技 术

(一) 电泳的基本原理

在一定条件的电场作用下,带电颗粒向着与其所带电荷性质相反的方向移动,这种现象称为电泳(electrophoresis)。蛋白质是两性电解质,在一定 pH 条件下,分子侧链解离成带有一定电荷的基团。此时若在电场的作用下,带电的蛋白质离子将向着和其电性相反的电极一侧移动。由于各蛋白质的等电点不一,在同一 pH 的影响下,所带电荷的性质和数量不同,因此各个组分移动的速度甚至方向各异,于是彼此分离。这是电泳分离蛋白质的基本原理(图 4-4)。

在同一电场中,不同的带电颗粒具有不同的移动速度。移动速度常用迁移率表示。迁移率即带电颗粒在单位电场强度下的移动速度:$\mu = V/E$。式中:μ 为迁移率;V 为分子运动速度(cm/t);E 为电场强度,即每厘米支持物的电势梯度,也称电位降(V/cm)。

已知当物质被置于电场中时,其在电场中所受的力(F)和电场强度(E)以及该物质所带净电荷的数量(Q)有关,即 $F = EQ$。

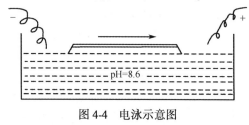

图 4-4　电泳示意图

按 Stoke 定律,球形分子在液体中泳动时,所受到的阻力(F')与其半径(r)及溶液的黏度(η)有关,即 $F' = 6\pi r\eta V$。

当两种相反的力达到平衡时,即 $F = F'$,$EQ = 6\pi r\eta V$,因为 $\mu = V/E$,故可导出:$\mu = Q/6\pi r\eta$。

由此可见,分子在电场的迁移率与其所带有的净电荷成正比,而与该分子的大小和缓冲液的黏度成反比。分子带有的净电荷越多,迁移越快;而分子的半径和溶液的黏度越大,迁移越慢。反之,分子所带净电荷越少,迁移越慢;而分子的半径和溶液黏度越小,迁移越快。物质在电场中的泳动速度除受上述各项因素影响外,还受下列外界因素的影响。

1. 溶液的pH 电泳溶液的pH是蛋白质等解离程度的决定因素,决定着分子所带电荷的性质和数量。所用溶液的pH距蛋白质等电点(pI)越远,分子所带电荷越多,泳动速度越快。为保持溶液在整个电泳过程中有较为稳定的pH,而且使被分离蛋白质的pI和溶液pH的距离相互拉开,常采用pH距蛋白质pI较远的缓冲溶液。如在分离血清蛋白质时,常应用pH 8.6的缓冲溶液进行电泳。

2. 电场强度 电场强度是电泳支持物上每厘米的电势梯度(电位降)。如支持物两端间的距离为20cm,电位降为200V,则电场强度为10V/cm。电场强度和电泳速度成正比,电场强度加大,带电粒子的移动速度也加快。但随着电压的增加,电流也随之加大。电流如过大,有可能因为热效应使蛋白质变性而难以分离,所以不能单纯追求实验的快速而过分加大电场强度。

3. 溶液的离子强度 电泳所用缓冲溶液的离子强度也影响着电泳速度,离子强度和电泳速度成反比。离子强度高,电泳速度慢;反之,电泳溶液的离子强度低,电泳速度则快。一般较合适的溶液离子强度在0.01~0.2。但离子强度过低,会因缓冲溶液中缓冲物质的浓度过低而使缓冲能力过弱,不易维持所需的pH,反而会影响分子所带电荷的状态。稀溶液中离子强度(I)可由下式计算:$I = 1/2\Sigma M_i Z_i^2$。式中M_i为离子的摩尔浓度,Z_i为离子的价数。

4. 电渗作用 在电场作用下液体对于固体支持物的相对移动称为电渗(electro-osmosis)。其产生的原因是固体支持物多孔,且带有可解离的化学基团,因此常吸附溶液中的正离子或负离子,使溶液相对带负电或正电。如以滤纸作支持物时,纸上纤维素吸附OH^-带负电荷,与纸接触的水溶液因产生H_3O^+,带正电荷移向负极,若质点原来在电场中移向负极,结果质点的表现速度比其固有速度要快,若质点原来移向正极,表现速度比其固有速度要慢,所以应尽可能选择低电渗作用的支持物以减少电渗的影响(图4-5)。

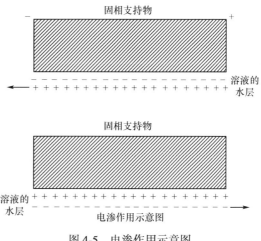

图4-5 电渗作用示意图

(二) 电泳分析常用方法

1. 乙酸纤维素薄膜电泳 乙酸纤维素是以纤维素的羟基乙酰化形成的纤维素乙酸酯。由该物质制成的薄膜称为乙酸纤维素薄膜。这种薄膜对蛋白质样品吸附性小,几乎能完全消除纸电泳中出现的"拖尾"现象,又因为膜的亲水性比较小,它所容纳的缓冲液也少,电泳时电流的大部分由样品传导,所以分离速度快,电泳时间短,样品用量少,5μg的蛋白质可得到满意的分离效果。因此特别适合于病理情况下微量异常蛋白的检测。

乙酸纤维素膜经过冰乙酸乙醇溶液或其他透明液处理后可使膜透明化有利于对电泳

图谱的光吸收扫描测定和膜的长期保存。

2. 凝胶电泳 以淀粉胶、琼脂或琼脂糖凝胶、聚丙烯酰胺凝胶等作为支持介质的区带电泳法称为凝胶电泳。其中聚丙烯酰胺凝胶电泳(polyacrylamide gel electrophoresis,PAGE)普遍用于分离蛋白质及较小分子的核酸。琼脂糖凝胶孔径较大,对一般蛋白质不起分子筛作用,但适用于分离同工酶及其亚型,且在大分子核酸等应用较广。

(1)聚丙烯酰胺凝胶电泳:聚丙烯酰胺凝胶,是由丙烯酰胺单体(Acr)和少量的交联剂N,N′-亚甲基双丙烯酰胺(Bis),在催化剂的作用下聚合交联而成的三维网状结构的凝胶。以聚丙烯酰胺凝胶为支持物的电泳方法称为聚丙烯酰胺凝胶电泳,分辨率远较乙酸纤维素薄膜电泳高,是目前生物化学实验及分子生物学实验中分辨能力高、应用较广的分离鉴定技术之一。在凝胶系统中加入十二烷基硫酸钠(SDS)所进行的电泳称为SDS-PAGE。SDS是一种去垢剂,可与蛋白质的疏水部分相结合,破坏其折叠结构,并使其广泛存在于一个广泛均一的溶液中。SDS蛋白质复合物的长度与其分子量成正比。在样品介质和凝胶中加入强还原剂和去污剂后,电荷因素可被忽略。蛋白亚基的迁移率取决于亚基分子量。

丙烯酰胺凝胶的聚合体系有两种:①化学聚合。通常采用过硫酸铵为催化剂,四甲基乙二胺(TEMED)为加速剂。在TEMED催化下,过硫酸铵形成的自由基SO_4^-可使丙烯酰胺单体的双键打开,活化形成自由基丙烯酰胺,从而引起聚合作用。②光聚合。通常用核黄素作催化剂。核黄素在光照下光解成无色基,后者再被氧化成自由基而引发聚合作用。日光灯光源﹒直接日光或室内强散射光均可,当加入TEMED后能促进聚合。

聚丙烯酰胺凝胶分为连续系统和不连续系统,目前多采用不连续系统,分为圆盘电泳和垂直板电泳。不连续系统由电极缓冲液、浓缩胶和分离胶组成,电泳基质的四个不连续性是浓缩效应的基础。具体是指凝胶层、缓冲离子成分、pH及电势梯度的不连续性。在电泳过程中存在下述三种物理效应,而使分离效果增强,分辨力提高。①浓缩效应。浓缩胶为大孔径胶,分离胶为小孔径胶。当电泳开始后,样品先进入孔径较大的浓缩胶,样品在凝胶中受到的阻力小,移动速度快;即将进入分离胶时,由于阻力增大,移动速度减慢,因此在两种凝胶的界面处样品聚积浓缩,区带变窄,形成一狭小的中间层。这种浓缩效应可使蛋白质浓缩数百倍以上,即使一般电泳中迁移率相差不大的组分也能相互分开,分辨力大为提高。②电荷效应。蛋白质混合物在界面处被高度浓缩堆积成层,形成一狭小的高浓度蛋白质区,但由于每种蛋白质分子所载有效电荷不同,泳动率也不相同。通过此种电荷效应,各种蛋白质以一定的顺序在凝胶中排列成一条条狭小的区带。但在SDS-PAGE电泳中,由于SDS这种阴离子表面活性剂以一定比例和蛋白质结合成复合物,使蛋白质分子带负电荷,这种负电荷远远超过了蛋白质分子原有的电荷差别,从而降低或消除了蛋白质天然电荷的差别;此外,由多亚基组成的蛋白质和SDS结合后都解离成其亚单位,这是因为SDS破坏了蛋白质氢键、疏水键等非共价键。而且与SDS结合的蛋白质的构型也发生变化,在水溶液中SDS-蛋白质复合物都具有相似的形状,使得SDS-PAGE电泳的泳动率不再受蛋白质原有电荷与形状的影响。因此,各种SDS-蛋白质复合物在电泳中不同的泳动率只反映了蛋白质分子量的不同。③分子筛效应。具有三维网状结构的凝胶,对在其中移动的分子量及构象不同的样品组分具有不同的阻力,故各个组分的移动速度不同,分子大的移动慢,分子小的移动快,表现出分子筛的效应。即使净电荷相近的组分,由于分子大小不同,也可因分子筛效应而在分离胶中被分离开来。

凝胶浓度的选择与被分离物质的分子量密切相关,选择合适的凝胶浓度能够很好地分离被分离的物质。分子量范围与凝胶浓度的关系如表4-1。

（2）琼脂糖凝胶电泳：琼脂糖是由琼脂分离制备的链状多糖。其结构单元是 *D*-半乳糖和3.6-脱水-*L*-半乳糖。许多琼脂糖链依氢键及其他力的作用使其互相盘绕形成绳状琼脂糖束，构成大网孔型凝胶。因此该凝胶适合于免疫复合物、核酸与核蛋白的分离、鉴定及纯化。在临床生化检验中常用于 LDH、CK 等同工酶的检测。

用琼脂糖凝胶电泳分离核酸时，在一定浓度的琼脂糖凝胶介质中，DNA 分子的电泳迁移率与其分子量的常用对数成反比；分子构型也对迁移率有影响，如共价闭环 DNA>直线DNA>开环双链 DNA。

琼脂糖凝胶浓度与线性 DNA 分离范围见表4-2。

表4-1　分子量范围与凝胶浓度的关系		
物质	分子量范围	适用的凝胶浓度（%）
蛋白质	$<10^4$	$20\sim30$
	$(1\sim4)\times10^4$	$15\sim20$
	$4\times10^4\sim1\times10^5$	$10\sim15$
	$(1\sim5)\times10^5$	$5\sim10$
	$>5\times10^5$	$2\sim5$
核酸	$<10^4$	$10\sim20$
	$10^4\sim10^5$	$5\sim10$
	$10^5\sim2\times10^6$	$2\sim3.6$

表4-2　琼脂糖凝胶浓度与线性 DNA 分离范围	
凝胶浓度（%）	线性 DNA 长度（bp）
0.5	$1000\sim30000$
0.7	$800\sim12000$
1.0	$500\sim10000$
1.2	$400\sim7000$
1.5	$200\sim3000$
2.0	$50\sim2000$

3. 等电聚焦电泳技术　等电聚焦（isoelectric focusing，IEF）是60年代中期问世的一种利用有 pH 梯度的介质分离等电点不同的蛋白质的电泳技术。由于其分辨率可达0.01pH单位，因此特别适合于分离分子量相近而等电点不同的蛋白质组分。其基本原理是：具有pH 梯度的介质从阳极到阴极分布，pH 逐渐增大。而蛋白质分子具有两性解离及等电点的特征，在碱性区域蛋白质分子带负电荷向阳极移动，直至某一 pH 位点时失去电荷而停止移动，此处介质的 pH 恰好等于聚焦蛋白质分子的等电点（pI）。同理，位于酸性区域的蛋白质分子带正电荷向阴极移动，直到它们的等电点上聚焦为止。以此方法，可将等电点不同的蛋白质混合物加入有 pH 梯度的凝胶介质中，在电场内经过一定时间后，各组分将分别聚焦在各自等电点相应的 pH 位置上，形成分离的蛋白质区带。

常用的 pH 梯度支持介质有聚丙烯酰胺凝胶、琼脂糖凝胶、葡聚糖凝胶等，其中聚丙烯酰胺凝胶最为常用。

电泳后，不可用染色剂直接染色，因为常用的蛋白质染色剂也能和两性电解质结合，因此应先将凝胶浸泡在5%的三氯乙酸中去除两性电解质，然后再以适当的方法染色。

4. 双向电泳技术　1975年 O'Farrall 等根据不同组分之间的等电点差异和分子量差异建立了 IEF/SDS-PAGE 双向电泳。第一向进行等电聚焦，蛋白质沿 pH 梯度分离，至各自的等电点；随后，再沿垂直的方向以 SDS-PAGE 进行分子量的分离。

IEF/SDS-PAGE 双向电泳对蛋白质（包括核糖体蛋白、组蛋白等）的分离是极为精细的，因此特别适合于分离细菌或细胞中复杂的蛋白质组分。

（裴秀英　杨　怡）

第二篇 实验与学习指导

第五章 蛋白质的结构与功能

第一部分 实验预习

一、蛋白质的分子组成

蛋白质的元素组成有碳、氢、氧、氮(16%)、硫(仅存于蛋白质)。由于体内的含氮物质以蛋白质为主,因此只要测定生物样品中的含氮量就可以推算出蛋白质的大约含量。组成人体蛋白质的基本单位是 20 种氨基酸,除甘氨酸外,均为 L-α-氨基酸。氨基酸具有两性解离的特性。在某一 pH 溶液中,氨基酸解离成阳离子和阴离子的趋势及程度相等,成为兼性离子,呈电中性,此时溶液的 pH 称为该氨基酸的等电点(pI)。肽键是由氨基酸的 α-羧基与相邻的另一氨基酸的 α-氨基脱水缩合形成的酰胺键。氨基酸通过肽键相连形成多肽链。由两个氨基酸残基形成的肽叫二肽,10 个以内的氨基酸残基形成的肽叫寡肽,10 个以上的氨基酸残基形成的肽叫多肽。参与肽键的 6 个原子 $C_{\alpha 1}$、C、O、N、H、$C_{\alpha 2}$ 位于同一酰胺平面内,且 $C_{\alpha 1}$、$C_{\alpha 2}$ 在平面上所处的位置为反式构型,此 6 个原子即构成了肽单元。人体内存在许多具有生物活性的肽,有的仅是三肽,有的属于寡肽或多肽,在神经传导、代谢调节等方面起着重要作用。如谷胱甘肽、多肽类激素及神经肽等。

二、蛋白质的分子结构及其与功能的关系

(一) 蛋白质的分子结构

蛋白质的分子结构可分为一级、二级、三级、四级结构四个层次,后三者统称为高级结构或空间构象。蛋白质的一级结构是指蛋白质中氨基酸的数目及排列顺序及共价连接。主要化学键是肽键和二硫键。一级结构是蛋白质空间结构和特异生物学功能的基础。

蛋白质的二级结构指蛋白质分子中多肽链骨架中原子的局部空间排列,不涉及氨基酸残基侧链的构象。维系二级结构的化学键主要是氢键。二级结构的主要形式包括:α-螺旋、β-折叠、β-转角和无规卷曲。

蛋白质的超二级结构又称为模体,是规则的二级结构聚集体。目前发现的超二级结构有三种基本形式:$\alpha\alpha$、$\beta\beta\beta$ 和 $\beta\alpha\beta$。它们可直接作为三级结构的"建筑块"或结构域的组成单位。如锌指结构是由一个 α-螺旋和两个反平行的 β-折叠三个肽段构成,可结合 Zn^{2+},使 α-螺旋能镶嵌于 DNA 的大沟中。

蛋白质的三级结构指整条肽键中全部氨基酸残基的相对空间位置,也就是整条肽链所

有原子在三维空间的排布位置,疏水键是最主要的稳定力量。分子量大的蛋白质三级结构其整条肽链中常可分割成多折叠得转为紧密的结构域,每个结构域执行一定的功能。

蛋白质的四级结构是由有生物活性的两条或多条肽链组成,肽链与肽链之间由非共价键维系。每条多肽链都有其完整的三级结构,称为蛋白质的亚基,各亚基之间的结合力主要是疏水作用。含有四级结构的蛋白质,单独的亚基一般没有生物学功能,只有完整的四级结构才有生物学功能。

(二) 蛋白质结构与功能的关系

蛋白质的一级结构是蛋白质空间结构的基础,决定蛋白质的功能和蛋白质的理化性质。即使是不同物种之间的多肽和蛋白质,只要其一级结构相似,其空间构象及功能也越相似。物种越接近,其同类蛋白质一级结构越相似,功能也相似。此外,蛋白质的空间结构还需要一类分子伴侣的蛋白质参与,其作用就是使肽链正确折叠,从而形成正确的空间构象。

但一级结构中有些氨基酸的作用却是非常重要的,若蛋白质分子中起关键作用的氨基酸残基缺失或被替代,都会严重影响其空间构象或生理功能,产生某种疾病,这种由蛋白质分子发生变异所导致的疾病,称为"分子病",如镰状红细胞贫血。蛋白质多种多样的功能与各种蛋白质特定的空间构象密切相关。其构象发生改变,功能活性也随之改变。肌红蛋白只有一条肽链,故只结合一个血红素,只携带 1 分子氧,其氧解离曲线为直角双曲线,而血红蛋白是由四个亚基组成的四级结构,共可结合 4 分子氧,其氧解离曲线为"S"形曲线。Hb 与 Mb 在空间结构上的不同,决定了它们在体内发挥不同的生理功能。

(三) 蛋白质的理化性质及其分离纯化

1. 蛋白质的理化性质

(1) 蛋白质的两性电离及等电点。当蛋白质溶液处于某一 pH 时,蛋白质解离成正负离子的趋势相等,即成为兼性离子,净电荷为零,此时溶液的 pH 称为蛋白质的等电点。蛋白质溶液的 pH 大于等电点时,该蛋白质颗粒带负电荷,反之带正电荷。

(2) 蛋白质的胶体性质。这是蛋白质作为生物大分子才有的性质,蛋白质作为溶液稳定存在的两大因素:水化膜和带电荷。若去除蛋白质颗粒这两个稳定因素,蛋白质极易从溶液中沉淀。

(3) 蛋白质的变性、沉淀。这也是蛋白质区别于氨基酸的特有性质。

1) 变性:蛋白质在某些理化因素的作用下,其空间结构受到破坏,从而改变其理化性质,并失去其生物活性,称为变性。蛋白质变性不涉及一级结构的改变。引起变性的因素有各种物理或化学因素。蛋白质变性后容易沉淀、黏度增加、生物学功能丧失等。医学上消毒灭菌,就是基于蛋白质变性的原理,而生物制品的制备和保存则必须防止蛋白质变性。

2) 沉淀:蛋白质在溶液中的稳定因素是水化膜及电荷,因而凡是能消除蛋白质表面的水化膜并中和电荷的试剂均可以引起蛋白质的沉淀。常用的有中性盐、有机溶剂、某些生物碱试剂、大分子酸类及重金属盐类等。

3) 凝固:变性的蛋白质不一定沉淀,沉淀的蛋白质不一定变性,但变性蛋白质容易沉淀,凝固的蛋白质均已变性,而且不再溶解。

(4) 蛋白质的紫外吸收。由于蛋白质分子中含有有共轭双键的酪氨酸、色氨酸,因此在 280nm 波长处有特征性吸收峰,这与氨基酸相似。在此波长范围内,蛋白质的吸收光度值与其浓度成正比关系,因此可作蛋白质定量测定。

2. 蛋白质的分离与纯化 蛋白质的分离纯化过程就是巧妙利用蛋白质分子在大小、形状、所带电荷种类与数量、极性等差异,将杂蛋白除去的过程。常用的方法如下:

(1) 改变蛋白质的溶解度

1) 盐析:硫酸铵、硫酸钠等中性盐因能破坏蛋白质在溶液中稳定存在的两大因素,故能使蛋白质发生沉淀。不同蛋白质分子颗粒大小不同,亲水程度不同,故盐析所需要的盐浓度不同,从而将蛋白质分离。盐析的优点是不会使蛋白质发生变性。

2) 丙酮沉淀:丙酮可溶于水,能够破坏其水化膜,使蛋白质沉淀析出,但丙酮使蛋白质变性,故应低温快速分离,此外还可用其他有机溶剂。

3) 重金属盐沉淀:因其带正电荷,可与蛋白质负离子结合形成不溶性蛋白盐沉淀,可利用此性质以大量清蛋白抢救重金属盐中毒的人。

(2) 利用蛋白质分子大小不同的分离方法

1) 离心:蛋白质在强大离心场中,在溶液中会逐渐沉降,各种蛋白质沉降所需离心力场不同,故可用超速离心法分离蛋白质及测定其分子量,因其结果准确又不使蛋白质变性,故是目前分离生物高分子常用的方法。

2) 透析和超滤:利用具有半透膜特性的透析袋将蛋白质与小分子化合物分离的方法称为透析。透析法常用于纯化蛋白质,也常利用此方法浓缩蛋白质。超滤是利用超滤膜在一定压力下使大分子蛋白质滞留,而小分子物质和溶剂滤过的方法。

3) 凝胶过滤层析:也叫分子筛层析。层析柱内填充带有网孔的凝胶颗粒。蛋白质溶液加于柱上,小分子蛋白进入孔内,大分子蛋白不能进入孔内而直接流出,小分子因在孔内被滞留而随后流出,从而使蛋白质得以分离。

(3) 根据蛋白质电荷性质的分离方法

1) 离子交换层析是利用蛋白质两性解离特性和等电点作为分离依据的一种方法。当被分离的蛋白质溶液流经离子交换剂柱时,带有相反电荷的蛋白质可因离子交换而吸附于柱上,随后又可被带同样性质电荷的离子所置换而被洗脱。

2) 电泳:带电颗粒在电场中移动的现象称为电泳。带电颗粒在电场中泳动的速度主要决定于所带电荷的性质、数目、颗粒的大小和形状等因素。根据蛋白质分子大小和所带电荷的不同,可以通过电泳将其分离。根据支持物的不同,电泳分为薄膜电泳、凝胶电泳等。

3) 等电聚焦电泳是一种电泳的改进技术,是在具有 pH 梯度的电场中进行的电泳,蛋白质按其等电点不同予以分离。

4) 双向电泳是利用不同蛋白质所带电荷和质量的差异,用两种方法、分两步进行的蛋白质电泳。其可将相对分子质量相同而等电点不同的蛋白质以及等电点相同而相对分子质量不同的蛋白质分开。双向电泳的分辨率很高,是研究蛋白质组不可缺少的工具。

3. 多肽链中氨基酸序列分析

(1) N 末端氨基酸测定:2,4-二硝基氟苯法和丹磺酰氯法。

(2) C 末端氨基酸测定:羧基肽酶法。

(3) 各肽段的氨基酸排列顺序的测定:一般采用 Edman 降解法。

4. 蛋白质空间结构测定 常用的方法有 X 射线晶体衍射法和二维核磁共振技术,还可根据蛋白质的氨基酸序列预测其三维空间结构。

第二部分　知识链接与拓展

一、镰状红细胞贫血

镰状红细胞贫血是血红蛋白异常（父母双方遗传的血红蛋白突变基因）引起的一种常见隐性遗传病。本病多见于非洲及美洲黑人，其特征为间歇性疼痛、贫血（红细胞缺乏）、严重感染以及重要器官损伤。其症状是由于基因突变导致血红蛋白异常引起红细胞形状变为"C"形镰刀状，发生贫血，因而称为镰状红细胞贫血。

镰状红细胞贫血的病因是由于血红蛋白 HbA 分子中的 β 链的第六位谷氨酸被缬氨酸取代后产生异常的血红蛋白 HbS，导致 HbS 疏水性增加，在低氧分压下发生聚合作用，分子间发生黏合形成线状巨大分子而沉淀。红细胞内 HbS 浓度较高时（纯合子状态），对氧亲和力显著降低，加速氧的释放。在脱氧情况下，HbS 分子间相互作用，成为溶解度很低的螺旋形多聚体，使红细胞扭曲成镰形细胞（镰变），从而黏附在微血管壁上，堵塞微血管，切断了微血管对附近部位的供血，引发疼痛和器官损害。由于镰状红细胞比正常红细胞更容易衰老死亡，从而导致贫血。本病无特殊治疗，宜预防感染和防止缺氧。溶血发作时可予供氧、补液和输血等支持疗法。对镰状细胞贫血的婴儿和孩子来讲，接受常规预防接种是很重要的。唯一能够使患者痊愈的治疗方法是为患者移植健康的干细胞。

HbS 杂合子者，由于红细胞内 HbS 浓度较低，除在缺氧情况下，一般不发生贫血。临床无症状或偶有血尿、脾梗死等表现。

案例 5-1

患者，女，16 岁。出生后 3~4 个月即有黄疸、贫血及肝脾大，发育较差。因发热和多发性上肢与下肢间歇性疼痛来急诊室检查。实验室检查：Hb 80g/L，血细胞比容 9.7%，红细胞总数 $4×10^{14}$/L，白细胞总数 $5×10^9$/L，白细胞分类正常。血清铁 21μmol/L，Hb 电泳产生一条带，所带正电荷较正常 HbA 多，与 HbS 同一部位。红细胞形态：镰刀状。患者呈现明显的贫血症状（红细胞缺乏）、严重感染以及重要器官损伤。

诊断：镰刀状红细胞性贫血。

问题与思考：

(1) 镰状红细胞贫血患者的主要特征是什么？

(2) HbS 与 HbA 在结构上有什么区别？

(3) HbS 结构的变化对其理化性质有什么影响？

二、克　雅　病

克雅病（亚急性海绵状脑病）是一种进行性的最终均引起死亡的感染性疾病。临床表现为肌痉挛和进行性痴呆。克雅病遍及全球，很少知道本病一般是如何传播的。少数人因接受感染的角膜或可能来自感染供者的其他组织移植而受染。亦可能与脑外科手术时使用的器械被污染有关。从死亡患者垂体制备的生长激素也是一种可能的感染来源。做头颅手术的患者患此病的危险有轻度增高。少数病理学家曾患此病，可能来自与尸体的接触。

克雅病主要影响成人,尤其是 50 岁以上的成人,属于朊病毒病范畴。已发现的人类朊病毒病有库鲁病(kuru disease)、脑软化病(GSS)、纹状体脊髓变性病或克雅病(Creutzfeldt-Jakob disease,CJD)、新变异型 CJD(new variant CJD,nvCJD)或称人类疯牛病和致死性家族性失眠症(fatal familial insomnia,FFI)。动物的朊病毒病牛海绵状脑病或称疯牛病(bovine spongiform encephalopathy,BSE)、羊骚痒症(scrapie,SC)等。这类疾病典型的共同症状是痴呆、丧失协调性以及神经系统障碍,主要的病变是蛋白质淀粉样变性(amyloidosis)。

现已发现朊病毒病是与朊病毒蛋白(prion protein,PrP)构象相关的疾病。正常的(PrP^c)为神经细胞的穿膜蛋白,分子量为 33~35kDa,可被完全降解,如果其蛋白构型自 α-螺旋构型变成 β-折叠构型,这种异常的 PrP^{sc} 不能被降解且具有传染性。PrP^{sc} 本身不能繁殖,可通过攻击 PrP^c,改变后者空间构象,使其成为 PrP^{sc};初始的和新生的 PrP^{sc} 继续攻击另外两个 PrP^c,这种类似多米诺效应使 PrP^{sc} 积累,直至致病。

症状开始出现后的头 6 个月内,常出现肌痉挛,也可发生震颤、僵硬及奇怪的躯体运动。视力出现模糊或暗淡。病程 3~12 个月后,多数人常因合并肺炎而死亡。存活 2 年或 2 年以上者仅 5%~10% 的患者。克雅病尚无法治愈,亦无法减慢疾病的进程,仅能尝试给予对症治疗,让患者感觉更舒适一些。

案例 5-2

患者,男,60 岁,因步态不稳、四肢不自主阵挛、智能言语障碍 1 个月余入院。体格检查:反应迟钝,言语较少,理解力差,计算力下降,腱反射亢进,肌力 3 级,水平眼震,闭目难立征阳性。实验室检查:脑脊液蛋白 0.75g/L,颅脑 MRI 提示脑沟回纹理增多,提示萎缩性病变。脑电图提示弥漫性病变。

入院后经氯硝西泮,巴氯芬治疗,肌阵挛有所减轻,但痴呆症状无明显改善,反应迟钝,语言障碍加剧,半个月后患者出现意识不清,后转为昏迷。3 个月后治疗无效死亡。经患者家属同意,对死者进行尸检,脑组织病理缺陷检查提示空泡、淀粉样斑块,胶质细胞增生,神经细胞丢失,免疫组化检查 PrP^{sc} 阳性。确诊为克雅病。

问题与思考:

(1) 克雅病的病因是什么?

(2) 正常朊蛋白与致病朊蛋白的结构有什么不同?

三、三 聚 氰 胺

三聚氰胺(Melamine)(化学式:$C_3H_6N_6$),分子量 126.12,是一种三嗪类含氮杂环有机化合物,被用作化工原料。它是白色单斜晶体,几乎无味,微溶于水(3.1g/L 常温),可溶于甲醇、甲醛、乙酸、热乙二醇、甘油、吡啶等,不溶于丙酮、醚类,对身体有害,不可用于食品加工或食品添加物。在一般情况下较稳定,但在高温下可能会分解放出氰化物。

三聚氰胺

三聚氰胺是一种用途广泛的有机化工中间产品,最主要的用途是生产三聚氰胺甲醛树脂(MF)的原料。三聚氰胺还可以作阻燃剂、减水剂、甲醛清洁剂等。长期摄入三聚氰胺会造成生殖、泌尿系统的损害,膀胱、肾部结石,并可进一步诱发膀胱癌。国内有关人士曾做过一项动物毒理学试验,用三聚氰胺给小白鼠灌胃,结果发现死亡的小白鼠输尿管中有大量晶体蓄积,部分小白鼠的肾脏被膜有晶体覆盖;再用连续加有三聚氰胺的饲料喂养动物,进行亚慢性毒性试验,被试验动物的肾脏中可见淋巴细胞浸润,肾小管管腔中出现晶体,通过生化指标观测到试验动物血清尿素氮(BUN)和肌酐(CRE)逐渐升高。

假蛋白原理:目前通用的蛋白质测试方法采用"凯氏定氮法",是通过测出含氮量来估算蛋白质含量。鉴于三聚氰胺含氮量高的特性,不法商人将三聚氰胺用作食品添加剂,以提升食品检测中的蛋白质含量指标,因此三聚氰胺也被人称为"蛋白精"。近几年来国内的"毒奶粉事件"就是由于生产奶粉的原料牛奶中加入一定量的三聚氰胺,以提高"蛋白"含量,从而使劣质有毒食品通过食品检验机构的测试。蛋白质主要由氨基酸组成,其含氮量一般不超过30%,而三聚氰胺的分子式含氮量为66%左右,因此在实际生活中,采用"凯氏定氮法"测定食品中蛋白质含量存在一定的缺陷和不足。

第三部分　实　　验

实验一　蛋白质的定量测定

(一) 考马斯亮蓝法测定蛋白质的含量

【实验目的】

掌握考马斯亮蓝法测定蛋白质含量的原理和方法;了解标准曲线的制作方法和其在物质定量测定中的应用。

【实验原理】

染料法测定蛋白质浓度是基于在酸性溶液中,染料考马斯亮蓝 G-250 (Coomassie brilliant blue G-250)与蛋白质结合后,其吸收高峰从465nm,移至595nm处,而颜色也由棕黄色转为深蓝色,因为蛋白质与染料生成复合物颜色的深浅与其浓度呈正比例关系,故可作为测定蛋白质浓度的方法。

【主要仪器及器材】

722 型分光光度计。

【试剂】

1. 蛋白质标准液　准确称取经凯氏定氮法校正的蛋白质标准品如结晶牛血清白蛋白、人血清蛋白、酪蛋白等,用 0.9%氯化钠溶液配成浓度为 0.1mg/ml 的溶液,临用前配制。

2. 蛋白质反应液　称取考马斯亮蓝 G-250 100mg,溶解于50ml 95%乙醇后,加入85%磷酸100ml,再用蒸馏水稀释至1000ml。

3. 0.9%氯化钠溶液

【操作】

1. 标准曲线的制作　取 6 支试管,分别按表5-1加入试剂。

表 5-1　标准曲线的制作(考马斯亮蓝法)

试剂(ml)	1	2	3	4	5	6(空白)
蛋白质标准液	0.1	0.3	0.5	0.7	0.9	–
0.9%氯化钠	0.9	0.7	0.5	0.3	0.1	1.0
蛋白质反应液	5.0	5.0	5.0	5.0	5.0	5.0

各管混匀 1min 后,在波长 595nm 处进行比色,以第 6 管为空白管调零,读出并记录各管的吸光度(A)值,以各管的吸光度值为纵坐标,蛋白质浓度为横坐标,绘制标准曲线。

2. 样品测定　准确吸取 0.1ml 血清,加 0.9% 氯化钠溶液至 10ml。取此样品稀释液 0.1ml,加入 0.9% 氯化钠溶液 0.9ml,再加蛋白质反应液 5ml,混匀 1min 后,在 595nm 比色。用吸光度(A)值在标准曲线上查出样品的蛋白质含量。

【计算】

血清蛋白质含量(g/L)＝标准曲线查得值×10^3。

【注意事项】

(1) 蛋白质反应液应储存在棕色瓶内,可长期使用,但如变为绿色,则不能使用。

(2) 血清样品必须新鲜,不得溶血。

(3) 本法测定的蛋白质含量在 10~100μg,故每步操作务求准确。

(4) 如需测定蛋白质含量在 1~10μg 的样品,可将蛋白质反应液稀释 10 倍,其余操作步骤不变。

本方法使用方便,反应时间短,染色稳定,且对比色时间不严格要求,并有抗干扰性强的特点,为常用测定蛋白质浓度的方法之一。此外,该染色法如果是将蛋白质滴加在层析滤纸上,再用三氯乙酸固定,用考马斯亮蓝进行染色,把被染的蛋白质洗脱下来,进行比色测定,还可提高其灵敏度。

【临床意义】

1. 血清总蛋白浓度增高

(1) 血清中水分减少,而使蛋白浓度相对增高。如急性失水时(呕吐、腹泻、高热);休克时,由于毛细管通透性的变化,血浆也发生浓缩等。

(2) 蛋白合成增加,大多数发生多发性骨髓瘤患者中,主要是血清球蛋白增加。

2. 血清蛋白合成降低

(1) 合成障碍,主要为肝功能障碍,肝脏是合成蛋白质的场所,肝功严重损害时,蛋白质的合成减少,以白蛋白最为显著。

(2) 蛋白质丢失,如严重灼伤时,大量血浆渗出;肾病综合征时,尿液中长期丢失蛋白质等。

(3) 营养不良或长期消耗性疾病,如严重结核或长期消耗性疾病。

(4) 血液中水分增加,血浆被稀释,因各种原因引起的水钠潴留或输注过多低渗溶液。

(二) 双缩脲法测定血清总蛋白

【实验目的】

掌握双缩脲法测定血清总蛋白的基本原理及方法。

【实验原理】

血清(浆)中蛋白质的肽键(—CO—NH—)在碱性溶液中能与 Cu^{2+} 作用生成稳定的紫红色络合物。此反应和两个尿素分子缩合后生成的双缩脲(H_2N—OC—NH—CO—NH_2)在碱性溶液中与铜离子作用形成紫红色的反应相似,故称之为双缩脲反应。这种紫红色络合物在 540nm 处有明显吸收峰,吸光度在一定范围内与血清蛋白含量呈正比关系,经与同样处理的蛋白质标准液比较,即可求得蛋白质含量。

【主要仪器及器材】

自动生化分析仪或分光光度计;水浴箱;微量加样器。

【试剂】

1. 6mol/L NaOH 溶液 称取 NaOH 240g,溶于新鲜制备的蒸馏水(或刚煮沸冷却的去离子水)约 800ml 中,冷却后定容至 1L,储存于有盖塑料瓶中。若用非新开瓶的 NaOH,须先配成饱和溶液,静置 2 周左右,使碳酸盐沉淀,其上清饱和 NaOH 溶液经滴定后,算出准确浓度再使用。

2. 双缩脲试剂 称取硫酸铜结晶($CuSO_4 \cdot 5H_2O$)3g 溶于新鲜制备的蒸馏水(或刚煮沸冷却的去离子水)500ml 中,加入酒石酸钾钠($NaKC_4H_4O_6 \cdot 4H_2O$,用以结合 Cu^{2+},防止 CuO 在碱性条件下沉淀)9g 和 KI(防止碱性酒石酸铜自动还原并防止 Cu_2O 的离析)5g,待完全溶解后,在搅拌下加入 6mol/L NaOH 溶液 100ml,并用蒸馏水定容至 1L,置塑料瓶中盖紧保存。此试剂室温下可稳定半年,若储存瓶中有黑色沉淀出现,则需要重新配制。

3. 双缩脲空白试剂 除不含硫酸铜外,其余成分与双缩脲试剂相同。

4. 60~70g/L 蛋白质标准液 常用牛血清白蛋白或收集混合血清(无黄疸、无溶血、乙型肝炎表面抗原阴性、肝肾功能正常的人血清),经凯氏定氮法定值,亦可用定值参考血清或标准白蛋白作标准。但定值质控血清定值准确性较差,不能用作血清总蛋白测定的标准物。

【实验操作】

1. 生化自动分析仪法 按试剂盒说明书提供的参数进行操作。

2. 手工操作法

(1)手工操作参数:波长 540nm,光径 1cm;温度:室温(18~26℃);模式:终点法;反应时间:30min,样本量:100μl,试剂量:5ml。

(2)操作:取试管 4 支,标明测定管(U)、标准管(S)、标本空白管(B)、试剂空白管(RB),按表 5-2 操作。

表 5-2　双缩脲法测定血清总蛋白操作步骤

加入物(ml)	B	RB	S	U
血清	0.10	–	–	0.10
蛋白标准液	–	–	0.10	–
蒸馏水	–	0.10	–	–
双缩脲空白试剂	5.0	–	–	–
双缩脲试剂	–	5.0	5.0	5.0

混匀,置 25℃ 30min 或 37℃ 10min,在波长 540nm 处比色,用蒸馏水调零,测各管吸光度。

【计算】

血清总蛋白$(g/L)\dfrac{A_u-A_{RB}-A_B}{A_s-A_{RB}-A_B}×$蛋白标准液浓度$(g/L)$。

【参考范围】

正常成人参考范围为 60~80g/L。长久卧床者低 3~5g/L,60 岁以上约低 2g/L,新生儿总蛋白浓度较低,随后逐月缓慢上升,大约 1 年后达到成人水平。

【注意事项】

(1) 黄疸血清、严重溶血、葡萄糖、酚酞及磺溴酞钠对本法有明显干扰,故用标本空白管来消除。但如标本空白管吸光度太高,可影响测定的准确度。

(2) 高脂血症混浊血清会干扰比色,可采用下述方法消除:取 2 支带塞试管或离心管,各加待测血清 0.1ml,再加蒸馏水 0.5ml 和丙酮 10ml,塞紧并颠倒混匀 10 次后离心,倾去上清液,将试管倒立于滤纸上吸去残余液体。向沉淀中分别加入双缩脲试剂及双缩脲空白试剂,再进行与上述相同的其他操作和计算。

(3) 本法也可用于血清总蛋白浓度的标化,测定的操作步骤完全与测定标本时相同,但显色温度须控制在$(25±1)℃$的范围内,以及使用经过校正的高级分光光度计(波长带宽 $≤2nm$,比色杯光径为准确 1.0cm)进行比色。然后再按下式计算标化结果:

血清总蛋白$(g/L)\dfrac{A_u-A_{RB}-A_B}{0.298}×\dfrac{5.1}{0.1}$

式中 0.298 为蛋白质双缩脲络合物的比吸光系数。即按 Doumas 双缩脲试剂的标准配方,在上述规定的测定条件下,双缩脲反应液中蛋白质浓度为 1.0g/L 时的吸光度。

(三) Folin-酚法(Lowry 法)测定蛋白质的含量

【实验目的】

掌握 Folin-酚法测定蛋白质含量的原理和方法;熟悉分光光度计的操作。

【实验原理】

Folin-酚试剂法包括两步反应:第一步是在碱性条件下,蛋白质与铜作用生成蛋白质-铜络合物;第二步是此络合物将磷钼酸-磷钨酸试剂(Folin 试剂)还原,产生深蓝色(磷钼蓝和磷钨蓝混合物),颜色深浅与蛋白质含量成正比。此法操作简便,灵敏度比双缩脲法高 100 倍,定量范围为 5~100μg 蛋白质。Folin 试剂显色反应由酪氨酸、色氨酸和半胱氨酸引起,因此样品中若含有酚类、柠檬酸和巯基化合物均有干扰作用。此外,不同蛋白质因酪氨酸、色氨酸含量不同而使显色强度稍有不同。

【主要仪器及器材】

722 分光光度计;旋涡混合器;秒表;试管。

【试剂】

1. 碱性铜试剂

甲液:称取无水碳酸钠 2.0g,溶于 0.1mol/L NaOH 溶液 100ml 中。

乙液:取硫酸铜$(CuSO_4·5H_2O)$0.5g,溶于 1% 酒石酸钾溶液 100ml 中。

临用前取甲液 50ml,乙液 1ml 混合,即为碱性铜试剂。此液需现用现配。

2. 标准蛋白质溶液（250g/ml）　精确称取结晶牛血清蛋白 25mg，溶于 0.9% NaCl 溶液中，以容量瓶定容至 100ml。

3. 样品　取血清 0.1ml，置于 50ml 容量瓶中，用 0.9% NaCl 溶液稀释至刻度处，混匀，为待测血清样品。

4. 酚试剂　取钨酸钠（$Na_2WO_4 \cdot 2H_2O$）100g 和钼酸钠（$Na_2MoO_4 \cdot 2H_2O$）25g，溶于 700ml 蒸馏水中，再加入 85% 磷酸 50ml 和浓硫酸 100ml 充分混匀，置于 1500ml 圆底烧瓶中温和地回流 10h，冷却，取下冷凝装置，再加入硫酸锂（$Li_2SO_4 \cdot 2H_2O$）150g，水 50ml，溴 3～4 滴，开口继续沸腾 15min，驱除过量的溴，冷却后稀释至 1000ml，过滤，溶液应呈黄色或金黄色（如带绿色不能使用，应继续加溴煮沸），置于棕色瓶中保存。使用前，以酚酞为指示剂，用 0.1mol/L NaOH 溶液滴定，求出酚试剂的摩尔浓度。然后根据此浓度，将酚试剂用蒸馏水稀释至最后酸度为 1mol/L（滴定时可将酚试剂稀释，以免颜色影响）。试剂放置过久，变成绿色时，可再加溴数滴煮 15min，如能恢复原有的金黄色仍可使用。

【操作】

取试管 7 支，编号，按表 5-3 操作：

表 5-3　Folin-酚法测定血清总蛋白操作步骤

试剂（ml）	1	2	3	4	5	6	7
标准蛋白溶液（250μg/ml）	–	0.2	0.4	0.6	0.8	1.0	–
稀释血清	–	–	–	–	–	–	1.0
0.9% NaCl	1.0	0.8	0.6	0.4	0.2	–	–
碱性铜试剂	5.0	5.0	5.0	5.0	5.0	5.0	5.0
混匀，室温放置 20min							
酚试剂	0.5	0.5	0.5	0.5	0.5	0.5	0.5

混匀，室温放置 30min 后，以 1 管调零点，在波长 650nm 比色，分别读取各管吸光度值。以蛋白质含量为横坐标，吸光度值为纵坐标，绘制标准曲线。以测定管吸光度值，查标准曲线求得血清蛋白质含量。

【注意事项】

（1）酚试剂在酸性条件下较稳定，而碱性铜试剂是在碱性条件下与蛋白质相互作用，所以当加入酚试剂后，应迅速摇匀（加一管摇一管），使还原反应发生在磷钼酸-磷钨酸试剂被破坏之前。

（2）碱性铜试剂必须临用前配制。

（3）磷钼酸、磷钨酸的显色反应是由于和还原物质的还原反应而引起的，因此本法可受很多还原性物质的干扰，如带有-SH 的化合物，糖类、酚类等甚至有些缓冲剂（如 Tris）也能干扰测定。但如控制在低浓度范围内，则不影响测定，Lowry 法很灵敏，可以对 5～100μg 蛋白质样品进行很好的显色反应，而如此低的蛋白质浓度常常已把干扰物质的浓度稀释到一个不起作用的水平。

（4）所有器材必须清洗干净，否则影响实验结果。

（5）血清稀释的倍数应使蛋白质含量在标准曲线范围内，若超过此范围需要将血清酌情稀释。

(6) 本法操作简便、灵敏度高,缺点是试剂只与蛋白质中半胱氨酸、色氨酸等起反应,因此可因各种蛋白质中含这几种氨基酸的量不同使显色强度稍有不同。

(四) 紫外吸收法测定蛋白质的含量

【实验目的】

掌握紫外吸收法测定蛋白质含量的原理和方法;熟悉紫外分光光度计的使用方法。

【实验原理】

蛋白质分子中,酪氨酸、苯丙氨酸和色氨酸残基的苯环含有共轭双键,使蛋白质具有吸收紫外光的性质。吸收高峰在 280nm 处,其吸光度(即光密度值)与蛋白质含量成正比。此外,蛋白质溶液在 238nm 的光吸收值与肽键含量成正比。利用一定波长下,蛋白质溶液的光吸收值与蛋白质浓度的正比关系,可以进行蛋白质含量的测定。

紫外吸收法简便、灵敏、快速,不消耗样品,测定后仍能回收使用。低浓度的盐,例如生化制备中常用的 $(NH_4)_2SO_4$ 等和大多数缓冲液不干扰测定。特别适用于柱层析洗脱液的快速连续检测,因为此时只需测定蛋白质浓度的变化,而不需知道其绝对值。

此法的特点是测定蛋白质含量的准确度较差,干扰物质多,在用标准曲线法测定蛋白质含量时,对那些与标准蛋白质中酪氨酸和色氨酸含量差异大的蛋白质,有一定的误差。故该法适于用测定与标准蛋白质氨基酸组成相似的蛋白质。若样品中含有嘌呤、嘧啶及核酸等吸收紫外光的物质,会出现较大的干扰。核酸的干扰可以通过查校正表,再进行计算的方法,加以适当的校正。但是因为不同的蛋白质和核酸的紫外吸收是不相同的,虽然经过校正,测定的结果还是存在一定的误差。

此外,进行紫外吸收法测定时,由于蛋白质吸收高峰常因 pH 的改变而有变化,因此要注意溶液的 pH,测定样品时的 pH 要与测定标准曲线的 pH 相一致。

【主要仪器及器材】

紫外分光光度计。

【试剂】

蛋白质标准液(1mg/ml):准确称量经微量凯氏定氮法校正的标准蛋白质配制。

【操作】

1. 标准曲线的绘制 取 8 支试管,按表 5-4 编号并加入试剂。

表 5-4　标准曲线的绘制(紫外吸收法)

试剂(ml)	0	1	2	3	4	5	6	7
蛋白质标准液(1mg/ml)	0	0.5	1.0	1.5	2.0	2.5	3.0	4.0
蒸馏水	4.0	3.5	3.0	2.5	2.0	1.5	1.0	0

混匀。在 280nm 处测定各管溶液的吸光度值。以 0 号管调零,以蛋白质溶液浓度为横坐标,吸光度值为纵坐标,绘制出蛋白质标准曲线。

2. 蛋白质样品溶液 在 280nm 处测得吸光度值,从标准曲线上查出其浓度。

【注意事项】

(1) 蛋白质的最高吸收峰可因 pH 的改变而发生变化,因此要注意保持待测蛋白质溶液的 pH 与标准蛋白质溶液一致。

（2）测定液必须澄清,以免造成结果误差。

（3）本法需用石英比色杯。

实验二　血清蛋白质乙酸纤维素薄膜电泳

【实验目的】

掌握乙酸纤维素薄膜电泳技术。

【实验原理】

本实验是以乙酸纤维素薄膜为支持物的区带电泳。乙酸纤维素薄膜是将纤维素的羟基乙酰化为乙酸酯,溶于丙酮后涂布成有均一细密微孔的薄膜,其厚度为 0.1~0.15mm。

血清蛋白质的 pI 多在 5~7,在较高 pH（如 pH 为 8.6）的缓冲液中,血清蛋白质颗粒带负电,在电场中向正极移动。由于血清中不同蛋白质所带的电荷数量和分子量不同,以乙酸纤维素作为支持物进行电泳,可将血清中所含蛋白进行分离。电泳后,薄膜经染色和漂洗,可清晰呈现 5 条带:清蛋白、α_1-球蛋白、α_2-球蛋白、β-球蛋白和 γ-球蛋白。

【主要仪器及器材】

电泳仪及电泳槽;乙酸纤维素薄膜;镊子;滤纸;点样器。

【试剂】

1. 巴比妥缓冲液（pH 8.6,离子强度 0.06）　称取巴比妥 1.66g,巴比妥钠 12.76g,用蒸馏水分别溶解后,混匀,再加蒸馏水至 1000ml。

2. 乙酸纤维素薄膜染色液　称取氨基黑 10B 0.5g,加入甲醇 50ml、冰乙酸 l0ml 及蒸馏水 40ml,混合,溶后备用。

3. 乙酸纤维素薄膜漂洗液　甲醇或乙醇 45ml,冰乙酸 5ml,蒸馏水 50ml,混匀即可。

4. 乙酸纤维素薄膜浸出液　0.4mol/L NaOH 溶液。

5. 乙酸纤维素薄膜透明液　冰乙酸(A.R.)30ml 和无水乙醇(A.R.)20ml,混匀即成。

【操作】

1. 准备与点样

（1）准备 2.5cm×8cm 的乙酸纤维素薄膜,将薄膜无光泽面向下,漂浮于巴比妥缓冲液面上(缓冲液可盛于培养皿中),使膜条自然下沉。

（2）将充分浸透(一般指浸泡时间>6h,膜上无白色斑点出现)的膜条取出,用滤纸吸去多余的缓冲液,在薄膜无光泽面距一端 1~2cm 处用铅笔等距离点两点(两点连线平行于底端),作为点样位置的标志。

（3）用血清点样器轻沾少许样品,然后紧按在薄膜的两点样点之间,待血清全部均匀渗入膜内后,移开点样器(也可用 2cm 宽的 X 线软片作点样器,具体操作见教师示教)。

2. 电泳　将点样后的膜条置于电泳槽架上,放置时无光泽面(即点样面)向下,点样端置于负极。槽架上用四层滤纸作桥垫,膜条必须与桥垫滤纸贴紧,待平衡 5min 后通电。电压为每厘米长(指膜条与滤纸的总长度)10V,电流为每厘米宽 0.4~0.6mA。通电 1h 左右停止,关闭电源。

3. 染色　用竹夹将膜条取出,浸于盛有氨基黑 10B 的染色液中,染色 5min 后取出,立即浸入盛有漂洗液的器皿中,反复漂洗数次,直至背景漂净为止。用滤纸吸干薄膜,观察各区带并辨别各种血清蛋白质。

【注意事项】

(1) 点样时应尽量点成一条线,并且保证一次成功。

(2) 点样处距薄膜一端 1~2cm,电泳时避免与盐桥接触,以防样品扩散。

【临床意义】

正常值:清蛋白 57%~72% ,α_1-球蛋白 2%~5% ,α_2-球蛋白 4%~9% ,β-球蛋白 6.5%~12% ,γ-球蛋白 12%~20% 。

肝硬化时清蛋白含量减少,γ-球蛋白明显升高;肾病综合征时清蛋白降低,α_2-球蛋白和β-球蛋白升高。

【预习报告】

请回答下列问题:

(1) 电泳的原理是什么?

(2) 常用的电泳方法有哪些,各有何特点?

(3) 请概括乙酸纤维素薄膜电泳分离血清蛋白质的步骤。

实验三　血清 γ-球蛋白的分离纯化与鉴定

【实验目的】

了解蛋白质分离提纯的总体思路;掌握盐析法分离血浆蛋白质的基本原理和技术及分子筛的基本原理和方法。

【实验原理】

血清中蛋白质按电泳法一般可分为五类:清蛋白、α_1-球蛋白、α_2-球蛋白、β-球蛋白和 γ-球蛋白,其中 γ-球蛋白含量约占 16% ,100ml 血清中约含 1.2g。

蛋白质分子在溶液中因其表面带有一定数量的电荷及形成水化膜使其成为稳定的胶体颗粒。在某些物理或化学性质的影响下,蛋白质颗粒由于失去电荷和水化膜而沉淀。大量的中性盐如硫酸铵、硫酸钠等加入到蛋白质溶液后,可引起蛋白质颗粒失去水化膜和电荷而沉淀。各种蛋白质分子颗粒大小和电荷数量不同,用不同浓度中性盐可使蛋白质分段沉淀。

本实验首先利用清蛋白和球蛋白在高浓度中性盐溶液中(常用硫酸铵)溶解度的差异而进行沉淀分离,此为盐析法。半饱和硫酸铵溶液可使球蛋白沉淀析出,清蛋白则仍溶解在溶液中,经离心分离,沉淀部分即为含有 γ-球蛋白的粗制品。用盐析法分离而得的蛋白质中含有大量的中性盐,会妨碍蛋白质进一步纯化,因此首先必须去除。常用的方法有透析法、凝胶层析法等。本实验采用凝胶层析法,其目的是利用蛋白质与无机盐类之间分子量的差异。当溶液通过 Sephadex G-25 凝胶柱时,溶液中分子直径大的蛋白质不能进入凝胶颗粒的网孔,而分子直径小的无机盐能进入凝胶颗粒的网孔之中。因此在洗脱过程中,小分子的盐会被阻滞而后洗脱出来,从而可达到去盐的目的。

最后用乙酸纤维素薄膜电泳(见本章实验二)或聚丙烯酰胺凝胶电泳(见本章实验五)鉴定其纯度,纯度较高者只出现一条 γ-球蛋白带。用考马斯亮蓝法可以测定蛋白质含量(见本章实验一方法一)。

【主要仪器及器材】

蛋白质检测仪;滴管;层析柱(1.5cm×15cm);铁架台;小试管;恒温水浴箱;玻璃棒。

【试剂】

1. 磷酸盐缓冲液-生理盐水溶液(PBS 液)　用 0.01mol/L 磷酸缓冲液(pH 7.2)配制的 0.9% NaCl 溶液。

2. pH 7.2 饱和硫酸铵溶液　$(NH_4)_2SO_4$:80g 溶于 100ml 蒸馏水中取上清液应用。并用氨水将饱和硫酸铵溶液调到 pH 7.2。

3. 葡聚糖凝胶 G-25 悬液　取葡聚糖凝胶 G-25 干粉适量,加大量蒸馏水搅匀,在沸水浴上加热 2h,不时轻搅。溶胀完全后倾去多余的水分,使凝胶成为可流动的稀糊状。

4. 钠氏试剂　11.5g HgI_2 和 8g KI 溶于蒸馏水中,稀释至 50ml,再加入 50ml 6mol/L NaOH 溶液,静置 2~3d,取上清液,储于棕色瓶中。

【操作】

1. 盐析

(1) 取血清 2.0ml 加入 1 支口径较粗的小试管中,加 PBS 液 2.0ml,混匀。再逐滴加入 pH 7.2 饱和硫酸铵溶液 2.0ml,边加边混匀。静置 15min 后,3000r/min 离心 10min。倾去上清液。

(2) 将沉淀用 1.0ml PBS 液搅拌溶解,再逐滴加入饱和硫酸铵溶液 0.5ml,混匀。静置 15min 后,3000r/min 离心 10min。倾去上清液。沉淀用 PBS 液 10 滴搅拌溶解,即为初步纯化的 γ-球蛋白溶液。

2. 脱盐

(1) 装柱:取 1.5cm×15cm 层析柱 1 支(若底部无烧结板,用一小块海绵或棉花堵住下端)装入约 1/3 柱高的蒸馏水,排出底部死腔气泡,至剩余 2~3cm 柱高的水时关闭出口。沿柱内壁缓慢灌入稀糊状葡聚糖凝胶 G-25 悬液至 2/3 柱高,灌注过程中须防止气泡及断层出现。待分层后打开出口,当水全部进入凝胶床面以后,沿柱内壁缓慢加入 PBS 液共约 8ml,平整床面,待液面恰好与床面重合时,关闭出口。

(2) 加样与洗脱:用细长滴管吸取 γ-球蛋白溶液,在靠近床面处沿柱内壁缓缓加入(注意勿破坏床面,可在加样前于床面放置一略小于层析柱内壁直径的高压后粗面滤纸),打开出口,调节流速为 5 滴/分。待 γ-球蛋白溶液完全进入床面后,先加少量 PBS 液(约 1ml),待其全部埋入床面,再用 PBS 液进行洗脱。

(3) 收集:取小试管 12 支编号。依次立即收集上述洗脱液,每管收集 0.5ml(约 12 滴),共收集 12 管,关闭出口。

(4) 检测:准备干净的白瓷板两块,分别于各凹槽内依次加入相应管收集液各 1 滴。向其中一块板各凹槽内各加钠氏试剂 1 滴,有 NH_4^+ 者出现棕红色沉淀;向另一白瓷板各凹槽内加双缩脲试剂 1 滴,有蛋白质者呈现双缩脲颜色反应。均以"+"或"-"号记录之。

双缩脲反应呈深色且不含 NH_4^+ 的收集管液即为已脱盐的 γ-球蛋白液。取该液浓缩(每 0.5ml 加葡聚糖凝胶 G-25 颗粒 0.1g,摇匀后静置分层)备用。

3. 鉴定　按乙酸纤维素薄膜电泳和聚丙烯酰胺凝胶电泳的操作步骤,用小滴管吸取浓缩上清液 8~10μl 点样。并与血清样品同时进行电泳。将两种电泳图谱进行比较,判断纯度。

【注意事项】

（1）葡聚糖凝胶处理期间,必须小心用倾泻法除去细小颗粒。这样可使凝胶颗粒大小均匀,流速稳定,分离效果好。

（2）装柱是层析操作中最重要的一步。为使柱床装得均匀,务必做到凝胶悬液不稀不厚,一般浓度为1:1,进样及洗脱时切勿使床面暴露在空气中,不然柱床会出现气泡或分层现象。加样时必须均匀,切勿搅动床面,否则均会影响分离效果。

（3）凝胶使用后如短期不用,为防止凝胶发霉可加防腐剂如0.02%叠氮钠。保存于4℃冰箱内。若长期不用,应脱水干燥保存。脱水方法:将膨胀凝胶用水洗净。用多孔漏斗抽干后,逐次更换由稀到浓的乙醇溶液浸泡若干时间,最后一次用95%乙醇溶液浸泡脱水,然后用多孔漏斗抽干后,于60~80℃烘干储存。

【预习报告】

请回答下列问题:

（1）蛋白质分离提纯的总体思路是什么?

（2）盐析法和分子筛层析法的原理是什么?

（3）使用离心机应注意的事项。

实验四 酪蛋白等电点的测定

【实验目的】

了解蛋白质的两性解离性质,掌握蛋白质等电点测定的一种方法。

【实验原理】

蛋白质是两性电解质。在蛋白质溶液中存在下列平衡:

$$\underset{\substack{\text{阳离子}\\ \text{pH} < \text{pI}}}{\overset{\overset{\displaystyle COOH}{\underset{\displaystyle R}{|}}}{H_3\overset{+}{N}-C-H}} \xrightleftharpoons[OH^-]{H^+} \underset{\substack{\text{两性离子}\\ \text{pH} = \text{pI}}}{\overset{\overset{\displaystyle COO^-}{\underset{\displaystyle R}{|}}}{H_3\overset{+}{N}-C-H}} \xrightleftharpoons[OH^-]{H^+} \underset{\substack{\text{阴离子}\\ \text{pH} > \text{pI}}}{\overset{\overset{\displaystyle COO^-}{\underset{\displaystyle R}{|}}}{H_2N-C-H}}$$

蛋白质分子的解离状态和解离程度受溶液的酸碱度影响。当溶液的pH达到一定数值时,蛋白质颗粒上正负电荷的数目相等,在电场中,蛋白质既不向阴极移动,也不向阳极移动,此时溶液的pH称为此种蛋白质的等电点。不同蛋白质各有特异的等电点。在等电点时,蛋白质的理化性质都有变化,可利用此种性质的变化测定各种蛋白质的等电点。最常用的方法是测其溶解度最低时的溶液pH。

本实验通过观察不同pH溶液中的溶解度以测定酪蛋白的等电点。用乙酸与乙酸钠(乙酸钠混合在酪蛋白溶液中)配制各种不同pH的缓冲液。向诸缓冲溶液中加入酪蛋白后,沉淀出现最多的缓冲液的pH即为酪蛋白的等电点。

【主要仪器及器材】

试管及试管架;吸量管。

【试剂】

1. 0.4%酪蛋白乙酸钠溶液 取0.4g酪蛋白,加少量水在乳钵中仔细地研磨,将所得的蛋白质悬胶液移入 200ml 锥形瓶内,用少量 40~50℃的温水洗涤乳钵,将洗涤液也移入锥形瓶内。加入 10ml 1mol/L 乙酸钠溶液。把锥形瓶放到 50℃水浴中,并小心地旋转锥形瓶,直到酪蛋白完全溶解为止。将锥形瓶内的溶液全部移到 100ml 容量瓶内,加水至刻度,塞紧玻塞,混匀。

2. 1.0mol/L 乙酸溶液　配制方法略。

3. 0.10mol/L 乙酸溶液　配制方法略。

4. 0.01mol/L 乙酸溶液　配制方法略。

【操作】

(1) 取同样规格的试管 4 支,按表 5-5 顺序分别精确地加入各试剂,然后混匀。

表 5-5　酪蛋白等电点的测定

试管号	蒸馏水(ml)	0.01mol/L 乙酸(ml)	0.1mol/L 乙酸(ml)	1.0mol/L 乙酸(ml)
1	8.4	0.6	–	–
2	8.7	–	0.3	–
3	8.0	–	1.0	–
4	7.4	–	–	1.6

(2) 向以上试管中各加酪蛋白的乙酸钠溶液 1ml,加一管,摇匀一管。此时 1、2、3、4 管的 pH 依次为 5.9、5.3、4.7、3.5。观察其浑浊度。静置 10min 后,再观察其浑浊度。最混浊的一管 pH 即为酪蛋白的等电点。

【注意事项】

各种试剂的浓度和加入量必须相当准确。

实验五　SDS-聚丙烯酰胺凝胶电泳

【实验目的】

掌握 SDS-聚丙烯酰胺凝胶电泳分离混合蛋白质的原理;了解 SDS-聚丙烯酰胺凝胶电泳的实验方法和操作技术。

【实验原理】

聚丙烯酰胺凝胶电泳(polyacrylamind gel electrophoresis,简称为 PAGE)是一种利用人工合成的凝胶作支持介质的电泳方法。凝胶是由丙烯酰胺单体(Acr)和少量的交联剂 N,N'-亚甲基双丙烯酰胺(Bis)在催化剂的作用下聚合而成的。聚合后的凝胶具有分子筛性质,结构中不带电荷,不易与所分离的样品作用,又可人为地控制凝胶孔径大小,因此是很好的支持介质。如在聚丙烯酰胺凝胶电泳系列中加入一定量的十二烷基硫酸钠(sodium dodecyl sulfate,简称为 SDS),则蛋白质分子电泳迁移率主要取决于它的分子量大小,而其他因素的影响几乎可以忽略不计,当蛋白质分子量在 15000~200000 时,电泳迁移率与分子量的对数呈线性关系。

SDS-PAGE 主要用于蛋白质分子量的测定、蛋白质混合物的分离和蛋白质亚基组分的分析等方面。如果把各种蛋白质组分从凝胶上洗脱下来并将 SDS 除去,还可以继续进行氨基酸顺序分析、酶解图谱以及抗原特性等方面的研究。由于该法具有快速、简便及分辨率高等优点,目前已成为生化及分子生物学研究中的常规方法。

【主要仪器及器材】

恒压;恒流电源(0～500V,0～100mV);垂直板电泳槽;烧杯(或三角烧杯);可调式微量加样器。

【试剂】

1. 30%丙烯酰胺溶液 称取 29.2g 丙烯酰胺,0.8g N,N′-亚甲基双丙烯酰胺,加蒸馏水 60ml,37℃水浴使其溶解,加水至 100ml,优质滤纸过滤,检查 pH<7.0,放于棕色瓶中 4℃保存。

2. 分离胶缓冲液(pH8.8)**1.5mol/L Tris-HCl** 称 18.17g Tris,80ml 蒸馏水溶解,用浓 HCl 调 pH 8.8,蒸馏水定容至 100ml。

3. 浓缩胶缓冲液(pH6.8)**0.5mol/L Tris-HCl** 称 6.075 g Tris,80ml 蒸馏水溶解,用浓 HCl 调 pH 6.8,蒸馏水定容至 100ml。

4. 10%SDS 10g SDS 加水至 100ml,68℃水浴促溶,用 HCl 调 pH 至 7.2。

5. 电极缓冲液(pH 8.3) 称 3.02 g Tris,14.42g 甘氨酸,1g SDS,用蒸馏水定容至 1000ml。

6. 样品缓冲液 取 10%SDS 1ml,二巯基乙醇(13.5mol/L)0.6ml,甘油 1.5ml,0.05%溴酚蓝 0.2ml,0.5mol Tris-HCl(pH6.8)定容至 10ml。

7. 10%过硫酸铵 临用前称取过硫酸铵 100mg,溶于 1ml 蒸馏水中,每次新鲜配制。

8. TEMED 从原瓶分装,4℃存放。

9. 染色液 称 2.5g 考马斯亮蓝 R-250,加 500ml 甲醇,100ml 乙酸,用蒸馏水定容至 1000ml。

10. 脱色液 取 250ml 甲醇,70ml 乙酸,用蒸馏水定容至 1000ml。

【操作】

1. 安装垂直板电泳装置 玻璃板先应用洗涤灵刷洗干净,双蒸水冲洗,晾干,用 95%乙醇擦拭,装好玻璃板,安装垂直板电泳装置,1%琼脂糖封边。

2. 制备凝胶 取两个小烧杯,分别配制下列试剂(表 5-6、表 5-7)。

表 5-6 SDS-PAGE 分离胶配方表

各种组分名称	各种凝胶体积所对应的各种组分的取样量(ml)							
	5	10	15	20	25	30	40	50
6%Gel								
H_2O	2.6	5.3	7.9	10.6	13.2	15.9	21.2	26.5
30% Acrylamide	1.0	2.0	3.0	4.0	5.0	6.0	8.0	10.0
1.5mol/L Tris-HCl(pH8.8)	1.3	2.5	3.8	5.0	6.3	7.5	10.0	12.5
10% SDS	0.05	0.1	0.15	0.2	0.25	0.3	0.4	0.5
10% 过硫酸铵	0.05	0.1	0.15	0.2	0.25	0.3	0.4	0.5
TEMED	0.004	0.008	0.012	0.016	0.02	0.024	0.032	0.04
8%Gel								
H_2O	2.3	4.6	6.9	9.3	11.5	13.9	18.5	23.2

续表

各种组分名称	各种凝胶体积所对应的各种组分的取样量（ml）							
	5	10	15	20	25	30	40	50
30% Acrylamide	1.3	2.7	4.0	5.3	6.7	8.0	10.7	13.3
1.5mol/L Tris-HCl（pH8.8）	1.3	2.5	3.8	5.0	6.3	7.5	10.0	12.5
10%SDS	0.05	0.1	0.15	0.2	0.25	0.3	0.4	0.5
10%过硫酸铵	0.05	0.1	0.15	0.2	0.25	0.3	0.4	0.5
TEMED	0.003	0.006	0.009	0.012	0.015	0.018	0.024	0.03
10%Gel								
H_2O	1.9	4.0	5.9	7.9	9.9	11.9	15.9	19.8
30% Acrylamide	1.7	3.3	5.0	6.7	8.3	10.0	13.3	16.7
1.5mol/L Tris-HCl（pH8.8）	1.3	2.5	3.8	5.0	6.3	7.5	10.0	12.5
10%SDS	0.05	0.1	0.15	0.2	0.25	0.3	0.4	0.5
10%过硫酸铵	0.05	0.1	0.15	0.2	0.25	0.3	0.4	0.5
TEMED	0.002	0.004	0.006	0.008	0.01	0.012	0.016	0.02
12%Gel								
H_2O	1.6	3.3	4.9	6.6	8.2	9.9	13.2	16.5
30% Acrylamide	2.0	4.0	6.0	8.0	10.0	12.0	16.0	20.0
1.5mol/L Tris-HCl（pH8.8）	1.3	2.5	3.8	5.0	6.3	7.5	10.0	12.5
10%SDS	0.05	0.1	0.15	0.2	0.25	0.3	0.4	0.5
10%过硫酸铵	0.05	0.1	0.15	0.2	0.25	0.3	0.4	0.5
TEMED	0.002	0.004	0.006	0.008	0.01	0.012	0.016	0.02
15%Gel								
H_2O	1.1	2.3	3.4	4.6	5.7	6.9	9.2	11.5
30% Acrylamide	2.5	5.0	7.5	10.0	12.5	15.0	20.0	25.0
1.5mol/L Tris-HCl（pH8.8）	1.3	2.5	3.8	5.0	6.3	7.5	10.0	12.5
10%SDS	0.05	0.1	0.15	0.2	0.25	0.3	0.4	0.5
10%过硫酸铵	0.05	0.1	0.15	0.2	0.25	0.3	0.4	0.5
TEMED	0.002	0.004	0.006	0.008	0.01	0.012	0.016	0.02

表 5-7　SDS-PAGE 浓缩胶（5% Acrylamide）配方表

各种组分名称	各种凝胶体积所对应的各种组分的取样量（ml）							
	1	2	3	4	5	6	8	10
H_2O	0.68	1.4	2.1	2.7	3.4	4.1	5.5	6.8
30% Acrylamide	0.17	0.33	0.5	0.67	0.83	1.0	1.3	1.7
1.0mol/L Tris-HCl（pH6.8）	0.13	0.25	0.38	0.5	0.63	0.75	1.0	1.25
10%SDS	0.01	0.02	0.03	0.04	0.05	0.06	0.08	0.1
10%过硫酸铵	0.01	0.02	0.03	0.04	0.05	0.06	0.08	0.1
TEMED	0.001	0.002	0.003	0.004	0.005	0.006	0.008	0.01

分离胶配好后,轻轻混匀(注意混匀过程中防止气泡产生)。将分离胶灌入安装好的垂直板中,至距离槽沿 3cm 处后,立即在表面上加盖一层蒸馏水(约 1ml),静置。待分离胶聚合后(约 20min),去除水相,然后用吸水纸吸干残余的液体。

将浓缩胶中加入 5μl TEMED,灌入垂直板中,至玻璃板顶部 0.5cm 处后,插入梳子,避免混入气泡。静置,待浓缩胶聚合后(约 20min),加入电泳缓冲液后,拔去梳子。

3. 样品处理 将血清用样品缓冲液稀释至蛋白含量为 1mg/ml,煮沸 5min。

4. 加样 每 10~20μl 样品注入凝胶加样孔内。

5. 电泳 连接导线,打开电源,调节电压至 80V,当溴酚蓝进入分离胶后,把电压提高至 100V,电泳至溴酚蓝距胶底部 1cm 处时,切断电源。

6. 剥胶固定 取下凝胶,置于固定液中,轻轻震摇 10min。倒去固定液。

7. 染色与脱色 倒入 50~60℃ 预温的染色液浸没凝胶,染色 40min;回收染色液,用水冲去多余染料,倒入脱色液中脱色,轻摇 2h 左右,换液 2~3 次,直至蛋白质区带清晰。

8. 保存 凝胶放在 7% 乙酸溶液中保存。

【注意事项】

(1)丙烯酰胺和 N,N′-亚甲基双丙烯酰胺是神经性毒剂,对皮肤有特殊的亲和力,操作须戴手套。

(2)1% 过硫酸铵最好当天配制。

(3)过硫酸铵和 TEMED 在灌胶前加入即可。

(4)用微量加样器上样时,勿刺破胶面。

【预习报告】

请回答下列问题:

(1)SDS-聚丙烯酰胺凝胶电泳的原理是什么?

(2)SDS-聚丙烯酰胺凝胶电泳与乙酸纤维素薄膜电泳的异同点。

(3)概括 SDS-聚丙烯酰胺凝胶电泳分离血清蛋白质的实验步骤。

第四部分 复习与实践

(一)单选题 A1 型题(最佳肯定型选择题)

1. 除甘氨酸外,构成人体蛋白质的氨基酸属于以下哪种氨基酸( )

A. D-β-氨基酸 B. L-β-氨基酸

C. D-α-氨基酸 D. L-α-氨基酸

E. L-γ-氨基酸

2. 用凝胶过滤层析(交联葡聚糖凝胶)柱分离蛋白质时,以下哪项是正确的( )

A. 不带电荷的蛋白质最先洗脱下来

B. 分子体积最小的蛋白质最先洗脱下来

C. 分子体积最大的蛋白质最先洗脱下来

D. 带电荷的蛋白质最先洗脱下来

E. 没有被吸附的蛋白质最先洗脱下来

3. 下列有关蛋白质的四级结构叙述中,正确的是( )

A. 一般由二硫键来维系蛋白质的四级结构的稳定性

B. 蛋白质亚基间是由非共价键聚合的

C. 所有蛋白质必须具备四级结构

D. 四级结构是蛋白质能够保持生物学活性的必要条件

E. 蛋白质的四级结构由单条多肽链形成

4. 下列选项中,属于蛋白质三级结构的是( )

A. α-螺旋 B. 无规卷曲

C. β-转角　　　　　　　D. 锌指结构

E. 结构域

5. 溶液 pH 与某种氨基酸的 pI 一致时,该氨基酸在此溶液中的存在形式是( )

A. 兼性离子　　　　　　B. 非兼性离子

C. 带正电荷　　　　　　D. 带负电荷

E. 疏水分子

6. 蛋白质发生变性后的主要表现为( )

A. 溶解度降低　　　　　B. 黏度降低

C. 分子量变小　　　　　D. 不易被蛋白酶水解

E. 沉淀

7. 维系蛋白质一级结构的化学键是下列中的( )

A. 盐键　　　　　　　　B. 疏水键

C. 氢键　　　　　　　　D. 肽键

E. 二硫键

8. 下列哪种氨基酸在 280nm 波长附近具有最大吸收峰( )

A. 天冬氨酸　　　　　　B. 赖氨酸

C. 苯丙氨酸　　　　　　D. 色氨酸

E. 丝氨酸

9. 出现在蛋白质分子中的下列氨基酸,没有遗传密码的是( )

A. 色氨酸　　　　　　　B. 蛋氨酸

C. 谷氨酰胺　　　　　　D. 脯氨酸

E. 羟脯氨酸

10. 某生物样品含氮量为 10%,其蛋白质含量为( )

A. 16%　　　　　　　　B. 31.25%

C. 0.625%　　　　　　D. 62.5%

E. 52.6%

11. 在蛋白质分子中维系 α-螺旋和 β-折叠的化学键是( )

A. 肽键　　　　　　　　B. 离子键

C. 氢键　　　　　　　　D. 二硫键

E. 疏水键

12. 下列蛋白质中哪种在通过凝胶过滤层析时最后被洗脱的是( )

A. 牛胰岛素(相对分子质量 5733D)

B. 肌红蛋白(相对分子质量 16900D)

C. 人血清蛋白(相对分子质量 68500D)

D. 牛 β-乳球蛋白(相对分子质量 35000D)

E. 马肝过氧化氢酶(相对分子质量 247500D)

13. 下面氨基酸中含有两个氨基的是( )

A. 谷氨酸　　　　　　　B. 丝氨酸

C. 酪氨酸　　　　　　　D. 赖氨酸

E. 苏氨酸

14. 通常蛋白质的二级结构中没有以下哪种构象( )

A. α-螺旋　　　　　　　B. β-折叠

C. α-转角　　　　　　　D. β-转角

E. 无规则卷曲

15. 在正常生理 pH 的条件下,带正电荷的氨基酸是下列哪种( )

A. 丙氨酸　　　　　　　B. 赖氨酸

C. 酪氨酸　　　　　　　D. 色氨酸

E. 异亮氨酸

16. 蛋白质变性是由于( )

A. 蛋白质空间构象的破坏　B. 氨基酸组成的改变

C. 肽键的断裂　　　　　D. 蛋白质的水解

E. 氨基酸数量变化

17. 蛋白质的最大紫外光吸收值一般在哪一波长附近( )

A. 260nm　　　　　　　B. 280nm

C. 240nm　　　　　　　D. 220nm

E. 268nm

18. 分子伴侣能够协助蛋白质形成正确空间构象,下列哪种分子属于分子伴侣( )

A. 胰岛素原　　　　　　B. DNA 结合蛋白

C. 组蛋白　　　　　　　D. 热休克蛋白

E. 胰高血糖素

19. 营养必需氨基酸只能由食物供应,下列哪种氨基酸是营养必需氨基酸( )

A. 丙氨酸　　　　　　　B. 异亮氨酸

C. 甘氨酸　　　　　　　D. 脯氨酸

E. 精氨酸

20. SDS-PAGE 电泳测定蛋白质的相对分子量的原理是( )

A. 在一定 pH 条件下所带净电荷的不同

B. 分子大小不同

C. 分子极性不同

D. 溶解度不同

E. 以上说法都不对

21. 下面关于蛋白质的一级结构与功能关系,叙述正确的是( )

A. 相同氨基酸组成的蛋白质,其功能一定相同

B. 一级结构中任一氨基酸的改变都会导致其生物活性消失

C. 一级结构越相近的蛋白质,其功能类似性越大

D. 来源于不同生物的同种蛋白质,其一级结构相同

E. 以上说法都不对

22. 蛋白质三级结构的维持最主要依靠下面的(　　)

A. 氢键　　　　　　　B. 疏水作用

C. 离子键　　　　　　D. 范德华力

E. 二硫键

23. 通常蛋白质分子在 pH 大于其 pI 的溶液中(　　)

A. 不带电荷　　　　　B. 净电荷为零

C. 负电荷　　　　　　D. 正电荷

E. 在电场作用下做布朗运动

24. 下面叙述蛋白质变性正确的是(　　)

A. 氨基酸组成发生改变

B. 氨基酸的排列顺序发生改变

C. 有肽键的断裂

D. 蛋白质分子的表面电荷和水化膜受到破坏

E. 蛋白质的空间结构受到破坏

25. 胰岛素分子中含有共价键,除肽键外还包括有(　　)

A. 离子键　　　　　　B. 疏水键

C. 氢键　　　　　　　D. 二硫键

E. 范德华引力

26. 在 pH8.8 的缓冲液中进行正常人血清乙酸纤维素薄膜电泳实验后,通常可把血清蛋白分为 5 条带,从负极起它们的依次顺序是(　　)

A. α_1-球蛋白,α_2-球蛋白,β-球蛋白,γ-球蛋白,清蛋白

B. γ-球蛋白,β-球蛋白,α_2-球蛋白,α_1-球蛋白,清蛋白

C. 清蛋白,α_1-球蛋白,α_2-球蛋白,β-球蛋白,γ-球蛋白

D. β-球蛋白,γ-球蛋白,α_2-球蛋白,α_1-球蛋白,清蛋白

E. 清蛋白,γ-球蛋白,β-球蛋白,α_2-球蛋白,α_1-球蛋白

27. 以下哪种方法可以获得不变性的蛋白质(　　)

A. 苦味酸沉淀　　　　B. 重金属盐溶液沉淀

C. 三氯乙酸沉淀　　　D. 常温乙醇沉淀

E. 低温盐析

28. 蛋白质变性体现在结构上的变化是(　　)

A. 部分侧链基团的暴露　　B. 肽键发生断裂

C. 氨基酸残基发生化学修饰　D. 加入小分子物质

E. 二硫键被拆开

(二) 单选题 A2 型题(最佳否定型选择题)

1. 下列关于对谷胱甘肽的叙述中,哪一个说法是错误的(　　)

A. 是一个三肽

B. 是一种具有两性性质的肽

C. 有两种离子形式

D. 在体内是一种还原剂

E. 是一种酸性肽

2. 下列关于蛋白质特性的描述错误的是(　　)

A. 将溶液的 pH 调节到蛋白质 pI 时,蛋白质容易沉降

B. 盐析法分离蛋白质原理是通过中和蛋白质分子表面电荷,使蛋白质沉降

C. 蛋白质变性后,由于疏水基团暴露,水化膜被破坏,一定会发生沉降

D. 蛋白质不能透过半透膜,可用此方法将小分子杂质除去

E. 在同一 pH 溶液中,由于各种蛋白质 pI 不同,可用电泳将它们进行分离纯化

3. 有关蛋白质的三级结构的描述中,错误的是(　　)

A. 具有三级结构的多肽链都具有生物学活性

B. 三级结构的稳定性由次级键维持

C. 三级结构是单体蛋白质或亚基的空间结构

D. 亲水基团多位于三级结构的表面

E. 结构域是由蛋白质的侧链构象所形成的

4. 下列关于蛋白质叙述中,不正确的是(　　)

A. 凡是具有功能性的蛋白质,都具有一、二、三、四级结构

B. 一级结构决定空间结构

C. 无规则卷曲属于二级结构形式

D. 也将完整三级结构的多肽链称为亚基

E. 二硫键对于稳定蛋白质的一级结构及其三级结构都有一定作用

5. 在蛋白质的组成中,不属于天然的氨基酸是(　　)

A. 精氨酸　　　　　　B. 瓜氨酸

C. 半胱氨酸　　　　　D. 脯氨酸

E. 丙氨酸

6. 对稳定蛋白质构象通常不起作用的化学键是(　　)

A. 氢键　　　　　　　B. 盐键

C. 酯键　　　　　　　D. 疏水键

E. 范德华力

7. 下列对于 α-螺旋的描述中错误的一项是(　　)

A. 通过主链的氢键维持稳定

B. 其稳定性与侧链的相互作用有关

C. 脯氨酸残基与甘氨酸残基妨碍 α-螺旋的行程

D. 是蛋白质的一种二级结构类型

E. 通过疏水作用维持稳定

8. 下列对蛋白质结构描述的说法中错误的是(　　)

A. 都有一级结构　　　　B. 都有碳原子

C. 都有三级结构　　　　D. 都有四级结构

E. 都有氮原子

9. 蛋白质分子中没有下列哪种含硫氨基酸(　　)

A. 胱氨酸　　　　　　　B. 半胱氨酸

C. 同型半胱氨酸　　　　D. 苏氨酸

E. 甲硫氨酸

10. 下面维系蛋白质分子结构的作用力中,不是次级键的有(　　)

A. 氢键　　　　　　　　B. 盐键

C. 疏水键　　　　　　　D. 范德华力

E. 二硫键

(三) X 型题(多项选择题)

1. 蛋白质变性时会发生(　　)

A. 一定会沉淀

B. 空间结构破坏,一级结构无改变

C. 溶解度降低

D. 生物学功能改变

E. 260nm 处光吸收减少

2. 蛋白质二级结构中存在的构象有(　　)

A. α-螺旋　　　　　　　B. β-螺旋

C. α-转角　　　　　　　D. β-转角

E. γ-螺旋

3. SDS-PAGE 时,蛋白质的泳动速度取决于(　　)

A. 蛋白质分子的形状

B. 蛋白质的分子量

C. 蛋白质所在溶液的 pH

D. 蛋白质所在溶液的离子强度

E. 蛋白质分子所带的电荷数

4. 血清中清蛋白的生理功能有(　　)

A. 免疫作用　　　　　　B. 结合运输某些物质

C. 具有某些酶的作用　　D. 维持胶体渗透压

E. 组成骨架结构

5. 细胞膜蛋白质的功能包括(　　)

A. 免疫功能　　　　　　B. 受体功能

C. 酶的功能　　　　　　D. 物质转运功能

E. 影响细胞膜流动性

6. 下面关于谷胱甘肽描述正确的是(　　)

A. 能够进行氧化还原反应

B. 含有二硫键的为氧化型谷胱甘肽

C. 可以运输氧

D. 是已知的最小蛋白质

E. 具有四级结构

7. 组成蛋白质的基本元素主要有(　　)

A. 碳　　　　　　　　　B. 氢

C. 磷　　　　　　　　　D. 氧

E. 氮

8. 关于肽键的下列描述,其中正确的是(　　)

A. 具有部分双键性质

B. 可被蛋白酶分解

C. 是蛋白质分子中的主要共价键

D. 是一种比较稳定的酰胺键

E. 键长介于单、双键之间

9. 蛋白质的空间构象包括(　　)

A. β-折叠　　　　　　　B. 模体

C. 锌指结构域　　　　　D. 亚基

E. α-螺旋

10. 关于蛋白质结构的叙述正确的是(　　)

A. 蛋白质的一级结构是决定空间结构的重要因素

B. 蛋白质的二级结构是指多肽链基本骨架中原子的局部空间排列

C. 蛋白质三级结构形成后,疏水性氨基酸暴露在外面

D. 所有蛋白质都必须形成四级结构后,才能具有生物活性

E. 蛋白质的四级结构均由两条或两条以上具有完整三级结构的多肽链借次级键缔合而成

(四) 名词解释

1. isoelectric point, pI　　**2.** primary structure

3. secondary structure　　**4.** tertiary structure

5. quarternary structure　　**6.** denaturation of protein

7. protein conformational disease

8. chaperon　　　　　　**9.** gel chromatography

10. conformation　　　　**11.** structural domain

(五) 简答题

1. 简述氨基酸的分类。

2. 简述蛋白质二级结构的类型。

3. 简述蛋白质溶液的胶体性质。

4. 简述蛋白质的三级结构与四级结构的区别。

5. 凝胶过滤层析分离蛋白质的原理是什么?

(六) 论述题

1. 什么是蛋白质的变性与复性,变性有什么特点?

2. 如何理解蛋白质结构,并举例说明其一级结构与功能的关系。

3. 试述蛋白质分离与纯化的主要原理及方法。

参考答案

（一）单选题 A1 型题（最佳肯定型选择题）

1. D 2. C 3. B 4. D 5. A 6. A 7. D 8. D
9. E 10. D 11. C 12. A 13. D 14. C 15. B
16. A 17. B 18. D 19. B 20. B 21. C 22. B
23. C 24. E 25. D 26. B 27. E 28. A

（二）单选题 A2 型题（最佳否定型选择题）

1. E 2. C 3. A 4. A 5. B 6. C 7. E 8. D
9. C 10. E

（三）X 型题（多项选择题）

1. BCD 2. AD 3. BCD 4. BD 5. ABCD 6. AB
7. ABDE 8. ABCDE 9. ABCDE 10. ABE

（四）名词解释

（略）

（五）简答题

1. 答题要点：①非极性氨基酸；②不带电荷的极性氨基酸；③芳香族氨基酸；④带正电荷的碱性氨基酸；⑤带负电荷的酸性氨基酸等五个方面考虑。

2. 答题要点：①α-螺旋；②无规卷曲；③β-转角；④β-折叠等四个方面阐述。

3. 答题要点：从蛋白质分子之间相同电荷的相斥作用和水化膜的相互隔离作用这两大稳定因素方面阐述。

4. 答题要点：首先在概念上有区别：一条多肽链中所有原子在三维空间的整体排布称蛋白质三级结构，蛋白质分子中各个亚基的空间排布及亚基接触部位的布局和相互作用，称为四级结构。三级结构强调的是一条多肽链的整体排布，而四级结构则强调各个亚基（每个亚基代表一条多肽链）之间的布局与相互作用。其次，二者在代表的功能上进行对比：有些蛋白质具有三级结构即可发挥生物学活性，而有些蛋白质虽然具有三级结构，但并没有生物学活性，必须形成四级结构才能发挥生物学活性。

5. 答题要点：根据蛋白质颗粒大小而进行分离的一种方法。从不同相对分子质量的蛋白质在层析柱中的滞留时间有差异方面详细阐述。

（六）论述题

1. 答题要点：从定义上详细阐述变性与复性的区别。注意有些蛋白质可以在变性与复性之间转变。变性后的特点从变性后次级键的破坏引起的高级结构的变化导致的后果方面阐述。

2. 答题要点：从一级结构和空间结构分别是如何构成的以及一级结构是空间结构的基础、是功能的基础方面做详细地阐述。可以以牛胰岛素与人胰岛素应用于人类糖尿病的治疗阐述一级结构相似的蛋白质，其基本构象及功能也相似。以镰刀型红细胞贫血之血红蛋白 β-亚基第 6 位的谷氨酸突变为缬氨酸，导致红细胞变形形成镰刀状而产生贫血来说明一级结构中参与功能活性部位的残基或处于特定构象关键部位的残基发生突变，则该蛋白质的功能也会受到明显影响。

3. 答题要点：首先从改变蛋白质的溶解度的盐析法和有机溶解沉淀的方法等方面来阐述。其次从根据蛋白质分子大小不同采用的离心、透析与超滤、凝胶过滤层析等方法来阐述。三是根据蛋白质电荷性质不同采用的离子交换层析、电泳、等电聚焦等方法进行具体阐述。

（孙玉宁 姚 青）

第六章　核酸的结构与功能

第一部分　实验预习

一、核酸的分子组成

核酸(nucleic acid)是重要的生物大分子,它的构建分子是核苷酸(nucleotide),天然存在的核酸可分为脱氧核糖核酸(deoxyribonucleic acid,DNA)和核糖核酸(ribonucleic acid,RNA)两类。DNA 储存细胞所有的遗传信息,是物种保持进化和世代繁衍的物质基础。RNA 中参与蛋白质合成的有三类:转移 RNA(transfer RNA,tRNA),核糖体 RNA(ribosomal RNA,rRNA)和信使 RNA(messenger RNA,mRNA)。20 世纪末,发现许多新的具有特殊功能的 RNA,几乎涉及细胞功能的各个方面。

脱氧核糖核酸(DNA),存在于细胞核和线粒体内。核糖核酸(RNA),存在于细胞质和细胞核内。核酸的基本组成单位是核苷酸,而核苷酸则由碱基、戊糖和磷酸三种成分连接而成。碱基结构特点为:嘌呤和嘧啶环中均含有共轭双键,因此对波长 260nm 左右的紫外光有较强吸收,这一重要的理化性质被用于对核酸、核苷酸、核苷及碱基进行定性定量分析。戊糖结构特点为:DNA 分子的核苷酸的糖是 β-D-2-脱氧核糖,RNA 中为 β-D-核糖。生物体内多数核苷酸的磷酸基团位于核糖的第五位碳原子上。

二、DNA 的结构与功能

核酸的一级结构是指核苷酸在多核苷酸链上的排列顺序,核苷酸之间通过 3′,5′-磷酸二酯键连接。

DNA 双螺旋结构是核酸的二级结构。双螺旋的骨架由戊糖和磷酸基构成,两股链之间的碱基互补配对,是遗传信息传递者。DNA 中的核糖和磷酸构成的分子骨架是没有差别的,不同区段的 DNA 分子只是碱基的排列顺序不同。DNA 半保留复制的基础结构要点在于:①DNA 是一反向平行的互补双链结构。亲水的脱氧核糖基和磷酸基骨架位于双链的外侧,而碱基位于内侧,碱基之间以氢键相结合,其中,腺嘌呤始终与胸腺嘧啶配对,形成两个氢键,鸟嘌呤始终与胞嘧啶配对,形成三个氢键。②DNA 是右手螺旋结构,螺旋直径为 2nm。每旋转一周包含了 10 个碱基,每个碱基的旋转角度为 36°,螺距为 3.4nm,每个碱基平面之间的距离为 0.34nm。③DNA 双螺旋结构稳定的维系,横向靠互补碱基的氢键,纵向则靠碱基平面间的疏水性堆积力。

DNA 的三级结构是在双螺旋基础上进一步扭曲形成超螺旋,使体积压缩。在真核生物细胞核内,DNA 三级结构与一组组蛋白共同组成核小体。在核小体的基础上,DNA 链经反复折叠形成染色体。

DNA 的基本功能就是作为生物遗传信息复制的模板和基因转录的模板,它是生命遗传繁殖的物质基础,也是个体生命活动的基础。DNA 是遗传信息的载体,而遗传作用是由蛋白质功能来体现的,在两者之间 RNA 起着中介作用。

三、RNA 的种类与功能

RNA 种类繁多,分子较小,一般以单链存在,可有局部二级结构,各类 RNA 在遗传信息表达为氨基酸序列过程中发挥不同作用。

(一) 信使 RNA(半衰期最短)

hnRNA 为 mRNA 的初级产物,经过切除内含子,拼接外显子,成为成熟的 mRNA 并移位到细胞质。大多数的真核 mRNA 在转录后 5′末端加上一个 7-甲基三磷酸双鸟苷帽子,帽子结构能够促进核蛋白体与 mRNA 的结合,加速翻译起始速度,同时可以增强 mRNA 的稳定性。3′末端多了一个多聚腺苷酸尾巴,可能与 mRNA 从核内向胞质的转位及 mRNA 的稳定性有关。信使 RNA 的功能是把核内 DNA 的碱基顺序,按照碱基互补的原则,抄录并转送至胞质,以决定蛋白质合成的氨基酸排列顺序。mRNA 分子上每 3 个核苷酸为一组,决定肽链上某一个氨基酸或其他信息,为三联体密码。

(二) 转运 RNA(分子量最小)

tRNA 分子中含有 10%~20% 稀有碱基。tRNA 分子二级结构为三叶草形,结构中的反密码环中间的 3 个碱基为反密码子,与 mRNA 上相应的三联体密码子形成碱基互补。所有 tRNA 的 3′末端均有相同的 CCA-OH 结构,tRNA 分子三级结构为倒“L”型,tRNA 分子功能是在细胞蛋白质合成过程中作为各种氨基酸的载体并将氨基酸转呈给 mRNA。

(三) 核蛋白体 RNA(含量最多)

原核生物的 rRNA 的小亚基为 16S,大亚基为 5S、23S;真核生物的 rRNA 的小亚基为 18S,大亚基为 5S、5.8S、28S。真核生物的 18SrRNA 的二级结构呈花状。rRNA 与核糖体蛋白共同构成核糖体,它是蛋白质合成机器——核蛋白体的组成成分,参与蛋白质的合成。

(四) 核酶

某些 RNA 分子本身具有自我催化能力,可以完成 rRNA 的剪接。这种具有催化作用的 RNA 称为核酶。

四、核酸的理化性质

(一) 核酸的大小和测定

一般来说,进化程度高的生物其 DNA 分子应该越大,越能储存更多遗传信息。但进化的复杂程度与 DNA 大小并不完全一致。常用测定 DNA 分子大小的方法有电泳法、离心法。

(二) 核酸的水解

DNA 和 RNA 中的糖苷键与磷酸酯键都能用化学法和酶法水解。在较低 pH 条件下 DNA 和 RNA 都会发生磷酸二酯键水解。在高 pH 时,RNA 的磷酸酯键易被水解,而 DNA 的磷酸酯键不易被水解。

（三）DNA 的变性

在某些理化因素作用下,DNA 分子互补碱基对之间的氢键断裂,使 DNA 双螺旋结构松散,变成单链,即为变性。解链过程中,DNA 在紫外区 260nm 波长处的吸光值增加,并与解链程度有一定的比例关系,称为 DNA 的增色效应。紫外光吸收值达到最大值的 50% 时的温度称为 DNA 的解链温度(Tm)。

（四）DNA 的复性

变性 DNA 在适当条件下,两条互补链可重新恢复天然的双螺旋构象,这一现象称为复性(renaturation),当热变性的 DNA 经缓慢冷却后复性称为退火(annealing),复性过程产生减色效应。

（五）杂交

具有互补序列的不同来源的单链核酸分子,按碱基配对原则结合在一起称为杂交(hybridization)。杂交可发生在 DNA-DNA、RNA-RNA 和 DNA-RNA 之间。分子生物学研究中常用的杂交方法有 Southern 印迹法、Northern 印迹法和原位杂交(in situ hybridization)等。

第二部分　知识链接与拓展

一、基因多态性检测原理

人类 DNA 含有 3.2×10^9 个碱基对,其中约 99.9% 的 DNA 序列是相同的,另外的 0.1% 在个体之间有差异(除同卵双生者外)。个体之间的 DNA 差异有的在个人生理特征中表现出来,更多的必须用实验室的特殊技术,例如限制性片段长度多态性(RFLP)检验才能被测定出来。RFLP 又被人们通俗地称为 DNA 指纹技术。它的基本原理是:利用变数串联重复序列(variable number tandem repeat sequences,VNTR)中无切点的限制性内切酶如 Hinf I,酶切基因组 DNA 后,形成长短不等的许多 DNA 片段。电泳分开不同大小的 DNA 片段,用 VNTR 核心序列作为标记探针进行 Southern 印迹杂交,不同个体出现一系列不同的杂交带型,从而做出个体识别或指正、确认罪犯。目前国际上通用的 DNA 检测的标记主要有细胞核 STR 分型检测和线粒体 DNA 测序。STR(short tandem repeat,短片段重复序列)广泛存在于人类及哺乳动物的基因组中,具有高度多态性,通过对这种多态性的检测,就可以明确区分个体与个体的不同,确定父母子的亲缘关系。人体所有有核细胞都具有 STR 遗传,而红细胞因为没有细胞核,毛发的毛干,牙齿的牙冠这些部位,所含核 DNA 很少,也不能或不适于 STR 检测。此时,可以采用另外一种遗传标记,那就是线粒体 DNA。线粒体 DNA 要远远多于细胞核 DNA。形成受精卵的时候,由于卵细胞带有线粒体,而精子头部只有细胞核,几乎不带任何其他细胞器。因此,卵细胞中的线粒体随着受精卵遗传下来,也就是随母亲遗传。线粒体 DNA 检测,是核 STR 检测的一个有效补充,可以用来检测毛干和其他一些核 DNA 含量较少的样本,同时也可以进行母系家族的鉴定。

案例 6-1

1999 年 5 月,在某市发生了一起 8 名女青年被杀的特大凶杀案。从现场提取 80 余处血迹与 8 名受害人血液样本,同时进行检验。经多个 STR 位点检验得出,第一,现场血迹与 8 名死者血样的检验结果进行比对,对每一处血斑均确定是何人所留,从而明确案发时每一受害人的活动情况;第二,现场提取到两种犯罪嫌疑人留下的血迹,一种为穿袜子染血后所留,另一种为现场发现的一双拖鞋所留;同时法医判断 8 名死者均被两种单刀刀刺死。本案有几名案犯所为是侦察人员侦破此案的关键。对血迹和现场遗留的拖鞋进行检验,发现拖鞋外表面血迹的 STR 分型结果与拖鞋内膛所染血迹的分型结果不同,且鞋内膛血迹为其中 5 名死者血迹的混合样本。根据此结果分析,鞋内血迹为同一案犯穿袜行凶后又穿拖鞋所形成,确定现场的袜子足迹和拖鞋足迹为同一案犯所留;第三,现场 3 处血迹中均检出与 8 名死者不同的等位基因。据此,判断案犯在作案时曾受伤出血,并鉴定出案犯的基因型,为最终认定罪犯提供了可靠的证据。此案侦破后证实确为一名案犯所为,而且现场的第九种血迹与案犯的基因型相同。DNA 技术成功为此案进行现场重建和认定犯罪嫌疑人提供了无可替代的科学依据,为侦查工作指出了正确方向,起到了举足轻重的作用。

问题与思考:

为什么利用现场遗留血迹样本可以进行犯罪嫌疑人的人数确定?

二、DNA 亲子鉴定原理

通过遗传标记的检验与分析来判断父母与子女是否亲生关系,称之为亲子试验或亲子鉴定。DNA 是人体遗传的基本载体,每个人体细胞有 23 对(46 条)成对的染色体,其分别来自父亲和母亲。由于人体约有 30 亿个核苷酸构成整个染色体系统,而且在生殖细胞形成前的互换和组合是随机的,所以世界上没有任何两个人具有完全相同的 30 亿个核苷酸的组成序列,这就是人的遗传多态性。尽管遗传多态性的存在,但每一个人的染色体必然也只能来自其父母,这就是 DNA 亲子鉴定的理论基础。DNA 亲子鉴定是目前最准确的亲权鉴定方法,如果小孩的遗传位点和被测试男子的位点(至少 1 个)不一致,那么该男子便 100% 被排除血缘关系之外,即他绝对不可能是孩子的父亲。如果孩子与其父母亲的位点都吻合,我们就能得出亲权关系大于 99.99% 的可能性,即证明他们之间的血缘亲子关系。

案例 6-2

老刘全家去做常规体检,可是血型化验单却显示 19 岁的儿子刘明不是他们夫妻的亲生儿子,唯一的可能是孩子当初在医院的时候就抱错了。突如其来的打击让老刘夫妇痛苦不堪。他们开始按照医院接生记录挨家寻找,历尽艰辛,他们终于找到一个姓秦的人家,并说服秦师傅让儿子秦亮和老刘做了 DNA 亲子鉴定。DNA 鉴定结果显示,秦亮正是老刘的亲生儿子,而刘明也是秦师傅的儿子。

问题与思考:

为什么 DNA 亲子鉴定可以证明秦亮是老刘的亲生儿子,而刘明也是秦师傅的儿子呢?

第三部分　实　　验

实验一　肝中核酸的提取和定性鉴定

【实验目的】

掌握 DNA 提取和定性鉴定的基本原理和方法。

【实验原理】

在浓 NaCl(1~2mol/L)溶液中,脱氧核糖核蛋白的溶解度很大,核糖核蛋白的溶解度很小;在稀 NaCl(0.14mol/L)溶液中,脱氧核糖核蛋白的溶解度很小,核糖核蛋白的溶解度很大。因此,可利用不同溶解度的 NaCl 溶液,将脱氧核糖核蛋白和核糖核蛋白从样品中分别抽取出来。

将提取得到的核蛋白用 SDS(十二烷基硫酸钠)处理,DNA(RNA)即与蛋白质分开,可用氯仿-异丙醇将蛋白质沉淀除去,而 DNA 则溶解于溶液中,向溶液中加入适量乙醇,DNA 即析出。为了防止 DNA(RNA)酶解,提取时加入 EDTA(乙二胺四乙酸)。

析出的 DNA 在强酸环境下加热,使 DNA 嘌呤碱和脱氧核糖之间的糖苷键断裂,DNA 酸解后生成嘌呤碱基、脱氧核糖和脱氧嘧啶核苷酸。它们分别可用下列方法鉴定:

嘌呤碱:能与苦味酸作用形成针状结晶。

磷酸:能与钼酸试剂作用生成磷钼酸,后者在还原剂的作用下还原成蓝色的钼蓝。常用的还原剂有氨基萘酚磺酸钠、氯化亚锡或维生素 C 等。

反应方程式如下:

$$H_3PO_4 + 12H_2MoO_4 \longrightarrow H_3PO_4 \cdot 12H_2MoO_4 \cdot 12H_2O$$
$$\text{钼酸} \qquad\qquad \text{磷钼酸}$$

$$6H + H_3PO_4 \cdot 12H_2MoO_4 \cdot 12H_2O \longrightarrow H_3PO_4 \cdot 6MoO_3 \cdot 12H_2O + 3H_2O$$
$$\text{还原剂} \qquad\qquad\qquad \text{钼蓝}$$

脱氧核糖在酸性条件下脱水生成 δ-羟基-γ-酮基戊醛,后者与二苯胺作用后显示为蓝色,在波长 595nm 有最大吸收。

【主要仪器及器材】

玻璃匀浆器;离心机;722 型分光光度计;水浴箱;10ml 离心管;刻度吸量管。

【试剂】

1. 新鲜兔肝

2. 5mol/L NaCl 溶液　将 292.3g NaCl 溶于蒸馏水中,并稀释至 1000ml。

3. 0.14mol/L NaCl-0.15mol/L EDTA-Na 溶液(SE)　溶 8.18g NaCl 及 37.2g EDTA-Na 于蒸馏水,稀释至 1000ml。

4. 25%SDS 溶液　溶 25g SDS 于 100ml 蒸馏水中,68℃助溶。

5. 氯仿-异丙醇混合液　氯仿:异丙醇=24:1(V/V)。

6. 95%乙醇溶液

7. 5%硫酸溶液

8. 钼酸试剂　钼酸铵 5g 溶于 100ml 蒸馏水中,再加入浓硫酸 15ml。冷却后,加蒸馏水至 1000ml。

9. 氨基萘酚磺酸钠溶液 1,2,4-氨基萘酚磺酸钠 0.5g 溶于 195ml 15% 亚硫酸氢钠与 5ml 20% 亚硫酸钠溶液中,充分溶解后储于棕色瓶中,冰箱 4℃ 保存(可用 4 周)。用时取上清液。

10. 饱和苦味酸溶液 苦味酸约 1.3g 溶于 100ml 蒸馏水中,静置过夜。临用时取上清液。

11. 二苯胺试剂 称取结晶二苯胺 1g,溶于 100ml 冰乙酸中,再加入浓硫酸 2.75ml,混匀。此试剂见光变绿,须置棕色瓶中,冰箱 4℃ 保存。

【操作】

1. 肝中核酸的提取 新鲜兔肝 3g,用 0.14mol/L SE 冲洗后,剪碎,倒入匀浆器内。取 9ml SE,先少量倒入匀浆器中匀浆。将匀浆液倒入离心管,用剩余 SE 分次冲洗匀浆器,并将冲洗后液体倒入离心管中,3500r/min 离心 10min,弃上清。沉淀加 5ml SE 洗两次,每次 3500r/min 离心 10min,弃上清。滴加 SE 7ml 于沉淀中,边加边搅拌。将溶液转入 25ml 三角烧瓶中,滴加 25% SDS 1ml,边加边搅,60℃ 水浴 10min(搅拌)。冷却后,加 5mol/L NaCl 2ml,在摇床上震摇 10min。加 1 倍体积氯仿-异丙醇,震摇 20min,溶液转入离心管,3500r/min 离心 10min,用滴管缓慢吸取上清置试管中,加 1.5 倍体积 95% 乙醇,室温下静置 5min,3500r/min 离心 10min,沉淀即为 DNA 粗品。

2. DNA 的水解 DNA 粗品加入 5% 硫酸 8ml,搅匀后,沸水浴水解 30min,即为 DNA 水解液。用流水冷却后即可进行定性鉴定。

3. 鉴定

(1) 嘌呤碱的鉴定:能与苦味酸作用形成针状结晶。

(2) 磷酸的鉴定:试管 2 支,标号,按表 6-1 操作。

表 6-1 磷酸的鉴定

试剂(滴)	测定管	对照管
DNA 水解液	10	—
5% 硫酸	—	10
钼酸试剂	5	5
氨基萘酚磺酸钠溶液	4	4

摇匀,于沸水浴中加热 2~3min,观察两管颜色变化。

(3) 脱氧核糖的鉴定:试管 2 支,标号,按表 6-2 操作。

表 6-2 脱氧核糖的鉴定

试剂(滴)	测定管	对照管
DNA 水解液	20	—
5% 硫酸	—	20
二苯胺试剂	40	40

摇匀,于沸水浴中加热 15min,观察两管颜色变化。

【注意事项】

(1) 在制备肝匀浆时,应尽量在冰冷条件下进行。

(2) 自冰箱中取用的各种试剂用后迅速放回冰箱。

(3) 用沸水浴加热时,应注意勿使内容物冲出。

【预习报告】

请回答下列问题:

(1) 根据化学组成不同,核酸分为哪两类,各有什么结构特点?

(2) 核酸分离纯化时应注意哪些问题?

(3) 核酸分离纯化一般有哪些方法?

实验二 核酸的紫外测定及增色效应

【实验目的】

学习紫外分光光度法测定核酸含量的原理和操作方法,验证核酸的紫外吸收特性及增色效应。

【实验原理】

核酸、核苷酸及其衍生物的分子结构中的嘌呤、嘧啶碱基具有共轭双键系统,对波长 $250\sim280$ nm 范围的紫外线有强烈的吸收作用,其最大紫外吸收峰值在 260nm 左右。核酸对紫外线的吸收能力视其碱基暴露的程度有很大差别,其中核苷酸>单链核酸>双链核酸。核酸在某些理化因素作用下发生变性,双股核苷酸链分离成两个单股,原来紧密结合和堆砌的碱基暴露,因此在 260nm 处的吸光值上升,此现象称为核酸的增色效应。本实验是利用 DNA 的稀盐溶液在固定离子强度及 pH 的条件下加热到 110℃,使 DNA 分子中的氢键断裂而发生变性,碱基暴露,因而对 260nm 的紫外线吸收增加。分别测定 DNA 在正常及变性情况下 260nm 的光吸收值并进行比较。

【主要仪器及器材】

分光光度计;砂浴;冰水浴;长试管 2 支。

【试剂】

1. 20×SSC(20×标准柠檬盐液) 称取氯化钠(A. R.)175.3g,柠檬酸钠·2H$_2$O 88.2g,溶于无离子水 800ml 中,用 10mol/L 氢氧化钠溶液调节到 pH7.0,再用无离子水稀释至 1000ml。

2. 2×SSC 取 20×SSC 10ml 用无离子水稀释至 100ml。

3. 0.01×SSC 取 2×SSC 0.5ml 用无离子水稀释至 100ml。

4. DNA 溶液(50μg/ml) DNA5mg 溶于 0.01×SSC100ml 中。

5. DNA 溶液(25μg/ml) DNA 溶液(50μg/ml) 50ml 加 2×SSC50ml。

【操作】

(1) 取试管 2 支,各加 DNA 溶液(25μg/ml)4ml。1 支不作任何处理,作为对照管,含天然状态 DNA。

（2）另 1 支放入 110℃ 砂浴中加热,15min 后取出立即放入冰水浴中淬冷（可放在 -20℃ 冰箱中保存）此管为变性管。

（3）以 20×SSC（20×标准柠檬盐液）调零点,在分光光度计上分别测定两种不同 DNA 溶液在 260nm 波长的吸光度,进行比较分析并解释所得结果。

【注意事项】

（1）DNA 样品应选用均一性纯品。

（2）由于 DNA 碱基上常有可解离的氨基和烯醇式羟基,因此同一碱基的紫外吸收光谱可随溶液的 pH 不同而异。

【预习报告】

请回答下列问题:

（1）什么是核酸的增色效应?

（2）核酸有哪些理化性质?

（3）分光光度计的操作应注意哪些问题?

实验三　动物组织基因组 DNA 提取

【实验目的】

掌握动物组织基因组 DNA 的提取的原理与方法。

【实验原理】

真核生物的一切有核细胞（包括培养细胞）都能用来制备基因组 DNA。真核生物的 DNA 是以染色体的形式存在于细胞核内,因此,制备 DNA 的原则是既要将 DNA 与蛋白质、脂类和糖类等分离,又要保持 DNA 分子的完整。提取 DNA 的一般过程是将分散好的组织细胞在含 SDS（十二烷基硫酸钠）和蛋白酶 K 的溶液中消化分解蛋白质,再用酚和氯仿/异戊醇抽提分离蛋白质,得到的 DNA 溶液经乙醇沉淀使 DNA 从溶液中析出。

蛋白酶 K 的重要特性是能在 SDS 和 EDTA（乙二胺四乙酸二钠）存在下保持很高的活性。在匀浆后提取 DNA 的反应体系中,SDS 可破坏细胞膜、核膜,并使组织蛋白与 DNA 分离,EDTA 则抑制细胞中 Dnase 的活性;而蛋白酶 K 可将蛋白质降解成小肽或氨基酸,使 DNA 分子完整地分离出来。

【主要仪器及器材】

恒温水浴锅;台式离心机;紫外分光光度计;移液器;玻璃匀浆器;离心管（灭菌）;吸头（灭菌）。

【试剂】

（1）细胞裂解缓冲液:Tris（pH8.0）100mmol/L;EDTA（pH 8.0）500mmol/L;NaCl 20mmol/L;SDS 10%;胰 RNA 酶 20μg/ml。

（2）蛋白酶 K:称取 20mg 蛋白酶 K 溶于 1ml 灭菌的双蒸水中,-20℃ 备用。

（3）TE 缓冲液（pH 8.0）:高压灭菌,室温储存。

(4) 酚：氯仿：异戊醇=25：24：1。

(5) 异丙醇、冷无水乙醇、70%乙醇、灭菌水。

(6) 乙酸钠 (3mol/L,pH 5.2)。

(7) TE 缓冲液:5ml。

  10mmol/L Tris-HCl(pH 8.0)：0.05ml(1mol/L Tris-HCl,pH 8.0)。

  1mmol/L EDTA(pH 8.0)：0.01ml (0.5mol/L EDTA,pH 8.0)。

  最后加三蒸水至 5ml。

【操作】

(1) 取新鲜或冰冻动物组织块 0.1g(0.5cm³),尽量剪碎。置于玻璃匀浆器中,加入 1ml 的细胞裂解缓冲液匀浆至不见组织块,转入 1.5ml 离心管中,加入蛋白酶 K (500μg/ml) 20μl,混匀。在 65℃恒温水浴锅中水浴 30min,也可转入 37℃水浴 12~24h,间歇振荡离心管数次。于台式离心机以 12000r/min 离心 5min,取上清液入另一离心管中。

(2) 用等体积的饱和酚抽提一次,12000r/min 离心 3min,收集水相。

(3) 用等体积的(酚：氯仿：异戊醇=25：24：1)混合物抽提一次,12000r/min 离心 3min,收集水相。用等体积的氯仿：异戊醇(24：1 现配现用)抽提,4℃静置 10min,然后 12000r/min 离心 10min(若界面或水相中的蛋白质含量多,可重复此步骤)。

(4) 小心吸取上层含有 DNA 的水相,加 1/10 体积的乙酸钠 (3mol/L,pH 5.2),小心混匀(要充分);加入 2 倍体积的无水乙醇,−20℃ 1~2h, 离心 12000r/min,15min。

(5) 小心倒掉上清液,用 1ml 70%乙醇洗涤沉淀物 1 次,离心 12000r/min,5min。

(6) 小心倒掉上清液,将离心管倒置于吸水纸上,将附于管壁的残余液滴除掉,室温干燥(不要太干,否则 DNA 不易溶解)。

(7) 加 100μl TE 重新溶解沉淀物,然后置于 4℃或−20℃保存备用。

(8) 吸取适量样品于 GeneQuant 上检测浓度和纯度。

【注意事项】

(1) 选择的实验材料要新鲜,处理时间不宜过长。

(2) 在加入细胞裂解缓冲液前,细胞必须均匀分散,以减少 DNA 团块形成。

(3) 提取的 DNA 不易溶解:不纯,含杂质较多;加溶解液太少使浓度过大。沉淀物太干燥,也将使溶解变得很困难。

(4) 分光光度分析 DNA 的 A_{260}/A_{280} 小于 1.8;不纯,含有蛋白质等杂质。在这种情况下,应加入 SDS 至终浓度为 0.5%,并重复操作步骤(2)~(8)。

(5) 酚/氯仿/异戊醇抽提后,其上清液太黏不易吸取:含高浓度的 DNA,可加大抽提前缓冲液的量或减少所取组织的量。

【预习报告】

请回答下列问题:

(1) 核酸的种类,核酸的理化性质是什么?

(2) 真核生物细胞核内 DNA 的存在形式是什么?

(3) 常用测定 DNA 的方法有哪些,是根据核酸的什么性质?

第四部分 复习与实践

(一)单选题 A1 型题(最佳肯定型选择题)

1. 自然界游离核苷酸中,磷酸最常见是位于( )

A. 戊糖的 C-5′上　　　　B. 戊糖的 C-2′上

C. 戊糖的 C-3′上　　　　D. 戊糖的 C-2′和 C-5′上

E. 戊糖的 C-2′和 C-3′上

2. 可用于测量生物样品中核酸含量的元素是( )

A. 碳　　　　　　　　　　B. 氢

C. 氧　　　　　　　　　　D. 磷

E. 氮

3. 下列哪种碱基只存在于 RNA 而不存在于 DNA
( )

A. 尿嘧啶　　　　　　　　B. 腺嘌呤

C. 胞嘧啶　　　　　　　　D. 鸟嘌呤

E. 胸腺嘧啶

4. 核酸中核苷酸之间的连接方式是( )

A. 2′,3′-磷酸二酯键　　　B. 糖苷键

C. 2′,5′-磷酸二酯键　　　D. 肽键

E. 3′,5′-磷酸二酯键

5. 核酸对紫外线的最大吸收峰在哪一波长附近
( )

A. 280nm　　　　　　　　B. 260nm

C. 200nm　　　　　　　　D. 340nm

E. 220nm

6. DNA T_m 值较高是由于下列哪组核苷酸含量较高所致( )

A. G+A　　　　　　　　　B. C+G

C. A+T　　　　　　　　　D. C+T

E. A+C

7. DNA 变性是指( )

A. 分子中磷酸二酯键断裂

B. 多核苷酸链解聚

C. DNA 分子由超螺旋→双链双螺旋

D. 互补碱基间氢键的断裂

E. DNA 分子中碱基丢失

8. 某 DNA 分子中腺嘌呤的含量为 20%,则胞嘧啶的含量应为( )

A. 15%　　　　　　　　　B. 30%

C. 40%　　　　　　　　　D. 35%

E. 7%

9. tRNA 携带氨基酸的部位是在( )

A. 2′-OH　　　　　　　　B. 3′OH

C. 1′-OH　　　　　　　　D. 3′-P

E. 5′-P

10. 下列哪个是核酸的基本结构单位( )

A. 核苷　　　　　　　　　B. 磷酸戊糖

C. 单核苷酸　　　　　　　D. 多聚核苷酸

E. 以上都不是

11. 组成 DNA 分子的磷酸戊糖是( )

A. 3′-磷酸脱氧核糖　　　B. 5′-磷酸脱氧核糖

C. 3′-磷酸核糖　　　　　D. 2′-磷酸核糖

E. 5′-磷酸核糖

12. 下列哪个结构存在于真核生物 mRNA 5′端( )

A. 聚 A 尾巴　　　　　　　B. 帽子结构

C. 超螺旋结构　　　　　　D. 核小体

E. -C-C-A-OH 顺序

13. 下列哪个结构存在于 tRNA 3′端( )

A. 聚 A 尾巴　　　　　　　B. 帽子结构

C. 超螺旋结构　　　　　　D. 核小体

E. -C-C-A-OH 顺序

14. 下列哪个结构存在于 mRNA3′端( )

A. 聚 A 尾巴　　　　　　　B. 帽子结构

C. 超螺旋结构　　　　　　D. 核小体

E. -C-C-A-OH 顺序

15. 大部分真核细胞 mRNA 的 3′末端都具有( )

A. 多聚 A　　　　　　　　B. 多聚 U

C. 多聚 T　　　　　　　　D. 多聚 C

E. 多聚 G

16. 下列哪种构型是溶液中 DNA 分子最稳定的构型( )

A. A 型　　　　　　　　　B. B 型

C. C 型　　　　　　　　　D. D 型

E. Z 型

17. 下列哪种物质是在蛋白质合成中作为直接模板( )

A. DNA　　　　　　　　　B. RNA

C. mRNA　　　　　　　　D. rRNA

E. tRNA

18. 原核生物和真核生物核糖体上都有( )

A. 18S rRNA　　　　　　　B. 5S rRNA

C. 5.8S rRNA　　　　　　D. 30 sRNA

E. 28S rRNA

19. 酪氨酸 tRNA 的反密码子是 5′-GUA-3′,其能辨

认的 mRNA 上的相应密码子是（　　）

A. GUA
B. AUG
C. UAC
D. GTA
E. TAC

（二）单选题 A2 型题（最佳否定型选择题）

1. 关于 DNA 二级结构的论述下列哪项是错误的（　　）

A. 两条多核苷酸链互相平行方向相反
B. 两条链碱基之间形成氢键
C. 碱基按 A-T 和 G-C 配对
D. 磷酸和脱氧核糖在内侧，碱基在外侧
E. 围绕同一中心轴形成双螺旋结构

2. 有关 tRNA 结构的叙述，下列哪项是错误的（　　）

A. 其末端结构不同，故能够结合不同的氨基酸
B. 其二级结构通常为三叶草形
C. 分子中含有较多的稀有碱基
D. 3′末端是活化氨基酸的结合部位
E. 其三级结构呈倒"L"型

3. 关于组蛋白错误叙述是（　　）

A. 是分子量较小的碱性蛋白
B. 富含精氨酸和赖氨酸
C. 具有种类繁多的非同源分子结构
D. 按比例非共价与 DNA 结合
E. 氨基酸组成和顺序有种间同源性

4. 核酸大小的表示方法不包括（　　）

A. 沉降系数
B. 分子量
C. 分子长度
D. 分子体积
E. 碱基对数目

5. 关于 DNA，以下描述不正确的是（　　）

A. 腺嘌呤与胸腺嘧啶摩尔数相等
B. 鸟嘌呤与尿嘧啶摩尔数相等
C. 同一生物的不同器官 DNA 碱基组成相同
D. 同一个体年龄增长但 DNA 碱基组成不变
E. 鸟嘌呤与胞嘧啶摩尔数相等

（三）X 型题（多项选择题）

1. DNA 分子中的碱基组成符合以下规则（　　）

A. A+C=G+T
B. C=G
C. A=T
D. C+G=A+T
E. A=C

2. 含有腺苷酸的辅酶有（　　）

A. NAD^+
B. $NADP^+$
C. FAD
D. FMN
E. TPP

3. DNA 水解后可得到下列哪些最终产物（　　）

A. 磷酸
B. 核糖
C. 腺嘌呤、鸟嘌呤
D. 胞嘧啶和尿嘧啶
E. 胸腺嘧啶

4. DNA 二级结构特点有（　　）

A. 两条多核苷酸链反向平行围绕同一中心轴构成双螺旋
B. 以 A-T,G-C 方式形成碱基配对
C. 双链均为右手螺旋
D. 链状骨架由脱氧核糖和磷酸组成
E. 碱基对间均形成一对氢键

5. DNA 变性时发生的变化是（　　）

A. 双链间氢键断裂，双螺旋结构破坏
B. 增色效应
C. 黏度降低
D. 3′-5′-磷酸二酯键断裂
E. 碱基释放

6. mRNA 的特点有（　　）

A. 分子大小不均一
B. 有 3′-多聚腺苷酸尾
C. 有编码区
D. 有 5′C-C-A 结构
E. 有 3′端帽子结构

7. 影响 Tm 值的因素有（　　）

A. 一定条件下核酸分子越长，Tm 值越大
B. DNA 中 G,C 对含量高，则 Tm 值高
C. 溶液离子强度高，则 Tm 值高
D. DNA 中 A,T 含量高，则 Tm 值高
E. 一定条件下核酸分子越短，Tm 值越大

8. 下列哪些是维系 DNA 双螺旋的主要因素（　　）

A. 盐键
B. 磷酸二酯键
C. 疏水键
D. 氢键
E. 碱基堆砌作用

（四）名词解释

1. nucleotide
2. nucleic acid
3. melting temperature（Tm）
4. hyperchromic effect
5. molecular hybridization
6. annealing

（五）简答题

1. 什么是核酸的变性与复性？
2. 简述三种主要的 RNA 种类及其生物学作用。
3. DNA 与 RNA 在分子组成、二级结构、胞内分布及生物学功能等方面进行比较。
4. 核酸的紫外吸收是如何形成的？测定核酸紫外吸收有何生物学意义？

（六）论述题与计算题

1. 论述 DNA 双螺旋的结构特点。这种特点与其生物学功能有何关系？

2. 一段由 1000bp 构成的双股 DNA,它含有 58% (G+C)。该 DNA 胸腺嘧啶残基含量是多少?

3. 假定人体有 10^{14} 个细胞,每个细胞的 DNA 含量为 $6.2×10^9$ 个碱基对(base pair);而太阳与地球间距离 $2×10^9$ 公里;则人体所有碱基对相接可以在地日间穿梭几次?

参 考 答 案

（一）单选题 A1 型题（最佳肯定型选择题）

1. A 2. D 3. A 4. E 5. B 6. B 7. D 8. B
9. B 10. C 11. B 12. B 13. E 14. A 15. A
16. B 17. C 18. B 19. C

（二）单选题 A2 型题（最佳否定型选择题）

1. D 2. A 3. C 4. D 5. B

（三）X 型题（多项选择题）

1. ABC 2. ABC 3. ACE 4. ABCD 5. ABC
6. ABC 7. ABC 8. DE

（四）名词解释

（略）

（五）简答题

1. 答题要点:变性(denaturation):加热、强酸或射线以及一切可以破坏核酸分子氢键的处理,都可使核酸变性。变性后的核酸,其理化性质和生物功能都会起显著变化,最重要的表现为黏度降低(核酸溶液的黏度原来甚高),沉降速率增高,紫外光吸收急剧增高,生物功能减小或消失。复性(renaturation):DNA 在高温(大于 T_m)或极端的 pH 环境中,其双螺旋中的氢键破裂,并解开成两条单链,其性质也改变。但当导致变性的因素解除后。因变性而分开的两条单链即可再聚合成原来的双螺旋,其原有性质可得到部分恢复,这就是 DNA 的复性。

2. 答题要点:mRNA 是遗传信息的携带者,其核苷酸序列决定着合成蛋白质的氨基酸序列;tRNA 识别密码子,将正确的氨基酸转运至蛋白质合成位点;rRNA 是蛋白质合成机器——核蛋白体的组成成分。

3. 答题要点:见表 6-3。

表 6-3 DNA 与 RNA 的比较

比较项目	DNA	RNA
戊糖	脱氧核糖	核糖
碱基	A、G、C、T	A、G、C、U
二级结构	双螺旋结构	单链自身回折形成局部双螺旋
细胞内分布	细胞核,其次为线粒体	细胞质,其次为核仁
功能	遗传信息载体	参与蛋白质合成,遗传信息表达调控

4. 答题要点:核酸分子中,含有嘌呤和嘧啶的衍生物,它们具有共轭双键系统,在 250~290nm 波长范围内有强烈的吸收紫外光的性质。最大吸收峰在 260nm 处。测定样品的 260nm 吸光度值可用于核酸的定性和定量及 DNA 变性和变性 DNA 的复性研究。

（六）论述与计算题

1. 答题要点:每条链的骨干是由磷酸二酯基通过 3′,5′键与两个核苷的脱氧核糖基连接而成;右手螺旋,以相反方向围绕同一个轴盘绕,形成右手螺旋的双螺旋结构;碱基对之间的堆积距离(stacking distance)为 0.34nm,每 10 个核苷酸形成螺旋的一转,每一转的高度为 3.4nm;碱基在螺旋内,其平面与中心轴垂直,磷酸在外,螺旋的平均直径为 2nm;两条链由碱基对之间的氢键相连,腺嘌呤与胸腺嘧啶、鸟嘌呤与胞嘧啶配对;一条链上的碱基次序由另一条链上的碱基次序来决定。这些特点在 DNA 的复制过程中具有极大的重要性,是遗传信息高保真性的物质基础。

2. 答题要点:由于该 DNA 含有 58%(G+C),它应含有 42%(A+T)。根据碱基配对规则,每一个 A 都与相反链上的 T 的数目相等。因此,T 的含量是 21%,或者含有 210 个 T。

3. 答题要点:两个碱基对之间的堆积距离(stacking distance)为 0.34nm。

（黄卫东 孙玉宁）

第七章　酶

第一部分　实验预习

一、酶的分子结构与功能

酶是由活细胞合成的对其特异底物起高效催化作用的蛋白质。单纯酶是仅由氨基酸残基组成的蛋白质,结合酶除含有蛋白质部分外,还含有非蛋白质辅助因子。辅助因子是金属离子或小分子有机化合物,根据其与酶蛋白结合的紧密程度可分为辅酶与辅基。许多B族维生素参与辅酶或辅基的组成。酶蛋白决定酶促反应的特异性,辅酶(或辅基)参与酶的活性中心,决定酶促反应的性质。

酶分子中一些在一级结构上可能相距很远的必需基团,在空间结构上彼此靠近,组成具有特定空间结构的区域,能与底物特异的结合并将底物转化为产物,这一区域称为酶的活性中心。

二、酶促反应的特点与机制

酶促反应具有高效率、高度特异性和可调节性。其催化机制是降低反应的活化能,通过邻近效应、定向排列、多元催化及表面效应等使酶发挥高效催化作用。

三、酶促反应动力学

酶促反应动力学研究影响酶促反应速度的各种因素,包括底物浓度、酶浓度、温度、pH、抑制剂和激活剂等。在酶促反应中,底物浓度与反应速度的关系呈矩形双曲线,底物浓度很低时,反应速度随底物浓度增加而上升,成直线比例,而当底物浓度继续增加时,反应速度上升的趋势逐渐缓和,一旦底物浓度达到相当高时,反应速度不再上升,达到极限最大值,称为最大反应速度($V_{\max}$)。底物浓度对反应速度的影响可用米氏方程式表示:$V = V_{\max}[S]/(K_m + [S])$。其中,$K_m$为米氏常数,等于反应速度为最大速度一半时的底物浓度。一种酶能催化几种底物时就有不同的K_m值,其中K_m值最小的底物一般认为是该酶的天然底物或最适底物。$V_{\max}$和K_m可用米氏方程式的双倒数作图来求取。

酶反应溶液的pH可以影响酶分子的解离程度、底物和辅酶的解离程度以及酶与底物的结合,以至于影响酶的反应速度。在其他条件恒定的情况下,能使酶促反应速度达到最大值时的pH称为酶的最适pH。大部分体酶的最适pH在7.4左右(胃蛋白酶的最适pH是1.5~2.5)。化学反应的速度随温度增加而加快,但酶是蛋白质,可随温度的升高而变性,因此,温度对酶促反应速度有双重影响,当酶促反应的速度最快时的温度为酶的最适温度。酶促反应在最适pH和最适温度时活性最高,但它们不是酶的特征性常数,受许多因素的影响。

酶的抑制作用包括不可逆性抑制与可逆性抑制两种。不可逆抑制作用抑制剂与酶共价结合破坏了酶与底物结合或酶的催化功能,由于抑制剂与酶共价结合,不能用简单的透析、稀释等物理方法除去抑制作用。可逆性抑制作用有竞争性抑制、非竞争性抑制和反竞争性抑制,竞争性抑制剂的结构与底物相似,能与底物竞争酶的结合位点,两者的竞争能力取决于两者的浓度,竞争性抑制作用的表观 K_m 值增大,V_{max} 不变。很多药物都属酶的竞争性抑制剂,磺胺药物与对氨基苯甲酸具有相似的结构,而对氨基苯甲酸是二氢叶酸合成酶的底物之一,因此,磺胺药通过竞争性地抑制二氢叶酸合成酶,使细菌缺乏二氢叶酸乃至四氢叶酸,因而不能合成核酸,细菌增殖受到抑制。非竞争性抑制剂既能与酶结合,也能与酶-底物复合物结合,从而使酶丧失活性,此种抑制剂既能影响酶对底物的结合,又阻碍其催化功能,表现为 K_m 值不变,V_{max} 减小。反竞争性抑制作用的 K_m 和 V_{max} 均减小。

四、酶 的 调 节

酶活性测定是测量酶量的简便方法。酶活性单位是衡量酶催化活力的尺度,在适宜条件下以单位时间内底物的消耗量或产物的生成量来表示。在规定条件下,每分钟催化 $1\mu mol$ 底物转化为产物所需的酶量为 1U。

机体内对酶的活性与含量的调节是调节代谢的重要途径。体内有些酶以无活性的酶原形式存在,只有在需要发挥作用时才转化为有活性的酶;变构酶是与一些效应剂可逆地结合,通过改变酶的构象而影响其活性的一组酶。多亚基的变构酶具有协同效应,是体内快速调节酶活性的重要方式之一。酶的共价修饰使酶在相关酶的催化下可逆地共价结合某些化学基团,实现有活性酶与无活性酶的互变。这是体内实现对代谢快速调节的另一重要方式。酶量的调节包括酶生物合成的诱导与阻遏,以及对酶降解的调节。在细胞内合成及初分泌时,没有活性的酶称为酶原。酶原在一定条件下,可转变成有活性的酶,此过程称为酶原的激活。酶原激活的生理意义在于避免细胞产生的蛋白酶对细胞进行自身消化,并使酶在特定的部位和环境中发挥作用,保持体内代谢的正常进行。同工酶是指催化的化学反应相同,酶蛋白的分子结构、理化性质乃至免疫学性质不同的一组酶,是由不同基因或等位基因编码的多肽链,或同一基因转录生成的不同 mRNA 翻译的不同多肽链组成的蛋白质。同工酶在不同的组织与细胞中具有不同的代谢特点。

五、酶 的 命 名 与 分 类

酶可分为六大类,分别是氧化还原酶类、转移酶类、水解酶类、裂合酶类、异构酶类和合成酶类。酶的名称包括系统名称和推荐名称,酶的系统名称按酶的分类而定,每一酶均含有数字的编号。

六、酶 与 医 学 的 关 系

酶与医学的关系十分密切。许多疾病的发生、发展与酶的异常或酶受到抑制有关。血清酶的测定可协助对某些疾病的诊断。许多药物可通过作用于细菌或人体内的某些酶以达到治疗的目的。酶可以作为诊断试剂和药物对某些疾病进行诊断与治疗。酶还可作为工具酶或制成固定化酶用于科学研究和生产实践。抗体酶是人工制造的兼有抗体和酶活性的蛋白质;模拟酶是人工合成的具有催化活性的非蛋白质有机化合物。抗体酶和模拟酶均具有广阔的开发前景。

第二部分　知识链接与拓展

一、有机磷农药中毒

有机磷农药能特异地与胆碱酯酶活性中心丝氨酸残基的羟基共价结合,在体内与胆碱酯酶形成磷酰化胆碱酯酶,使酶活性受到抑制。胆碱酯酶与中枢系统有关。正常机体在神经兴奋时,神经末梢释放乙酰胆碱传导刺激。乙酰胆碱发挥作用后,被胆碱酯酶水解为乙酸和胆碱。若胆碱酯酶被抑制,神经末梢分泌的乙酰胆碱不能被及时地分解而积聚在突触间隙,使胆碱能神经过度兴奋,引起毒蕈碱样、烟碱样和中枢神经系统症状,出现抽搐等症状,最终导致死亡。因此这类物质又称为神经毒剂。

临床上用解磷定和氯解磷定治疗有机磷农药中毒。解磷定和氯解磷定为肟类复能剂,可解除有机磷化合物对羟基酶的抑制作用。阿托品能清除或减轻毒蕈碱样和中枢神经系统症状,改善呼吸中枢抑制。复能剂应及早应用,磷酰化胆碱酯酶一般约经48h即"老化"不易重新活化。

案例7-1

患者,女性,45岁,已婚,汉族,农民。因与家人争吵晚上21点自服"敌百虫"约100ml。服毒后自觉头晕、恶心、并伴有呕吐,呕吐物有刺鼻农药味。服药后家属即发现,立即到当地医院就诊,洗胃10000ml后,予阿托品5ml静推,解磷定2g肌注后,病情无好转。渐出现神志不清,呼之不应,刺激反应差,于次日凌晨2点(即服药后5h)转入某医学院附属医院。

体格检查:T 37.1℃,P 85次/分,R 30次/分,BP 115/65mmHg,发育正常,营养中等,神志模糊,急性病容,瞳孔2mm,光敏,唇无发绀,呼吸急促,口吐白沫,呼出气有刺鼻农药味,双肺湿性啰音。心率85次/分,律齐,未闻及杂音。腹平软,未见肠胃型及蠕动波,肝脾无触及,移动性浊音(-),肠鸣音14次/分,音调不高,双下肢无水肿。

辅助检查:①血常规:白细胞$11.5×10^9$/L。②尿常规:正常。③血气pH 7.32,PaO_2 57mmHg,$PaCO_2$ 34mmHg,BE-8mmol/L。④便常规:黄、软,镜检(-),OB(±)。⑤肝功能:ALT 126U/L(0~40U/L),AST 134U/L(0~37U/L),肌酸激酶4200U/L。⑥肾功能:正常。⑦ECG:正常。⑧胆碱酯酶浓度:224U/L(4600~11000U/L)。

予以催吐洗胃,硫酸镁导泻,阿托品、解磷定静注,反复给药补液、利尿等对症支持治疗,患者腹痛有好转,但又出现口干,心慌,烦躁不安,胡言乱语等症。

问题与思考:

(1) 有机磷化合物对酶的抑制作用属于哪种类型? 有何特点?

(2) 有机磷中毒的生物化学机制是什么?

(3) 解磷定解毒的生物化学机制是什么?

二、抗菌治疗

案例 7-2

细菌不能利用环境中的叶酸,细菌在生长繁殖时必须以对氨基苯甲酸等为底物在细菌体内二氢叶酸合成酶的催化下合成二氢叶酸,而二氢叶酸是核苷酸合成过程中的辅酶四氢叶酸的前体。磺胺类药物的化学结构与对氨基苯甲酸相似,是二氢叶酸合成酶的竞争性抑制剂,可抑制二氢叶酸的合成,进而造成细菌的核苷酸与核酸合成受阻而影响其生长繁殖。人类能直接利用食物中的叶酸,核酸的合成不受磺胺类药物的干扰。

问题与思考:

磺胺药物的抑菌机制是什么?为什么人类的核酸合成不受磺胺类药物的影响?

三、急性胰腺炎

急性胰腺炎是胰酶在胰腺内被激活后引起胰腺组织自身消化、出血、水肿甚至坏死的炎症反应,可由多种病因导致。临床以急性上腹痛、发热、恶心、呕吐和血胰酶增高等为特点。急性胰腺炎的发病机制尚未完全阐明。上述各种病因虽然致病途径不同,但有共同的发病过程,即胰腺自身消化的理论。在正常情况下,胰腺分泌的消化酶绝大多数是无活性的酶原,如胰蛋白酶原、前磷脂酶、前弹性蛋白酶、糜蛋白酶原、激肽释放酶原和前羟肽酶等,酶原颗粒与细胞质是隔离的,并且胰腺腺泡的胰管内含有胰蛋白酶抑制物质,灭活少量的有生物活性或提前激活的酶,构成胰腺避免自身性消化的生理性防御屏障。当胰液进入十二指肠后,在肠激酶作用下,首先胰蛋白酶原被激活。形成胰蛋白酶,在胰蛋白酶作用下使各种无活性的胰消化酶原被激活为有活性的消化酶,对食物进行消化。急性胰腺炎的发生是多种病因导致胰腺腺泡内无活性的酶原激活,发生胰腺自身消化的连锁反应。各种消化酶原激活后,起主要作用的活化酶有磷脂酶 A_2、弹性蛋白酶和脂肪酶、激肽释放酶或胰舒血管素。磷脂酶 A_2 在小量胆酸参与下分解细胞膜的磷脂,产生溶血脑磷脂和溶血磷脂酰胆碱,其细胞毒作用引起胰实质凝固性坏死、溶血及脂肪组织坏死。激肽释放酶使激肽酶原变为缓激肽和胰激肽,使血管舒张和通透性增加,引起休克和水肿。弹性蛋白酶可溶解血管弹性纤维引起血栓形成和出血。脂肪酶参与胰腺及周围组织脂肪坏死和液化作用。上述消化酶共同作用,造成胰腺实质及邻近组织的损伤和坏死,细胞的损伤和坏死又促使消化酶释出,形成恶性循环。坏死的产物、胰腺消化酶和胰腺炎症又可通过血液循环和淋巴管途径,输送到全身。引起多脏器损害,成为急性胰腺炎的多种并发症。

四、加酶洗衣粉

加酶洗衣粉中添加了多种酶制剂,这些酶制剂不仅可以有效地清除衣物上的污渍,而且对人体没有毒害作用,并且这些酶制剂及其分解产物能够被微生物分解,不会污染环境。所以,加酶洗衣粉受到了人们的普遍欢迎。例如,加酶洗衣粉中的碱性蛋白酶可以使奶渍、血渍等多种蛋白质污垢降解成易溶于水的小分子肽。衣物上脂质污垢的主要成分是甘油三酯。甘油三酯很难被一般洗衣粉中的表面活性剂乳化,而留在衣物上的甘油三酯容易发生氧化反应,使纺织品变黄变脆。碱性脂肪酶制剂能将甘油三酯水解成容易被水冲洗掉的甘油二酯、甘油单酯和脂肪酸,从而达到清除衣物上脂质污垢的目的。加酶洗衣粉洗涤时宜用 40℃ 左右的温水,而且这种洗衣粉存放时间不宜太久,否则会使酶的活力消失。

<h1 style="text-align:center">五、砒霜中毒</h1>

砒霜中毒在医学上称为砷中毒,多因误服或药用过量中毒。砷在潮湿的空气中易被氧化生成三氧化二砷(As_2O_3),俗称砒霜。砷的氧化物和一些盐类绝大部分属于高毒物质,三价砷化物因可接受一个亲核的成分,较易增加结合的原子数,故毒性较五价砷为大。砷化合物可使神经系统、心、肝、肾等多脏器受损,其毒性作用机制主要是抑制含巯基酶的活性。砷化合物能与体内许多参与细胞代谢的重要的含巯基的酶结合,如细胞色素氧化酶、单胺氧化酶、葡萄糖氧化酶、胆碱氧化酶、丙氨酸转氨酶、天冬氨酸转氨酶、丙酮酸氧化酶、α-谷氨酸氧化酶、丙酮酸脱氢酶以及富马酮酸脱氢酶等,使酶失去活性,干扰细胞的氧化还原反应和能量代谢,故可导致多脏器系统的损害。

<h1 style="text-align:center">第三部分　实　验</h1>

<h2 style="text-align:center">实验一　酶的专一性</h2>

【实验目的】

通过实验验证酶的专一性,即酶对底物的选择性。

【实验原理】

酶具有高度的专一性。本实验以唾液淀粉酶催化淀粉水解,其终产物麦芽糖具有还原性,可使班氏试剂中 Cu^{2+} 还原成一价亚铜,生成砖红色 Cu_2O,而淀粉酶不能催化蔗糖,且蔗糖本身无还原性,因此不与班氏试剂出现颜色反应。

【主要仪器及器材】

恒温水浴;试管及试管架;沸水浴。

【试剂】

1% 淀粉溶液;1% 蔗糖溶液;pH6.8 缓冲液;班氏试剂;稀释唾液和煮沸唾液。

【操作】

按表 7-1 操作。

表 7-1　酶的专一性

试剂(滴)	1	2	3
pH6.8 缓冲液	20	20	20
1%淀粉溶液	10	10	
1%蔗糖溶液			10
稀释唾液	5		5
煮沸唾液		5	
37℃恒温水浴保温 10min			
班氏试剂	20	20	20
沸水浴 5min			
现象			

【注意事项】

（1）当有一支试管的颜色发生变化时，立即取出所有试管。

（2）水浴的液面要超过试管的液面，否则受热不均匀。

【预习报告】

请回答下列问题：

（1）酶与一般催化剂比较有哪些特点？

（2）什么是酶的专一性？有哪几种类型？

（3）当一酶促反应的速度为 V_{max} 的 80% 时，K_m 与 [S] 有何关系？

实验二　影响酶促反应速度的因素

【目的及要求】

通过实验，理解酶是蛋白质，酶活性受温度、溶液 pH 等多种因素的影响。

（一）温度对酶促反应速度的影响

【实验原理】

温度对酶活性有显著的影响。在一定范围内，温度升高，酶促反应速度加快，反之降低。当温度上升到某一定值时，酶活性最高，此温度称为该酶的最适温度。高于此温度，反应速度将会下降，过高温度会使酶蛋白变性而失去活力。

本实验以唾液淀粉酶在不同温度下对淀粉的作用为例，观察温度对酶活性的影响。淀粉的水解程度用其水解产物与碘液的呈色反应加以显示。淀粉逐步水解的各级产物遇碘液有不同的显色：淀粉（蓝色）→蓝色糊精→无色糊精→麦芽糖（无色）。

【主要仪器及器材】

试管；漏斗；量筒；37℃恒温水浴箱。

【试剂】

1. 0.5% 淀粉溶液（含 0.3% 氯化钠）　称取淀粉 0.5g，用少量 0.3% NaCl 溶液调成糊状，加煮沸的 0.3% 氯化钠溶液到 100ml。

2. 碘溶液　取碘化钾 2.0g，碘 1.27g，溶于 200ml 蒸馏水中，储存于棕色瓶内。使用前用蒸馏水稀释 5 倍。

【操作】

（1）收集并制备 1：20 稀释唾液：取一漏斗，塞一薄层脱脂棉，加少量蒸馏水润湿后插入一洁净试管内。漱口后收集唾液并过滤，吸取 1.0ml，用蒸馏水稀释 20 倍。

（2）取试管 3 支，分别标以 1、2、3 号。各加入稀释唾液 1.0ml。

（3）另取试管 3 支，分别标以①、②、③号，各加入 0.5% 淀粉溶液 2.0ml。

（4）将对应号的试管 1 和①放入 100℃水浴，2 和②放入 37℃水浴，3 和③放入冰水浴，预温 5min。

（5）分别将 1、2、3 号管内容物倾入对应的①、②、③号管内，混匀，各在原温度下保温 10min。

（6）分别加入 1 滴碘液于①、②、③号管内。观察结果并加以解释。

【注意事项】

（1）将冰水浴中的 3 号和③号管混合时应迅速，且混匀时不宜离开冰水浴。

（2）放置沸水浴的①号管，在加碘液前应先冷却。

（二）pH 对酶促反应速度的影响

【实验原理】

酶促反应对于环境 pH 的变化非常敏感，能够使酶发挥最大活性的溶液 pH，称为该酶的最适 pH。每种酶都有各自的最适 pH。pH 不但影响酶分子本身，也影响底物分子的解离，从而影响酶与底物的结合和催化作用。酶作用的底物不同，最适 pH 亦略有不同，过高或过低将会引起酶蛋白变性，使酶活性降低或消失。

【主要仪器及器材】

试管及试管架；刻度吸量管；锥形瓶；滴管；比色板；37℃恒温水浴箱。

【试剂】

1. 0.5% 淀粉溶液　见本章实验一。

2. 0.2mmol/L 磷酸氢二钠溶液　称取磷酸氢二钠（$Na_2HPO_4 \cdot 7H_2O$）53.65g 或（$NaH_2PO_4 \cdot 12H_2O$）71.7g，溶于少量蒸馏水中，移入 1000ml 容量瓶，加蒸馏水稀释到刻度。

3. 0.1mmol/L 柠檬酸溶液　称取柠檬酸·H_2O 21.01g，溶于少量蒸馏水中，移入 1000ml 容量瓶，加蒸馏水至刻度。

【操作】

（1）制备 1∶200 稀释唾液：在漏斗内塞入少量脱脂棉，插入洁净试管。漱口后收集唾液过滤。取滤液 0.1ml 放入锥形瓶内，加蒸馏水稀释至 20ml，混匀。

（2）缓冲液的配制：取试管 5 只，按表 7-2 操作。

表 7-2　缓冲液的配置

试剂（ml）	1	2	3	4	5
0.2mmol/L 磷酸氢二钠溶液	5.15	6.61	7.72	9.08	9.72
0.1mmol/L 柠檬酸溶液	4.85	3.39	2.28	0.92	0.28
pH	5.00	6.20	6.80	7.40	8.00

（3）取试管 5 支，编号，各加入对应管号中的缓冲液 3.0ml，0.5% 淀粉液 2.0ml 及 1∶200 稀释唾液 1.0ml，混匀。置 37℃ 水浴保温 3min，每隔 1min 从第 3 管中取出 1 滴反应液，滴于比色板上，加 1 滴碘液以检查淀粉水解程度。待颜色变为橙黄色时，从水浴中取出试管，向 5 支试管中各加 1 滴碘液，观察颜色，记录结果并加以说明。

【注意事项】

（1）严格控制温度，在保温期间，水浴温度不能波动，否则影响结果。

（2）严格控制反应时间，保证每管的反应时间相同。

（三）激动剂和抑制剂对酶促反应速度的影响

【实验原理】

酶的活性可受某些物质的影响,能够使酶活性增强的物质,称为酶的激动剂;能够使酶活性降低的物质,称为酶的抑制剂。例如,Cl^-是唾液淀粉酶的激动剂,Cu^{2+}是该酶的抑制剂。本实验以氯化钠及硫酸铜对唾液淀粉酶活性的影响,观察酶的激动和抑制。

【主要仪器及器材】

试管;比色板;滴管;刻度吸管;37℃恒温水浴箱。

【试剂】

1. 1%淀粉溶液 称取淀粉 1.0g,加少量蒸馏水调成糊状,加煮沸的蒸馏水至 100ml。

2. 1%氯化钠溶液

3. 1%硫酸铜溶液

4. 碘溶液 配法见本章实验一。

【操作】

（1）收集唾液(见本章实验一):用蒸馏水稀释 20 倍。

（2）取试管 4 支,标号,按表 7-3 操作。

表 7-3　激动剂和抑制剂对酶促反应速度的影响

试剂(滴)	1	2	3	4
1% 淀粉溶液	20	20	20	20
1:20 稀释的唾液	10	10	10	10
蒸馏水	6	–	–	–
1% NaCl 溶液	–	6	–	–
1% $CuSO_4$ 溶液	–	–	6	–
1% Na_2SO_4 溶液	–	–	–	6

（3）将 4 管混匀同时放入 37℃水浴,每隔 1~2min 从各管取出 1 滴反应液,加在预先滴好碘液的比色板上,比较淀粉水解速度。观察和记录结果,并加以解释。

【注意事项】

（1）每管中加入的底物应是不含氯化钠的 1%淀粉溶液。

（2）从各管取反应液时,应依次从第 1 管开始,每次取液前应将滴管用蒸馏水洗净。

【预习报告】

请回答下列问题:

（1）影响酶促反应速度的因素都有哪些?

（2）简述温度对酶促反应影响的双重性?

（3）吸量管如何使用,操作时应注意哪些问题?

（4）溶液混匀的方法有哪些?请分别叙述。

实验三 丙二酸对琥珀酸脱氢酶的抑制作用

【目的及要求】

了解竞争性抑制剂浓度和底物浓度对竞争性抑制作用的影响。了解本实验设计的原理。

【实验原理】

肌肉组织中含有琥珀酸脱氢酶,能催化琥珀酸脱氢转变为延胡索酸。当以亚甲蓝为受氢体时,可使蓝色的亚甲蓝还原成无色的亚甲白。

$$
\begin{array}{c}
\text{COOH} \\
| \\
\text{CH}_2 \\
| \quad\quad +MB \xrightarrow{\text{琥珀酸脱氢酶}} \\
\text{CH}_2 \\
| \\
\text{COOH}
\end{array}
\qquad
\begin{array}{c}
\text{CHCOOH} \\
\| \quad\quad +MB\cdot 2H \\
\text{CHCOOH}
\end{array}
$$

琥珀酸 亚甲蓝(蓝色)　　　　　延胡索酸 亚甲白(无色)

丙二酸和琥珀酸的化学结构相似,能互相竞争与琥珀酸脱氢酶的结合。一旦琥珀酸脱氢酶与丙二酸结合,便不能再参与琥珀酸的脱氢反应,即该酶活性受到抑制。其抑制的程度随抑制剂与底物两者的浓度比例而定。利用亚甲蓝还原的情况,可观察到丙二酸的抑制作用。

【主要仪器及器材】

研钵;漏斗;手术剪及纱布;37℃恒温水浴箱。

【试剂】

(1) 0.2mol/L 琥珀酸溶液;0.02mol/L 琥珀酸溶液;0.2mol/L 丙二酸溶液;0.02mol/L 丙二酸溶液,以上 4 种溶液均先用 5mol/L 氢氧化钠调节至 pH 7.0,再用 0.01mol/L 氢氧化钠溶液调节至 pH 7.4。直接用琥珀酸钠及丙二酸钠配制亦可。

(2) 1/15mol/L pH 7.4 磷酸盐缓冲液:用 1/15mol/L 磷酸氢二钠 88ml 和 1/15mol/L 磷酸二氢钾 19.2ml 混匀即成。

(3) 0.02%亚甲蓝(methylene blue,MB)溶液(亚甲蓝旧称美蓝、甲烯蓝)。

(4) 液状石蜡。

【操作】

(1) 肌肉提取液的制备:取用生理盐水清洗过并剪碎的动物肌肉(可用断头处死的大白鼠肝脏)5g 左右,置于研钵中,加适当量纯净玻璃砂,研磨成糜状,然后加 20ml 冰冷的 15mol/L(pH7.4)磷酸盐缓冲液,混匀,离心 3000r/min,5min。

(2) 取试管 5 支,编号,按表 7-4 操作。

表 7-4 丙二酸对琥珀酸脱氢酶的抑制作用

试剂(滴)	管 号				
	1	2	3	4	5
0.2mol/L 琥珀酸	4	4	4	-	4
0.02mol/L 琥珀酸	-	-	-	4	-
0.2mol/L 丙二酸	-	4	-	4	-

续表

试剂(滴)	管 号				
	1	2	3	4	5
0.02mol/L 丙二酸	–	–	4	–	–
蒸馏水	4	–	–	–	24
0.02% 亚甲蓝	2	2	2	2	2
肌肉提取液	20	20	20	20	–

(3)将上述各管摇匀,于各管小心滴加液状石蜡一薄层(5~10 滴)以隔绝空气,放置 37℃水浴中保温,观察各管亚甲蓝褪色的情况,并记录和解释其结果。

【注意事项】

(1)加液状石蜡时宜斜执试管,沿管内壁缓缓加入,不要产生气泡。

(2)加完液状石蜡后,观察结果过程中,切勿摇振试管,以免溶液与空气接触而使亚甲白重新氧化变蓝。

【预习报告】

请回答下列问题:

(1)何谓竞争性抑制?

(2)可逆性抑制和不可逆性抑制的区别,试举例说明。

(3)简述丙二酸对琥珀酸脱氢酶的抑制作用的原理。

实验四 碱性磷酸酶 K_m 值的测定

【目的及要求】

熟记利用双倒数法测定酶 K_m 值的原理。掌握碱性磷酸酶活性测定基本原理。

【实验原理】

在温度、pH 及酶浓度恒定的条件下,酶促反应速度与底物浓度之间的关系可用米氏方程来表示,即:$V = \dfrac{V_{max}[S]}{K_m + [S]}$ 为米氏常数,其意义是当 $V = 1/2V_{max}$ 时的底浓度。K_m 是酶的特征常数,只与酶的性质和催化机理有关,而与酶的浓度无关。如以 V 为纵坐标,以 $[S]$ 为横坐标作图,可得一条双曲线。利用此曲线计算酶 K_m 值的最大缺陷是最大速度不易准确求得。所以通常采用米氏方程的双倒数形式,即:$1/V = K_m/V_m \times 1/[S] + 1/V_{max}$。以 $1/V$ 为纵坐标,$1/[S]$ 为横坐标作图,可得一条直线(图 7-1)。

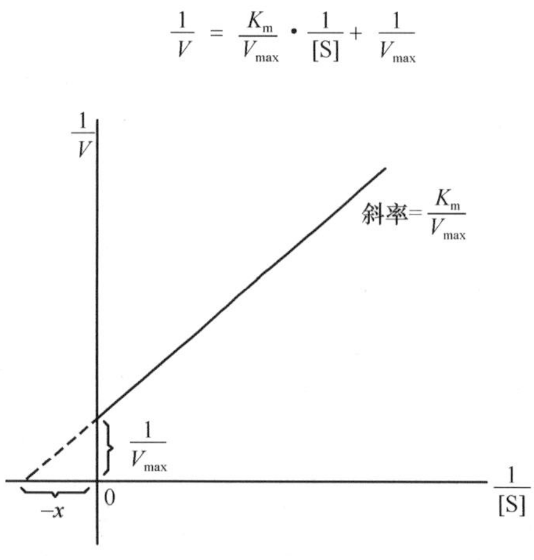

图中直线与纵坐标的交点为 $1/V_{max}$,其延长部分与横坐标的交点为 $-1/K_m$。从交点的数值可分别求出 V_{max} 及 K_m 值。

$$\frac{1}{V} = \frac{K_m}{V_{max}} \cdot \frac{1}{[S]} + \frac{1}{V_{max}}$$

图 7-1 双倒数作图法

碱性磷酸酶主要存在于肝、骨、胎盘、小肠及血清中,能以多种人工或天然磷酸酯为底物,催化其水解脱磷酸。由于其最适 pH 约为 10,故称为碱性磷酸酶。一些二价阳离子如 Mg^{2+}、Mn^{2+}、Mn^{2+} 等是碱性磷酸酶的激动剂,一些阴离子如 PO_4^{3-}、CN^- 等则是此酶的抑制剂。

本实验选用了一种无需加显色剂的方法,即产物之一本身即为有色物质。这样只需将底物与酶混合,即可利用分光光度计直接追索反应的进程。

本实验所用的底物为无色的对硝基酚磷酸酯(p-nitrophenylphosphate,PNPP),经酶催化,其产物为对硝基酚(PNP)。对硝基酚是一种酸碱指示剂,在酸性环境中无色,在碱性条件下呈黄色。根据黄色的深浅即可测出酶促反应速度的高低。以 $1/V$ 为纵坐标,$1/[S]$ 为横坐标作图,即可求得 K_m 值。

【主要仪器及器材】

722 型分光光度计;比色杯;吸量管;可调式移液器。

【试剂】

1. 碱性磷酸酶溶液(3.2U/ml) 碱性磷酸酶(6.8U/mg)40mg,0.05mol/L 碳酸盐缓冲液 85ml,溶解混匀,放 4℃冰箱可保存 1 周。

2. 碱性磷酸酶应用液(酶液,1∶1 稀释) 碱性磷酸酶溶液(3.2U/ml)1 份,加 0.05mol/L 碳酸盐缓冲液 1 份。

3. 0.2mol/L 碳酸盐缓冲液 Na_2CO_3 2.72g,$NaHCO_3$ 6.72g,dH_2O 定容至 1000ml。

4. 0.2mol/L $MgCl_2$ 溶液 $MgCl_2$ 12.72g,dH_2O 定容至 1000ml。

5. 0.05mol/L 碳酸盐缓冲液(pH10.0) 含 50mmol/L $MgCl_2$,0.2mol/L 碳酸盐缓冲液 125ml,0.2mol/L $MgCl_2$ 125ml,dH_2O 150ml,混匀,调 pH 至 10.0 后,dH_2O 定容至 500ml。

6. 16mmol/L PNPP(对硝基酚磷酸酯) PNPP 0.595g,dH_2O 100ml,溶解,混匀,2mol/L HCl 调 pH 至 10.0,置棕色瓶中,4℃冰箱避光保存。

7. 4mmol/L PNPP(底物液) 0.2mol/L 碳酸盐缓冲液 100ml,0.2mol/L 碳酸盐缓冲液 100ml,16mmol/L PNPP 100ml,混匀,调 pH 至 10.0。dH_2O 定容至 400ml,置棕色瓶中,4℃冰箱避光保存。

【操作】

(1) 取 5 只比色杯,编号,按表 7-5 加入试剂。

表 7-5 碱性磷酸酶 K_m 值测定

杯号	4mmol/LPNPP(ml)	0.05mol/L 碳酸盐缓冲液(ml)	反应体系中 PNPP 的终浓度(mmol/L)
1	2.9	0	3.86
2	1.5	1.4	2.00
3	0.8	2.1	1.07
4	0.4	2.5	0.53
5	0.2	2.7	0.27

用加样枪吸吹混匀(注意不要划坏比色杯透光面)。

将 1 号比色杯放入 722 型分光光度计中(波长调至 404nm),调吸光度为零(以加酶前为底物空白管);然后加入 0.1ml 酶液,立即混匀,同时开始计时。每隔 15s 记录一次 A_{404nm} 共记录 2min。其余 2 号至 5 号比色杯的操作同 1 号杯。

（2）另取一只比色杯,加入 2.9ml dH_2O,0.1ml 酶液,以水为空白读 A_{404nm},以该管作为酶空白管,应分别从上列 1~5 号比色杯所测定的 A 值中减去此空白管的 A 值(此步可不做)。

（3）以时间为横坐标,A 值为纵坐标,分别将各管值作图。求出各条曲线起始部分直线段的斜率,并以此值为各管反应的初速度。

（4）再以各管的 $1/V$ 为纵坐标,各管底物浓度的倒数 $1/[S]$ 为横坐标,作双倒数图(此即 Lineweaver Burk 直线)。

（5）根据双倒数图,求出 K_m 值。

【注意事项】

（1）操作中用玻璃棒混匀时,玻璃棒不要接触比色杯的透光面;混匀操作越快越好。

（2）操作若室温较低,酶活性亦较低,可延长时间间隔。

（3）各管的加样量要准的,读 A 值时,时间间隔要一致。

【预习报告】

请回答下列问题:

（1）简述酶促反应动力学。写出米氏方程。

（2）K_m 值与哪些因素有关,与哪些因素无关,有什么意义?

（3）722 分光光度计在使用时应注意哪些问题?

第四部分　复习与实践

（一）单选题 A1 型题(最佳肯定型选择题)

1. 酶加速化学反应的根本原因是(　　)

A. 升高反应温度

B. 增加反应活化能

C. 增加产物的能量水平

D. 降低反应物的能量水平

E. 降低催化反应的活化能

2. 关于辅酶的叙述正确的是(　　)

A. 在催化反应中传递电子、原子或化学基团

B. 与酶蛋白紧密结合

C. 金属离子是体内最重要的辅酶

D. 在催化反应中不与酶活性中心结合

E. 提高酶的活化能

3. 含有维生素 B_1 的辅酶是(　　)

A. NAD^+　　　　　　　　B. TPP

C. FAD　　　　　　　　D. CoA

E. FMN

4. 下列何种维生素缺乏可造成体内丙酮酸的堆积(　　)

A. 维生素 B_1　　　　　　B. 维生素 B_2

C. 维生素 B_6　　　　　　D. 维生素 B_{12}

E. 维生素 PP

5. 有关酶的活性中心的论述哪项是正确的(　　)

A. 没有或不能形成活性中心的蛋白质不是酶

B. 酶的活性中心是由一级结构上相互邻近的基团组成的

C. 酶的活性中心在与底物结合时不应发生构象改变

D. 酶的活性中心专指能与底物特异性结合的必需基团

E. 酶的活性中心外的必需基团也参与对底物的催化作用

6. 邻近效应是指(　　)

A. 酶原被其他酶激活

B. 酶反应在酶分子内部疏水环境中进行

C. 底物改变酶的构象

D. 对底物进行亲核攻击

E. 底物聚集到酶分子表面,提高底物局部浓度

7. 在酶浓度不变的条件下,以 V 对 $[S]$ 作图,其图形为(　　)

A. 直线 B. 矩形双曲线

C. 抛物线 D. S 形曲线

E. 钟罩形曲线

8. 当 K_m 值近似于 ES 的解离常数 K_s 时,下列哪种说法正确( )

A. K_m 值越大,酶与底物的亲和力越小

B. K_m 值越大,酶与底物的亲和力越大

C. K_m 值越小,酶与底物的亲和力越小

D. 在任何情况下,K_m 与 K_s 的含义总是相同的

E. 即使 $K_m = K_S$,也不可以用 K_m 表示酶对底物的亲和力大小

9. 酶促反应速度 V 达到 V_{max} 的 80% 时,底物浓度 [S] 为( )

A. $1K_m$ B. $2K_m$

C. $3K_m$ D. $4K_m$

E. $5K_m$

10. 竞争性抑制剂对酶促反应速度的影响是( )

A. $K_m \uparrow$,V_{max} 不变 B. $K_m \downarrow$,$V_{max} \downarrow$

C. K_m 不变,$V_{max} \downarrow$ D. $K_m \downarrow$,$V_{max} \uparrow$

E. $K_m \downarrow$,V_{max} 不变

11. 有机磷农药中毒时,下列哪一种酶受到抑制( )

A. 己糖激酶 B. 碳酸酐酶

C. 胆碱酯酶 D. 乳酸脱氢酶

E. 含巯基的酶

12. 有关非竞争性抑制作用的论述,正确的是( )

A. 不改变酶促反应的最大程度

B. 改变表观 K_m 值

C. 酶与底物、抑制剂可同时结合,但不影响其释放出产物

D. 抑制剂与酶结合后,不影响酶与底物的结合

E. 抑制剂与酶的活性中心结合

13. 有关反竞争性抑制作用的描述正确的是( )

A. 抑制剂既与酶相结合又与酶-底物复合物相结合

B. 抑制剂只与酶-底物复合物相结合

C. 抑制剂使酶促反应的 K_m 值降低,V_{max} 增高

D. 抑制剂使酶促反应的 K_m 值升高,V_{max} 降低

E. 抑制剂不使酶促反应的 K_m 改变,只降低 V

14. 酶原之所以没有活性是因为( )

A. 酶蛋白肽链合成不完全

B. 缺乏辅酶或辅基

C. 酶原是已经变性的蛋白

D. 酶原的四级结构还没形成

E. 活性中心未形成或未暴露

15. 有关乳酸脱氢酶同工酶的论述,正确的是( )

A. 乳酸脱氢酶含有 M 亚基和 H 亚基两种,故有两种同工酶

B. M 亚基和 H 亚基都来自同一染色体的某一基因位点

C. 它们在人体各组织器官的分布无显著差别

D. 它们的电泳行为相同

E. 它们对同一底物有不同的 K_m 值

16. 关于同工酶( )

A. 它们催化相同的化学反应

B. 它们的分子结构相同

C. 它们的理化性质相同

D. 它们催化不同的化学反应

E. 它们的差别是翻译后化学修饰不同的结果

17. 心肌中富含的 LDH 同工酶是( )

A. LDH$_1$ B. LDH$_2$

C. LDH$_3$ D. LDH$_4$

E. LDH$_5$

18. 当 K_m 值等于 0.25[S] 时,反应速度为最大速度的( )

A. 70% B. 75%

C. 80% D. 85%

E. 90%

19. 磺胺药的作用机理是( )

A. 反竞争性抑制作用 B. 反馈抑制作用

C. 非竞争性抑制作用 D. 竞争性抑制

E. 使酶变性失活

20. 催化乳酸转化为丙酮酸的酶属于( )

A. 裂解酶 B. 合成酶

C. 氧化还原酶 D. 转移酶

E. 水解酶

21. 血清中某些胞内酶活性升高的原因是( )

A. 机体的正常代谢途径

B. 体内代谢旺盛,使酶合成增加

C. 某些酶的抑制剂减少

D. 细胞内某些酶被激活

E. 细胞受损使胞内酶释放入血

22. 肝中富含的 LDH 同工酶是( )

A. LDH$_1$ B. LDH$_2$

C. LDH$_3$ D. LDH$_4$

E. LDH$_5$

23. 一个简单的酶促反应,当 [S] ≤ K_m ( )

A. 反应速度最大

B. 反应速度太慢难以测出

C. 反应速度与底物浓度成正比

D. 增加底物浓度反应速度不变

E. 增加底物浓度反应速度降低时

24. 磺胺类药物能竞争性抑制二氢叶酸还原酶是因为其结构相似于(　　)

A. 对氨基苯甲酸　　　　B. 二氢蝶呤

C. 苯丙氨酸　　　　　　D. 谷氨酸

E. 酪氨酸

25. 已知某种酶的 K_m 值为 25mmol/L,欲使酶促反应速度达到最大反应速度的 50%,该底物浓度应为(　　)

A. 12.5mmol/L　　　　B. 25mmol/L

C. 37.5mmol/L　　　　D. 50mmol/L

E. 75mmol/L

26. 下列关于酶活性中心的叙述中正确的是(　　)

A. 所有酶的活性中心都含有辅酶

B. 所有酶的活性中心都含有金属离子

C. 酶的必需基团都位于活性中心内

D. 所有的抑制剂都作用于酶的活性中心

E. 所有的酶都有活性中心

27. 酶促反应中决定酶特异性的是(　　)

A. 作用物的类别　　　　B. 酶蛋白

C. 辅基或辅酶　　　　　D. 催化基团

E. 金属离子

28. K_m 值的概念应是(　　)

A. 在一般情况下是酶-底物复合物的解离常数

B. 是达到 V_{max} 所必需的底物浓度的一半

C. 同一种酶的各种同工酶 K_m 值相同

D. 是达到 $1/2V_{max}$ 的底物浓度

E. 是与底物的性质无关的特征性常数

29. 酶与一般催化剂相比所特有的特点是(　　)

A. 能加速化学反应速度

B. 能缩短反应达到平衡所需的时间

C. 具有高度的专一性

D. 反应前后质和量无改

E. 对正、逆反应都有催化作用

30. 有关结合酶概念正确的是(　　)

A. 酶蛋白决定反应性质

B. 辅酶与酶蛋白结合才具有酶活性

C. 辅酶决定酶的专一性

D. 酶与辅酶多以共价键结合

E. 体内大多数脂溶性维生素转变为辅酶

31. 关于关键酶的叙述正确的是(　　)

A. 其催化活性在酶体系中最低

B. 常为酶体系中间反应的酶

C. 多催化可逆反应

D. 该酶活性调节不改变整个反应体系的反应速度

E. 反应体系起始物可调节关键酶

32. 关于共价修饰调节的叙述正确的是(　　)

A. 代谢物作用于酶的别位,引起酶构象改变

B. 该酶在细胞内合成或初分泌时,没有酶活性

C. 该酶是在其他酶作用下,某些特殊基团进行可逆共价修饰

D. 调节过程无逐级放大作用

E. 共价修饰消耗 ATP 多,不是经济有效方式

33. 有关酶原激活的概念,正确的是(　　)

A. 初分泌的酶原即有酶活性

B. 酶原转变为酶是可逆反应过程

C. 无活性酶原转变为有活性酶

D. 酶原激活无重要生理意义

E. 酶原激活是酶原蛋白质变性

34. 非竞争性抑制作用的特点是(　　)

A. K_m 减小,V_{max} 减小　　B. K_m 增大,V_{max} 增大

C. K_m 减小,V_{max} 增大　　D. K_m 增大,V_{max} 不变

E. K_m 不变,V_{max} 减小

(二) 单选题 A2 型题(最佳否定型选择题)

1. 下列关于酶的叙述,哪一项是错误的(　　)

A. 酶有高度特异性

B. 酶有高度的催化效能

C. 酶具有代谢更新的性质

D. 酶的高度特异性由酶蛋白结构决定

E. 酶的高度催化效能是因为它能增大反应的平衡常数

2. 下列有关辅酶和辅基的论述错误的是(　　)

A. 辅酶与辅基都是酶的辅助因子

B. 辅酶以非共价键与酶蛋白疏松结合

C. 辅基常以共价键与酶蛋白牢固结合

D. 不论辅酶或辅基都可以用透析或超滤的方法除去

E. 辅酶和辅基的差别在于它们与酶蛋白结合的紧密程度与反应方式不同

3. 有关金属离子作为辅助因子的作用,论述错误的是(　　)

A. 作为酶活性中心的催化基团参加反应

B. 传递电子

C. 连接酶与底物的桥梁

D. 降低反应中的静电斥力

E. 与稳定酶分子构象无关

4. 影响酶促反应速度的因素不包括( )
A. 底物浓度　　　　B. 酶的浓度
C. 反应环境的 pH　　D. 反应温度
E. 酶原的浓度

5. 关于 K_m 值的意义,不正确的是 ( )
A. K_m 是酶的特征性常数
B. K_m 值与酶的结构有关
C. K_m 值与酶所催化的底物有关
D. K_m 值等于反应速度为最大速度一半时的酶的浓度
E. K_m 值等于反应速度为最大速度一半时的底物浓度

6. 有关竞争性抑制剂的论述,错误的是( )
A. 结构与底物相似
B. 与酶活性中心相结合
C. 与酶的结合是可逆的
D. 抑制程度只与抑制剂的浓度有关
E. 与酶非共价结合

7. 有关酶与温度的关系,错误的论述是( )
A. 最适温度不是酶的特征性常数
B. 酶是蛋白质,温度越高反应速度越快
C. 酶制剂应在低温下保存
D. 酶的最适温度与反应时间有关
E. 从生物组织中提取酶时应在低温下操作

8. 关于 pH 对酶促反应速度影响的论述中,错误的是 ( )
A. pH 影响酶、底物或辅助因子的解离度,从而影响酶促反应速度
B. 最适 pH 是酶的特征性常数
C. 最适 pH 不是酶的特征性常数
D. pH 过高或过低可使酶发生变性
E. 最适 pH 是酶促反应速度最大时的环境 pH

9. 下列关于酶的别构调节,错误的是( )
A. 受别构调节的酶称为别构酶
B. 别构酶多是关键酶(如限速酶),催化的反应常是不可逆反应
C. 别构酶催化的反应,其反应动力学是符合米-曼方程的
D. 别构调节是快速调节
E. 别构调节可引起酶的构象变化

10. 有关别构酶的论述哪一项不正确( )
A. 别构酶是受别构调节的酶
B. 正协同效应例如,底物与酶的一个亚基结合后使此亚基发生构象改变,从而引起相邻亚基发生同样的改变,增加此亚基对后续底物的亲和力

C. 正协同效应的底物浓度曲线是矩形双曲线
D. 构象改变使后续底物结合的亲和力减弱,称为负协同效应
E. 具有协同效应的别构酶多为含偶数亚基的酶

11. 对酶促化学修饰调节特点的叙述,错误的是( )
A. 这类酶大都具有无活性和有活性形式
B. 这种调节是由酶催化引起的共价键变化
C. 这种调节是酶促反应,故有放大效应
D. 酶促化学修饰调节速度较慢,难以应急
E. 磷酸化与脱磷酸是常见的化学修饰方式

12. 下列有关酶催化反应的特点中错误的是( )
A. 酶反应在37℃条件下最高
B. 具有高度催化能力
C. 具有高效性
D. 酶催化作用是受调控的
E. 具有高度专一性

13. 有关酶活性中心的叙述,哪一项是错误的( )
A. 酶活性中心只能是酶表面的一个区域
B. 酶与底物通过非共价键结合
C. 活性中心可适于底物分子结构
D. 底物分子可诱导活性中心构象变化
E. 底物的分子远大于酶分子,易生成中间产物

14. 关于酶活性中心的叙述,哪项不正确( )
A. 酶与底物接触只限于酶分子上与酶活性密切有关的较小区域
B. 必需基团可位于活性中心之内,也可位于活性中心之外
C. 一般来说,总是多肽链的一级结构上相邻的几个氨基酸的残基相对集中,形成酶的活性中心
D. 酶原激活实际上就是完整的活性中心形成的过程
E. 当底物分子与酶分子相接触时,可引起酶活性中心的构象改变

(三) X 型题(多项选择题)
1. 酶的化学修饰包括 ( )
A. 磷酸化与脱磷酸化
B. 抑制剂的共价结合与去抑制剂作用
C. 乙酰化与脱乙酰化
D. 甲基化与脱甲基化
E. —SH 与 —S—S

2. 底物浓度很高时 ( )
A. 所有的酶均被底物所饱和,反应速度不再因增加底物浓度而加大

B. 此时增加酶的浓度仍可提高反应速度

C. 反应速度达最大反应速度,即使加入激活剂也不再提高反应速度

D. 此时增加酶的浓度也不能再提高反应速度

E. 反应速度达最大速度,但加入激活剂仍可再增大反应速度

3. 酶的活性中心是（　　　）

A. 由一级结构上相互接近的一些基团组成,分为催化基团和结合基团

B. 裂缝或凹陷

C. 平面结构

D. 线状结构

E. 由空间结构上相邻近的催化基团与结合基团组成的结构

4. 酶催化作用的机制可能是（　　　）

A. 邻近效应与定向作用　　B. 表面效应

C. 共价催化作用　　　　　D. 酸碱催化作用

E. 酶与底物锁-匙式的结合

5. 关于酶的激活剂的论述（　　　）

A. 使酶由无活性变为有活性或使酶活性增加的物质称为酶的激活剂

B. 酶的辅助因子都是酶的激活剂

C. 凡是使酶原激活的物质都是酶的激活剂

D. 酶的活性所必需的金属离子是酶的激活剂

E. 在酶的共价修饰中,有的酶被磷酸激酶磷酸化后活性增加,此磷酸激酶可视为酶的激活剂

6. 酶的别构与别构协同效应是（　　　）

A. 效应剂与酶的活性中心相结合,从而影响酶与底物的结合

B. 第一个底物与酶结合引起酶的构象改变,此构象改变波及邻近的亚基,从而影响酶与第二个底物结合

C. 上述的效应使第二个底物与酶的亲和力增加时,底物浓度曲线呈现出 S 形曲线

D. 酶的别构效应是酶使底物的结构发生构象改变,从而影响底物与酶的结合

E. 酶的亚基与别构剂的结合是非共价结合

7. 使酶发生不可逆破坏的因素是（　　　）

A. 竞争性抑制剂　　　　　B. 高温

C. 强酸强碱　　　　　　　D. 低温

E. 重金属盐

8. 被有机磷抑制的酶和抑制类型是（　　　）

A. 不可逆性抑制　　　　　B. 竞争性抑制

C. 胆碱酯酶　　　　　　　D. 二氢叶酸合成酶

E. 胆碱乙酰化酶

9. 下列常见的抑制剂中,哪些是不可逆性抑制剂（　　　）

A. 有机磷化合物　　　　　B. 有机汞化合物

C. 磺胺类药物　　　　　　D. 氰化物

E. 有机砷化合物

10. 全酶的组成部分是（　　　）

A. 酶蛋白　　　　　　　　B. 结合基团

C. 催化基团　　　　　　　D. 活性部位

E. 辅助因子

11. 在催化剂的特点中,酶所特有的是（　　　）

A. 加快反应速度　　　　　B. 可诱导产生

C. 不改变反应的平衡点　　D. 对作用物的专一性

E. 在反应中本身不被消耗

12. 能激活胰蛋白酶原的物质是（　　　）

A. 胃蛋白酶　　　　　　　B. 胰蛋白酶

C. 胰凝乳蛋白酶　　　　　D. 肠激酶

E. 羧基肽酶

13. 在口腔中协同参与淀粉水解的物质是（　　　）

A. 唾液淀粉酶　　　　　　B. 胰淀粉酶

C. 氯离子　　　　　　　　D. 钠离子

E. 钙离子

14. 同工酶的不同之处有（　　　）

A. 物理性质　　　　　　　B. 化学性质

C. 专一性　　　　　　　　D. 等电点

E. 米氏常数

（四）名词解释

1. enzyme　　　　　　**2.** zymogen

3. optimal pH　　　　**4.** optimum temperature

5. K_m 值（K_m value）　**6.** 变构调节（allosteric regulation）

7. isoenzyme　　　　**8.** 活化能（activation energy）

9. 活性中心/部位（active center/site）

（五）简答题

1. 何谓酶? 酶促反应的特点是什么?

2. 何谓酶的特异性? 可分几种类型? 举例说明。

3. 酶的活性中心的必需基团分为哪两类? 在酶促反应中的作用是什么?

4. 简述 K_m 值的定义及其意义。

5. 影响酶促反应速度的因素都有哪些?

6. 可逆性抑制和不可逆性抑制的区别,试举例说明。

7. 竞争性抑制、非竞争性抑制和反竞争性抑制的区别。

8. 说明酶原与酶原激活的生理意义。

9. 什么是同工酶? 它的生物学意义是什么?

(六)论述题

1. 复方新诺明由磺胺甲基恶唑(SMZ)和抗菌增效剂(TMP)所组成,抗菌作用比单一用药明显增强,

是理想的复方配伍药物,请运用生化知识论述其抗菌机理。

2. 试比较变构调节与化学修饰调节作用的异同点。

参 考 答 案

(一)单选题A1型题(最佳肯定型选择题)

1. E   2. A   3. B   4. A   5. D   6. E   7. B   8. A
9. D   10. A   11. C   12. D   13. B   14. E   15. E
16. A   17. A   18. C   19. D   20. C   21. E   22. E
23. C   24. A   25. B   26. E   27. B   28. D   29. C
30. B   31. A   32. C   33. C   34. E

(二)单选题A2型题(最佳否定型选择题)

1. E   2. D   3. E   4. E   5. D   6. D   7. B   8. B
9. C   10. C   11. D   12. A   13. A   14. C

(三)X型题(多项选择题)

1. ACDE   2. ABC   3. BE   4. ABCDE   5. AD
6. BCE   7. BCE   8. AC   9. ABDE   10. AE
11. BD   12. BD   13. AC   14. ABDE

(四)名词解释

(略)

(五)简答题

1. 答题要点:酶是由活细胞合成对特异底物具有高效催化作用的蛋白质。酶除了具有一般催化剂的性之外,又具有生物大分子的特征。酶促反应的特点:①具有极高的催化效率,比一般催化剂更有效的降低化学反应所需活化能;②高度的特异性,根据酶对底物结构严格选择程度的不同,又分为绝对特异性、相对特异性和立体异构特异性;③酶促反应的可调节性,为适应不断变化的内环境和生命活动的需要,酶促反应受多种因素的调控,如酶的区域化分布、多酶体系、多功能酶、酶活性调节及酶含量调节等。

2. 答题要点:酶的特异性是指一种酶仅作用于一种底物或一类化合物,或一定的化学键,催化一定的化学反应,产生一定的产物。酶的特异性大致可分以下三种类型:绝对特异性(脲酶);相对特异性(胰蛋白酶);立体异构特异性(L-乳酸脱氢酶)。酶的特异性是由酶分子中蛋白质的构象所决定。

3. 答题要点:结合基团,其作用是与底物结合;催化基团,催化底物发生化学反应并转化为产物。

4. 答题要点:K_m等于酶促反应速度为最大反应速度一半时的底物浓度。意义:K_m是酶的特征性常数

之一;K_m可近似表示酶对底物的亲和力。

5. 答题要点:底物浓度、酶浓度、温度、pH、激活剂和抑制剂。

6. 答题要点:不可逆性抑制剂通常以共价键与酶活性中心的必需基团相结合,使酶失活,不能用透析、超滤等物理方法去除(有机磷化合物抑制羟基酶),解毒——解磷定(PAM)。可逆性抑制抑制剂通常以非共价键与酶或酶-底物复合物可逆性结合,使酶的活性降低或丧失;抑制剂可用透析、超滤等方法除去(磺胺药物)。

7. 答题要点:竞争性抑制:①I与S结构类似,竞争酶的活性中心;②抑制程度取决于抑制剂与酶的相对亲和力及底物浓度;③动力学特点:V_{max}不变,表观K_m增大。非竞争性抑制:①抑制剂与酶活性中心外的必需基团结合,底物与抑制剂之间无竞争关系;②抑制程度取决于抑制剂的浓度;③动力学特点:V_{max}降低,表观K_m不变。反竞争性抑制:①抑制剂只与酶-底物复合物结合;②抑制程度取决于抑制剂的浓度及底物的浓度;③动力学特点:V_{max}降低,表观K_m降低。

8. 答题要点:某些酶下细胞内初合成或分泌时只是酶的无活性前体称酶原。酶原在一定条件下,水解开一个或几个肽键,使必需基团集中靠拢,构象发生改变,形成活性中心,表现出酶的活性称酶原的激活,其实质是活性中心形成或暴露的过程。某些酶以酶原形式存在于组织细胞内具有重要的生物学意义。例如,消化腺分泌的一些蛋白酶原不仅能保护消化器官不受酶的水解破坏,而且保证酶原在其特定的部位和环境激活后发挥其催化作用。再如,凝血和纤维蛋白溶解酶类以酶原形式在血液循环中运行,一旦需要不失时机转变成有活性的酶,发挥其对机体的保护作用。

9. 答题要点:在不同组织细胞内存在着能催化相同的化学反应,而分子机构、理化性质和免疫学性质不同的一组酶,称为同工酶。如乳酸脱氢酶和肌酸磷酸激酶同工酶。同工酶分布和含量有器官特异性,各器官都有其自己的分布酶谱。如心肌中 LDH₁ 活性最高,肝脏与骨骼肌中则以

LDH$_5$ 活性最高,如测得 LDH$_1$ 升高,超过 LDH 总活力的 50%,就可辅助诊断为心肌梗死,排除了其他脏器有病。故同工酶的诊断价值高于血清酶的总活力。

(六) 论述题

1. 答题要点:叶酸是合成核酸和蛋白质的必需物质,也是细菌生长繁殖的必要条件之一。叶酸分子中含有对氨基苯甲酸(PABA),许多细菌需利用 PABA 来合成自身所需的叶酸,后者再还原为 FH$_4$。磺胺类药物的分子结构和官能团性质与 PABA 相似,可竞争性抑制叶酸合成酶的作用,而阻止叶酸的合成;TMP 能强烈抑制细菌二氢叶酸还原酶的活性,阻止 FH$_4$ 的生成。所以 TMP 与磺胺药合用时,可增强抗菌作用并减少药物用量,故称 TMP 为磺胺增效剂。人体不能合成叶酸,需从外界食物供给;TMP 对人的二氢叶酸还原酶的抑制作用较弱。故磺胺药对人体 FH$_4$ 的生成影响不大,即毒性较小。

2. 答题要点:两者均属细胞水平的物质代谢调节,都是通过细胞内酶活性的改变来调节代谢速度,同属快速调节。变构调节是通过小分子变构剂与酶的调节亚基进行非共价结合,使酶分子发生构象变化而影响酶的活性。化学修饰是一个酶催化另一个酶蛋白的共价修饰以改变酶活性。由于是酶促反应,故有放大效应,因而其催化效率常较变构调节高。化学修饰的酶一般都有无活性(或低活性)和有活性(或高活性)两种形式,他们的互变由不同的酶催化,在化学修饰中,最常见的为磷酸化反应,一般是耗能的。

(张　茜　顾银霞)

第八章　糖　代　谢

第一部分　实验预习

一、糖代谢概况

糖是自然界一大类有机化合物,其主要生物学功能有:①体内主要的供能物质;②人体组织结构的重要成分之一:糖类可与脂类形成糖脂,或与蛋白质形成糖蛋白,糖脂和糖蛋白均可参与构成生物膜、神经组织等;③核糖和脱氧核糖参与核苷酸的组成;④转变为其他物质:糖类可经代谢而转变为脂肪或氨基酸等化合物。人体糖的主要形式是葡萄糖及糖原。葡萄糖是糖在血液中的运输形式,在机体糖代谢中占据主要地位;糖原是葡萄糖的多聚体,主要包括肝糖原和肌糖原等,是糖在体内的储存形式。葡萄糖与糖原均能在体内氧化提供能量。

食物中的淀粉是机体糖的主要来源,被人体摄入消化成单糖吸收后,经血液运输到各组织细胞进行合成代谢和分解代谢。机体内糖的代谢途径主要有糖酵解、有氧氧化、磷酸戊糖途径、糖原合成与糖原分解、糖异生等(图 8-1)。

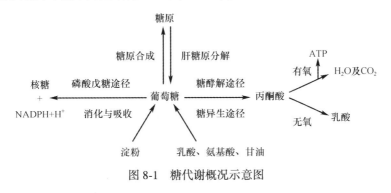

图 8-1　糖代谢概况示意图

二、糖代谢的生理调节

1. 不同组织、细胞及生理状况下糖代谢的特点

(1) 糖的分解代谢:在不同的生理状况下,在机体不同的组织、细胞中,糖的分解代谢是不同的。糖酵解和有氧氧化是糖分解供能的两条主要途径。糖酵解生成乳酸,有氧氧化分解成 CO_2 和 H_2O,但两条途径自葡萄糖分解至丙酮酸的阶段是共有的,这一过程称为糖酵解途径。糖酵解是在特殊情况下机体应急供能的有效方式。当机体缺氧或因剧烈运动肌肉供血相对不足时,主要依靠糖酵解供能。在严重贫血、呼吸障碍及循环障碍等病理条件下,糖酵解加强。此外,成熟的红细胞缺乏线粒体,其所需能量主要由糖酵解供给。视网膜、肾髓质、皮肤、白细胞和神经等组织,即使在有氧条件下,也主要依靠糖酵解供能。糖酵解在胞浆内进行,己糖激酶(肝中称为葡萄糖激酶)、6-磷酸果糖激酶-1 和丙酮酸激酶是糖酵解途径的限速酶。糖酵解时 1mol 葡萄糖可净产生 2mol ATP。

糖的有氧氧化是糖分解的主要方式,体内大多数组织细胞都能通过糖的有氧氧化而获得能量。肌肉内糖酵解生成的乳酸,经乳酸循环运输到肝脏异生成糖,最终仍需在有氧时彻底氧化生成 CO_2 和 H_2O。有氧氧化大致分为三个阶段:①糖酵解途径;②丙酮酸氧化成乙酰 CoA;③三羧酸循环和氧化磷酸化。糖有氧氧化主要在胞浆和线粒体中进行,有 7 个限速酶:己糖激酶、6-磷酸果糖激酶-1、丙酮酸激酶、丙酮酸脱氢酶复合体、柠檬酸合成酶、异柠檬酸脱氢酶和 α-酮戊二酸脱氢酶复合体。1 mol 葡萄糖彻底氧化成 CO_2 和 H_2O 可生成 30mol 或 32mol ATP。

三羧酸循环是三大营养物质糖、脂肪、蛋白质分解的共同通路。三羧酸循环在线粒体中进行,每循环一次消耗一个乙酰基,经过 2 次氧化脱羧生成 2 分子 CO_2,4 次脱氢(3 次以 NAD^+ 为受氢体,一次以 FAD 为受氢体),一次底物水平磷酸化,共生成 12 分子 ATP。循环中的中间产物本身无量的变化,不能通过循环来合成其中间产物。

磷酸戊糖途径是糖的分解代谢途径,但它不是体内的产能途径,其最主要的生理意义是:①利用葡萄糖生成 5-磷酸核糖,为体内核苷酸的合成及进一步核酸的合成提供了原料;②提供了细胞代谢所需要的 $NADPH+H^+$。

(2)糖原合成和分解:糖原是葡萄糖在动物体内的储存形式,主要包括肝糖原和肌糖原等,肌糖原可供肌肉收缩的急需,肝糖原则是血糖的重要来源。糖原合酶是糖原合成的限速酶。UDPG 是糖原合成过程中的葡萄糖供体,又称"活性葡萄糖"。磷酸化酶是糖原分解的限速酶。由于肌肉组织缺乏葡萄糖-6-磷酸酶,所以肌糖原分解生成的 6-磷酸葡萄糖循糖酵解途径进行酵解或有氧氧化,不能生成葡萄糖;而肝和肾中葡萄糖-6-磷酸酶活性很高,因而肝糖原分解可以补充血糖。糖原合酶和磷酸化酶均具有活性与无活性两种形式,机体的调节方式是双重控制,即通过同一信号使一种酶处于活性状态,同时另一种酶处于非活性状态。肝糖原代谢主要受胰高血糖素的调节,而肌肉主要受肾上腺素的调节。

(3)糖异生:由非糖化合物前体合成葡萄糖及糖原的过程称为糖异生。糖异生的主要原料为乳酸、丙酮酸、生糖氨基酸和甘油等,能进行糖异生的器官有肝和肾。糖异生在空腹和饥饿状态下对保持血糖浓度的相对稳定具有重要意义,尤其对于肝糖原耗尽状态下维持脑组织的正常功能有重要意义。此外,糖异生可促进乳酸再利用、肝糖原更新以及补充肌肉消耗的糖等。肾脏糖异生有利于排 H^+ 保 Na^+,维持机体的酸碱平衡。糖异生途径大多是糖酵解的逆反应,但因己糖激酶、磷酸果糖激酶-1 和丙酮酸激酶所催化的三个反应不可逆,构成"能障",所以需丙酮酸在丙酮酸羧化酶、磷酸烯醇式丙酮酸羧激酶、果糖二磷酸酶和葡萄糖-6-磷酸酶的催化作用下绕过"能障"。

2. 血糖水平调节 血液中的葡萄糖,称为血糖。血糖浓度是反映机体内糖代谢状况的一项重要指标。正常情况下,血糖浓度是相对恒定的。正常人空腹血浆葡萄糖浓度为 3.89~6.11mmol/L(葡萄糖氧化酶法)。空腹血浆葡萄糖浓度高于 7.22mmol/L 称为高血糖,低于 3.89mmol/L 称为低血糖。要维持血糖浓度的相对恒定,必须保持血糖的来源和去路的动态平衡。

(1)血糖的来源和去路(图 8-2)。

(2)血糖浓度的调节:正常人体血糖浓度维持在一个相对恒定的水平,这对保证各组织器官的功能非常重要,特别是脑组织,几乎完全依靠葡

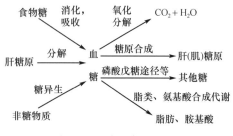

图 8-2　血糖的来源和去路

萄糖供能进行神经活动,血糖供应不足会影响神经功能,因此血糖浓度维持在相对稳定的正常水平极为重要。

正常人体内存在着精细的血糖来源和去路动态平衡的调节机制,保持血糖浓度的相对恒定是神经系统、激素及组织器官共同作用的结果。神经系统对血糖浓度的调节主要通过下丘脑和自主神经系统调节相关激素的分泌来进行。

调节血糖的激素可分为两大类,即降低血糖浓度的激素和升高血糖浓度的激素,它们通过调节糖代谢反应来影响血糖浓度(表 8-1)。肝脏是调节血糖浓度的最主要器官,主要通过肝糖原的合成及分解、糖异生作用来调节血糖浓度。

表 8-1 激素对血糖浓度的调节作用

降低血糖的激素			升高血糖的激素		
激素	对糖代谢影响	促进释放的主要因素	激素	对糖代谢影响	促进释放的主要因素
胰岛素	1. 促进肌肉、脂肪组织细胞膜对葡萄糖通透	高血糖、高氨基酸、迷走神经兴奋、胰泌素、胰高血糖素	肾上腺素	1. 促进肝糖原分解为血糖 2. 促进肌糖原酵解 3. 促进糖异生	交感神经兴奋,低血糖
	2. 促进肝葡萄糖激酶活性,使血糖易进入肝细胞内合成肝糖原		胰高血糖素	1. 促进肝糖原分解成血糖 2. 促进糖异生	低血糖、低氨基酸、促胰酶素(肝囊收缩素)
	3. 促进糖氧化分解		糖皮质激素	1. 促进肝外组织蛋白质分解生成氨基酸	应激素
	4. 促进糖转变成脂肪				
	5. 抑制糖异生			2. 促进肝内糖异生	

三、糖代谢异常

1. 高血糖 空腹血糖浓度高于 7.22mmol/L 时称为高血糖。高血糖分为生理性高血糖和病理性高血糖,病理性高血糖常见于以糖尿病为代表的内分泌机能紊乱。当血糖浓度超过肾糖阈时则可出现尿糖。

2. 低血糖 低血糖症是指血葡萄糖(简称血糖)浓度低于正常的一种临床现象,成年人空腹血糖低于 3.3mmol/L(60mg/dl)时,可认为血糖过低。低血糖是一种常见症状,脑细胞对血糖浓度降低非常敏感,表现为头晕、昏迷,重者甚至死亡。

本病常见的原因有:①糖摄入不足或吸收不良;②组织细胞对糖的消耗量过多;③应用胰岛素及磺脲类降糖药物过量;④神经调节失常、迷走神经兴奋过度及体内胰岛素分泌过多所致的功能性低血糖症;⑤胰岛 B 细胞瘤、严重肝病、垂体前叶和肾上腺皮质功能减退等可致器质性低血糖症;⑥持续剧烈运动(如长跑),部分人也会出现低血糖症。

3. 酶缺陷引起的糖代谢异常

(1) 蚕豆病:患者体内缺乏 6-磷酸葡萄糖脱氢酶而使磷酸戊糖途径受阻,NADPH(H$^+$)缺乏,红细胞膜易破坏溶血,在进食蚕豆时诱发,因此称为蚕豆病。

(2) 糖原累积症:糖原累积症(glycogen storage disease)包括至少 10 种罕见的遗传性组

织糖原储积异常。每种形式都是由于糖原代谢的一个特异性酶缺陷而使糖原储存,由于肝和骨骼肌是糖原代谢重要部位,故也是糖原累积病最常累及的部位。肝脏型(Ⅰ、Ⅲ、Ⅳ和Ⅵ型)以肝大(肝糖原储积增多所致)和低血糖(肝糖原不能转化为葡萄糖)为特征。肌肉型(Ⅱ、Ⅲa、Ⅴ和Ⅶ型)相比之下症状较轻,常发生于青年时期,由于不能提供肌肉收缩的能量而使运动受限。

(3)1-磷酸半乳糖苷转移酶缺乏:因奶类中50%的糖为半乳糖,1-磷酸半乳糖苷转移酶缺乏可导致半乳糖转化为葡萄糖障碍,所以病儿接受奶制品喂养数天后,出现呕吐、腹泻和生长停滞等半乳糖血症表现。早期发现和治疗可以防止不可逆的病变发生。当血中发现有半乳糖和1-磷酸半乳糖时常提示该疾病,并可直接测定红细胞上1-磷酸半乳糖苷转移酶活性而进行确诊。

(4)遗传性1,6-二磷酸果糖酶缺乏:遗传性1,6-二磷酸果糖酶缺乏(hereditary fructose-1,6-diphosphatase deficiency)为常染色体隐性遗传疾病,多在婴儿期发病。患儿出现肌无力、呕吐、嗜睡、生长停滞和肝大等症状,感染可诱发急性发作。若不治疗患儿在婴儿期即可死亡。实验室检查可见空腹低血糖、酮血症、乳酸血症和血浆丙氨酸水平增高。确诊需进行肝、肾、肠活检标本中1,6-二磷酸果糖酶活性测定。

第二部分 知识链接与拓展

一、糖 尿 病

糖尿病(diabetes mellitus)是一组以慢性血葡萄糖(简称血糖)水平增高为特征的代谢病群。主要表现为血糖升高、尿糖阳性以及多饮、多尿、多食伴消瘦、乏力等"三多一少"症候群。其原因是胰岛素绝对或相对缺乏或靶组织细胞对胰岛素敏感性降低(抵抗),引起蛋白质、脂肪、水和电解质代谢紊乱。糖尿病分1型糖尿病、2型糖尿病和妊娠期糖尿病。其中1型糖尿病多发生于青少年,由于胰岛素分泌缺乏,这些患者必须依赖胰岛素治疗维持生命。2型糖尿病多见于50岁以后中、老年人,其胰岛素的分泌量正常甚至偏高,但机体对胰岛素不敏感(即胰岛素抵抗)所致。妊娠期糖尿病是由于妊娠期妇女激素变化导致靶细胞对胰岛素出现抵抗,通常分娩后自愈。

空腹血糖≥7.0mmol/L,或者OGTT 2h血糖≥11.1mmol/L可诊断为糖尿病。

由于胰岛素相对或绝对不足,肌肉和脂肪组织等的细胞膜载体GLUT不能将葡萄糖转运入细胞内,导致血糖升高而细胞内葡萄糖糖缺乏,细胞不能有效地利用葡萄糖分解供能,机体出现乏力等症状。同时脂肪和蛋白质分解加强而使患者消瘦。血糖升高,经肾小球滤出的葡萄糖不能被肾小管重吸收,形成渗透性利尿。由于多尿使水分丢失过多,发生细胞内脱水而加重高血糖,血浆渗透压明显升高,刺激口渴中枢而多饮。多饮又进一步加重多尿。

酮症酸中毒是糖尿病的急性并发症之一,当患者胰岛素严重缺乏或不能发挥作用时,糖代谢紊乱加剧,此时机体不能利用葡萄糖,只能动用脂肪供能,而脂肪燃烧不完全,因而出现继发性脂肪代谢严重紊乱。脂肪分解加速,酮体生成增多,超过了组织的利用能力,酮体在体内积聚使血酮超过2mmol/L,即出现酮血症。多余的酮体经尿排出时,尿酮检查阳性,称为酮尿症。糖尿病时发生的酮血症和酮尿症总称为糖尿病酮症。酮体由β-羟丁酸、乙酰乙酸和丙酮组成,大部分为酸性物质,酸性物质在体内堆积超过了机体的代偿能力时,血 pH 下降,出现代谢性酸中毒,即糖尿病酮症酸中毒。

胰岛素是机体内唯一降低血糖的激素,也是唯一同时促进糖原、脂肪和蛋白质合成的激素。

(1) 调节糖代谢:胰岛素能促进全身组织对葡萄糖的摄取和利用,并抑制糖原的分解和糖原异生,因此,有降低血糖的作用。胰岛素分泌过多时,血糖下降迅速,脑组织受影响最大,可出现惊厥、昏迷,甚至引起胰岛素休克。相反,胰岛素分泌不足或胰岛素受体缺乏常导致血糖升高;若超过肾糖阈,则糖从尿中排出,引起糖尿;同时由于血液成分的改变(含有过量的葡萄糖),亦导致高血压、冠心病和视网膜血管病等病变。胰岛素降血糖是多方面作用的结果:①促进肌肉、脂肪组织等处的靶细胞细胞膜载体将血液中的葡萄糖转运入细胞;②通过共价修饰增强磷酸二酯酶活性、降低 cAMP 水平、升高 cGMP 浓度,从而使糖原合成酶活性增加、磷酸化酶活性降低,加速糖原合成、抑制糖原分解;③通过激活丙酮酸脱氢酶磷酸酶而使丙酮酸脱氢酶激活,加速丙酮酸氧化为乙酰辅酶 A,加快糖的有氧氧化;④通过抑制 PEP 羧激酶的合成以及减少糖异生的原料,抑制糖异生;⑤抑制脂肪组织内的激素敏感性脂肪酶,减缓脂肪动员,使组织利用葡萄糖增加。

(2) 调节脂肪代谢:胰岛素能促进脂肪的合成与储存,使血中游离脂肪酸减少,同时抑制脂肪的分解氧化,避免出现酮症酸中毒和动脉粥样硬化。

案例 8-1

患者,男,20 岁,主诉"多饮、多食、多尿伴乏力、消瘦 6 个月余"。6 个月前,患者时感乏力,常在课堂睡觉,尤其在午餐后为甚,当时未予重视。2 个月前,患者体重较前减轻 6.8 kg,并逐渐出现口渴、多饮,每日饮水约 3200ml,食欲增强,尿频、小便次数增多,夜尿 3~4 次/晚,尿量较前明显增多。实验室检查:空腹血糖分别为 10.7mmol/L、9.7mmol/L、11.9mmol/L,尿糖(+),尿蛋白(-),尿酮体(+),[HCO₃⁻] 16mmol/L (27mmol/L),pH 7.0(7.35~7.45),血红蛋白(Hb)132g/L(120~160g/L),以糖尿病收住院,入院后给予胰岛素等治疗,患者症状有所减轻。

问题与思考:

(1) 患者为什么出现乏力症状?

(2) 为什么患者食欲增强时,体重反而减轻?

(3) 尿酮体、[HCO₃⁻]、pH 这些数据的变化,说明了什么?糖尿病引起的酮症酸中毒(DAK)的生化机制是什么?

(4) 胰岛素治疗糖尿病的理论基础是什么?

二、蚕 豆 病

蚕豆病(G-6-PD 缺乏症)是一种以先天性红细胞 6-磷酸葡萄糖脱氢酶(G-6-PD)缺陷为基础的家族性性连锁隐性遗传病。G-6-PD 缺乏者进食蚕豆后发生急性溶血性贫血。由于常发生于初夏蚕豆成熟季节,故称"蚕豆病"。患者大多在食用蚕豆后 1~2 天发病,少数短则几小时,也有长达 15 天才发病者,以儿童多见,男性多于女性。

G-6-PD 缺乏使磷酸戊糖途径受阻,NADPH 缺乏或不能正常合成,引起血还原型谷胱甘

生物化学实验指导

肽(GSH)生成不足,不能及时清除食用蚕豆或药物后机体产生的大量 H_2O_2,从而使红细胞膜脂质被氧化破坏,发生急性血管内溶血。红细胞内可见大量变性珠蛋白小体。蚕豆病患者早期常表现为全身不适、胃口不佳、精神倦怠、发热、头昏、腹痛,酷似肝炎。典型患者常出现由于红细胞破坏后大量胆红素的生成而导致的溶血性黄疸、恶心呕吐、腹痛、尿液呈酱油样或洗肉水样的血红蛋白尿、贫血、肝脾大等症状。对有家族史者和已知有 G-6-PD 缺乏者,应该禁食蚕豆及其制品,尽量避免接触蚕豆花粉,处于哺乳期的母亲也要禁食蚕豆及其制品,以免出现不应有的后果。

案例 8-2

患者,男,2 岁 4 个月。主因"发热 2 天,皮肤黄染 1 天"入院。患者于入院前曾进食油炸蚕豆,不久即发热,体温 38 ~ 39℃;次日下午出现皮肤黄染。实验室检查结果:血常规:红细胞(RBC)$1.7×10^{12}$/L[$(4.3~4.5)×10^{12}$/L],血红蛋白(Hb) 50 g/L(118~139 g/L),白细胞(WBC)$10.5×10^9$/L[$(5~12)×10^9$/L],血小板计数(PLT)$310×10^9$/L[$(100~300)×10^9$/L],腹部 B 超未见异常。以"蚕豆病"收入院。入院查体:贫血貌,皮肤巩膜重度黄染,未见出血点、淤斑,两肺呼吸音清晰,未闻及干湿性啰音。心率120 次/分,律齐,未闻及杂音。腹软,压痛明显,无反跳痛,肝肋下 1cm,脾未触及,无移动性浊音,双下肢无水肿。肝功能:丙氨酸氨基转移酶(ALT) 20.5 U/L(0~40 U/L),总胆红素(T-BIL) 158.6 μmol/L(1.7~17μmol/L),直接胆红素(D-BIL) 17.5 μmol/L(0~7 μmol/L),间接胆红素(I-BIL) 141.1 μmol/L(1.7~17 μmol/L),乙肝 6 项阴性。尿常规:蛋白(++),尿胆原(+++),酮体(+++),尿胆素(++++)。追问家族史,患儿母亲为广西人,其家族有蚕豆病史。立即给予输血、保护肝肾功能、补液等治疗,次日复查血常规:RBC $2.35×10^{12}$/L,Hb 74g/L,WBC $10.0×10^9$/L,PLT $332×10^9$/L,尿常规:蛋白(+),尿胆原(+),酮体(-),尿胆素(+)。4 天后好转出院,10 天后门诊复查痊愈。

问题与思考:
(1) 蚕豆病发病的生化机理是什么?
(2) 从生化角度如何对蚕豆病进行防治及预后?

第三部分 实 验

实验一 运动对肌肉组织糖代谢的影响

【实验目的】

通过对运动前后尿液中乳酸含量的测定,了解运动时肌肉组织糖代谢的特点,并初步掌握乳酸测定的原理及方法。

【实验原理】

肌肉组织中的糖代谢途径,随机体所处生理条件的改变而发生变化。在氧供充足时,糖的分解代谢以有氧氧化为主。尿中乳酸含量甚少;当肌肉剧烈运动时,急需大量能量,氧耗增加,使肌肉处于相对缺氧状态,于是糖酵解加强,终产物乳酸大量产生;尿液中乳酸含量也随之显著增加,可高达 140~1370mg/L。乳酸测定的原理比较简单,首先用 $CuSO_4$ 和 Ca (OH)$_2$ 吸附去除尿中的蛋白质和糖类,然后使乳酸与浓硫酸共热生成乙醛,乙醛与对羟联苯反应生成紫红色化合物。根据后者的生成量可计算出乳酸的含量。

$$CH_3CH(OH)COOH + H_2SO_4 \longrightarrow CH_3CHO$$

$$CH_3CHO + \text{（对羟联苯）} \longrightarrow 紫红色化合物$$

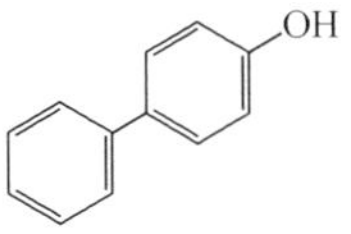

【主要仪器及器材】

离心机;长试管 4 支;一次性尿杯 2 只;搅棒 1 根;5ml 吸量管 2 支;3ml 吸量管 1 支;1ml 吸量管 1 支。

【试剂】

(1) 20%硫酸铜溶液。

(2) 浓硫酸(A. R.)。

(3) 氢氧化钙粉末。

(4) 0.5%对羟联苯碱性液:称取对羟联苯 0.5g,溶于 10ml 5%氢氧化钠溶液,再加蒸馏水至 100ml,储存于棕色瓶中。

【操作】

1. 尿液标本的收集

(1) 运动前尿液:排空尿液,30min 后收集中段尿液适量,此为运动前尿液。

(2) 运动后尿液:收集尿液后,立即作 5min 剧烈运动(如跑步、下蹲运动等),30min 后再次收集中段尿液适量,此为运动后尿液。

2. 乳酸测定 取运动前后尿液各 5ml,分别加入 2 支离心管中。每管加 20%硫酸铜溶液 1ml,再加 Ca(OH)$_2$ 粉末(约 0.5g)至溶液呈纯蓝色,搅拌混匀。静置 10min 后 2000r/min 离心 10min,上清液用于乳酸测定。

取试管 2 支,标号,按表 8-2 操作。

表 8-2　乳酸测定

试剂	1	2
运动前尿上清液	10 滴	-
运动后尿上清液	-	10 滴
冷水浴1min		
浓硫酸	3ml	3ml
混匀,沸水浴 3min 后冷水浴 3min		
对羟联苯碱性液	3 滴	3 滴

充分振摇后,两管同时沸水浴 1min,观察颜色变化,并解释。

【注意事项】

(1) 测定容器必须洁净:某些无机离子如铁、铬、铈等会干扰乙醛与对羟联苯的呈色反应。

(2) 皮肤汗液含微量乳酸,污染样品会引起实验误差。

（3）浓硫酸质量要保证，最好用优级纯，避免有机物污染，所用器皿应干燥。

（4）对羟联苯难溶于浓硫酸，必须充分震摇后才能混匀。

（5）去蛋白质要彻底。大量杂蛋白质存在时，会严重干扰结果，故加 Ca(OH)$_2$ 粉剂时，必须使溶液成碱性（蓝色）；加尿上清液时不能混有沉淀；若有，必须重新离心。

（6）若将乳酸配成不同浓度的标准溶液作标准曲线，可用于乳酸的定量测定。

【预习报告】

请回答下列问题：

（1）不同生理条件下，肌肉组织糖代谢的特点是什么？

（2）剧烈运动后，肌肉中的乳酸是如何代谢的？

（3）离心机的操作应注意哪些问题？

（4）溶液混匀的方法有哪些？请分别叙述。

实验二　血糖浓度测定

（一）邻甲苯胺法测定血糖浓度

【实验目的】

掌握邻甲苯胺法测定血糖浓度的基本原理及方法。

【实验原理】

葡萄糖在热的酸性溶液中，首先发生脱水反应生成 5-羟基-2-呋喃醛（又称羟甲基醛），后者与邻甲苯胺（O-toluidine）缩合生成蓝色的醛亚胺（Schiff 碱）。血浆中蛋白质因溶解在酸性溶液中不发生混浊，所以不需去除血浆蛋白质。血浆中的葡萄糖与试剂产生的颜色反应可与同样处理的已知浓度的标准葡萄糖溶液进行比色，测得血糖浓度。

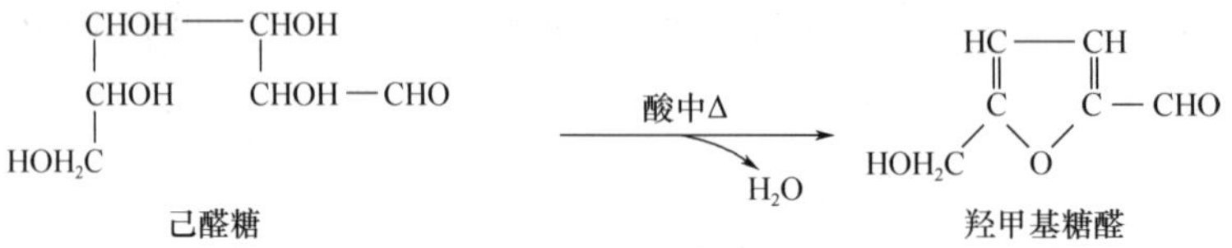

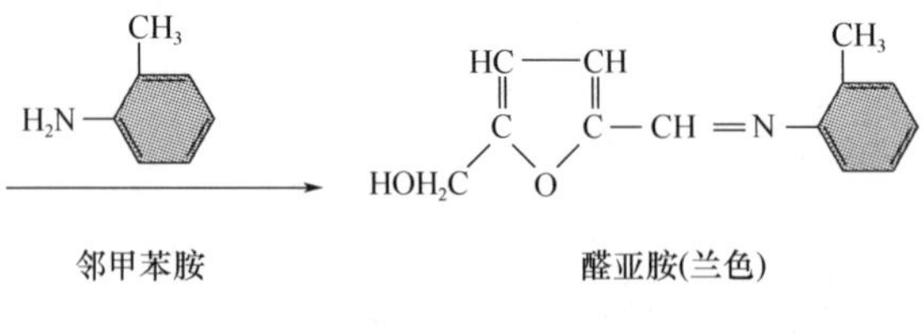

己醛糖　　　酸中Δ　-H$_2$O　　　羟甲基糖醛

邻甲苯胺　　　　醛亚胺(兰色)

【主要仪器及器材】

试管；可调式微量移液器；刻度吸管；沸水浴；722 型分光光度计。

【试剂】

1. 邻甲苯胺试剂　称取硫脲 2.5 g，溶于约 750ml 冰乙酸中，转入 1000ml 容量瓶，加入刚蒸馏的邻甲苯胺 105ml 及 2.4% 硼酸溶液 100ml，最后加冰乙酸定容至 1000ml，充分混匀，放棕色瓶中备用（一般可存 2 个月）。

注：邻甲苯胺为略带黄色的油状液体，易氧化，配制时宜先重蒸馏，收集199~201℃变为无色或浅黄色的馏出液。

2. 葡萄糖标准储存液（10mg/ml）　用0.25%苯甲酸溶液配制。

3. 葡萄糖标准应用液（1mg/ml）　取储存液10ml置于100ml容量瓶中，用0.25%苯甲酸溶液稀释至100ml。

【操作】

（1）采血：称一只体重为2~3kg的家兔，并作记录；剪除兔耳缘上的毛，擦少许二甲苯或75%乙醇使血管充血。在放血部位的周缘涂一层凡士林，用针头将耳静脉刺破取血0.5~2ml，并将血液收集于预先加入抗凝剂（每毫升血约2mg草酸钠）的试管中，抗凝血采得后，立即离心（3000r/min）分离血浆，也可直接采用非抗凝血分离血清。

（2）取干燥中试管3支，分别做出标记，按表8-3操作。

表8-3　邻甲苯胺法测定血糖浓度

试剂（ml）	空白管	标准管	测定管
血浆（血清）	-	-	0.1
葡萄糖标准应用液	-	0.1	-
蒸馏水	0.1	-	-
邻甲苯胺试剂	5.0	5.0	5.0

混匀，沸水浴15min后取出以流水迅速冷却。

（3）比色：以680 nm波长或红色滤光片进行比色，用空白管调零点，记录各管吸光度值。

【计算】

$$血糖(mmol/L)=\frac{测定管吸光度(A_{680nm})}{标准管吸光度(A_{680nm})}×0.1×\frac{100}{0.1}×0.055=\frac{测定管吸光度}{标准管吸光度}×5.5$$

【注意事项】

（1）采集标本后应立即进行分离测定。

（2）冰乙酸主要作用是维持缩合反应所需合适的酸度，故经加热，血浆蛋白不凝固，溶液透明。如果冰乙酸浓度低于80%或标本内混有红细胞，则会出现混浊。

（3）如果测定管葡萄糖含量过高，可在显色后用邻甲苯胺试剂稀释后比色。

（二）葡萄糖 GOD-PAP 法检测

【实验目的】
掌握葡萄糖GOD-PAP法测定血糖浓度的基本原理及方法。

【实验原理】

$$葡萄糖+O_2+H_2O \xrightarrow[\text{过氧化物酶(POD)}]{\text{葡萄糖氧化酶(GOD)}} D\text{-葡萄糖酸} + H_2O_2$$

$$H_2O_2+4\text{-氨基安替比林}(4\text{-AAP})+酚 \longrightarrow 2H_2O+红色醌类化合物$$

红色醌类化合物生成量与样品中葡萄糖含量成正比,与经过同样处理的葡萄糖校准液进行比较,即可计算出样品中葡萄糖的含量。

【试剂】

R_1:检测试剂 1

GOD	≥35KU/L
POD	≥5KU/L
4-AAP	1.2mmol/L

R_2:检测试剂 2

酚	12.0mmol/L
葡萄糖校准液	5.55mmol/L

【样品准备】

样品为空腹血清、血浆(肝素抗凝,0.1mg 肝素可抗凝 1.0ml 血液;EDTA 抗凝,1.8mg EDTA 可抗凝 1.0ml 血液)。样品应在低温条件下运输保存。

【测定步骤】

1. 基本参数 方法:终点法;波长:505nm;反应温度:37℃;光径:10mm;反应时间:10min。

2. 操作 根据测定所需试剂量,取 R_1 和 R_2 按 1:1 比例混合,即为工作液。根据以上参数,按表 8-4 操作。

表 8-4 葡萄糖 GOD-PAP 法测定血糖

试剂(μl)	空白(B)	校准(C)	测定(U)
样品	-	-	10
校准液	-	10	-
蒸馏水	10	-	-
工作液	1000	1000	1000

混匀,37℃恒温 10min。505 nm 波长,以空白管调零,测定各管吸光度。

【计算】

样品 Glu 含量(mmol/L)= Au/Ac×Cc

例:Au=0.200 Ac=0.240 则

样品 Glu 含量(mmol/L)= 0.200/0.240×5.55=4.63

【注意事项】

(1)如果样品中 Glu 含量超过 22.30mmol/L,则用蒸馏水稀释后测定,结果乘以稀释倍数。

(2)试剂与样品量可根据需要比例调整。

(3)试剂使用后立即盖紧瓶盖,避免污染。

(4)试剂变混浊或空白吸光度>0.150,将不能使用,应弃去。

(5)血清或血浆应在采血后及时与细胞分离,避免血清或血浆中葡萄糖被细胞利用而降低。

（6）废液及使用后难降解的包装材料应集中收集后交当地废物处理站处理。

（7）试剂 2~8℃密闭避光可稳定储存 12 个月。

（8）工作液 2~8℃密闭避光可稳定储存 15 天。

【血糖浓度参考值范围】

3.89~6.11mmol/L。

【预习报告】

请回答下列问题：

（1）简述葡萄糖 GOD-PAP 法实验的原理。

（2）临床上为什么要把血糖测定作为常规检查指标？

（3）722 分光光度计在使用时应注意哪些问题？

（4）可调式微量移液器在操作时的注意事项。

实验三　饥饿和饱食对肝糖原含量的影响

【实验目的】

通过对肝糖原含量的测定，掌握组织中糖原的定量测定方法，并通过实验观察饥饿和饱食对肝糖原含量的影响。

【实验原理】

肝糖原的含量通常约占肝重的 5%。许多因素可影响肝糖原的含量，如饱食后肝糖原合成增加，饥饿时肝糖原分解加剧导致其含量降低。本实验采用蒽酮显色法测定肝糖原含量，先将肝组织置于浓碱中加热，破坏其他成分而保留肝糖原。继而肝糖原经浓硫酸脱水生成糖醛衍生物，后者与蒽酮作用生成蓝棕色化合物。在一定条件下，颜色的深浅与肝糖原的含量成正比，可与同法处理的标准葡萄糖溶液进行比色定量。

【主要仪器及器材】

722 型分光光度计；天平；沸水浴箱；手术剪刀；镊子；滤纸；15ml 试管；100ml 容量瓶；1ml、2ml、5ml 刻度吸量管。

【试剂】

30% KOH；0.2% 蒽酮；0.9% NaCl；标准葡萄糖溶液（0.1mg/ml）。

【实验操作】

1. 动物准备　选择体重在 25 g 以上的健康小白鼠 2 只，随机分成两组。

（1）饥饿组：实验前严格禁食 30h，只给饮水。

（2）饱食组：正常饮食。

2. 处死动物　用颈椎脱位法处死动物，立即剖腹取出肝脏，0.9% NaCl 洗去血污，滤纸吸干水分后准确称取饥饿鼠肝组织 0.6g，饱食鼠肝组织 0.4g。

3. 糖原提取　取 15ml 大试管 2 支，编号，各加入 30% KOH 1.5ml，将称取的饥饿和饱食鼠肝组织分别放入上述 2 支试管中。沸水浴 20min，每隔 5min 振摇试管 1 次。待肝组织全部溶解后取出冷却，分别将管内容物移入 2 只 100ml 容量瓶中，定容至刻度，仔细混匀。

4. 糖原测定 取试管 4 支,标号,按表 8-5 操作。

表 8-5　糖原含量测定

试剂(ml)	空白管	标准管	饥饿管	饱食管
糖原提取物	-	-	1.0	1.0
葡萄糖标准液	-	1.0	-	-
蒸馏水	2.0	1.0	1.0	1.0
0.2% 蒽酮	4.0	4.0	4.0	4.0

混匀,沸水浴 10min,冷却后以空白管调零,于 620 nm 波长处读取吸光度值。

【计算】

$$100 \text{ 肝组织含糖原}(g) = \frac{\text{测定管吸光度}(A_{620nm})}{\text{标准管吸光度}(A_{620nm})} \times 1 \times \frac{100}{\text{肝重}} \times \frac{100}{1} \times \frac{1}{1000} \times 1.11$$

注:1.11 是此法测得葡萄糖含量换算为糖原含量的常数,即 111 μg 糖原用蒽酮试剂显色相当于 100 μg 葡萄糖用蒽酮试剂所显示的颜色。

【注意事项】

(1) 肝组织必须在沸水浴中全部溶解,否则影响比色。

(2) 注意定量转移,吸取量要准确。

【预习报告】

请回答下列问题:

(1) 请分别阐述肝糖原和肌糖原在体内的作用。

(2) 不同生理状态下,机体肝糖原代谢有何不同?

(3) 胰高血糖素、肾上腺素分泌时,糖原合成和分解途径有什么变化?

实验四　实 验 设 计

请设计一个实验:利用你掌握的血糖浓度测定的方法自拟题目设计一个实验,要求:①选择合适的实验动物;②能够反应激素对血糖浓度的调节作用(至少选择一种激素);③写出实验目的和实验原理;④设计实验方案;⑤列出血糖计算的方法;⑥需要哪些试剂和器材。

第四部分　复习与实践

(一) 单选题 A1 型题(最佳肯定型选择题)

1. 正常生理条件下,人体内的主要能源物质是( )
A. 脂肪　　　　　B. 脂肪酸
C. 葡萄糖　　　　D. 蛋白质
E. 氨基酸

2. 人体内糖酵解途径的最终产物是( )
A. 乳酸　　　　　B. 乙酰辅酶 A
C. 丙酮酸　　　　D. CO_2 和 H_2O

E. 乙醇

3. 糖酵解中的关键酶是( )
A. 己糖激酶,3-磷酸甘油醛脱氢酶,醛缩酶
B. 6-磷酸果糖激酶 1,己糖激酶,醛缩酶
C. 丙酮酸激酶,6-磷酸果糖激酶-2,己糖激酶
D. 己糖激酶,6-磷酸果糖激-1,丙酮酸激酶
E. 3-磷酸甘油醛脱氢酶,醛缩酶,葡萄糖激酶

4. 一分子葡萄糖酵解时净生成 ATP 数为( )

A. 1个　　　　　　B. 2个

C. 3个　　　　　　D. 4个

E. 5个

5. 糖酵解时下列哪一对代谢物提供~P使ADP生成ATP（　　）

A. 3-磷酸甘油醛及6-磷酸果糖

B. 1,3-二磷酸甘油酸及磷酸烯醇式丙酮酸

C. 3-磷酸甘油醛及6-磷酸葡萄糖

D. 1-磷酸葡萄糖及磷酸烯醇式丙酮酸

E. 1,6-双磷酸果糖及1,3-二磷酸甘油酸

6. 6-磷酸果糖激酶-1的最强别构激活剂是（　　）

A. AMP　　　　　B. ADP

C. 2,6-双磷酸果糖　　D. ATP

E. 1,6-双磷酸果糖

7. 一分子葡萄糖彻底氧化为CO_2和H_2O时净生成ATP数为（　　）

A. 18个　　　　　B. 24个

C. 28个　　　　　D. 30个或32个

E. 40个

8. 1分子丙酮酸在体内完全氧化能生成ATP的数量是（　　）

A. 2　　　　　　B. 8

C. 12　　　　　　D. 11

E. 15

9. 下列关于三羧酸循环的叙述中,正确的是（　　）

A. 循环一周可生成4分子$NADH+H^+$

B. 循环一周可使2个ADP磷酸化成ATP

C. 乙酰CoA可与草酰乙酸进行糖异生

D. 丙二酸可抑制延胡索酸转变成苹果酸

E. 琥珀酰CoA是α-酮戊二酸氧化脱羧的产物

10. 下列反应与氧化磷酸酸化结合,产生ATP最少的是（　　）

A. 丙酮酸 → 乙酰辅酶A

B. 异柠檬酸 → α-酮戊二酸

C. α-酮戊二酸 → 琥珀酰CoA

D. 苹果酸 → 草酰乙酸

E. 琥珀酸 → 延胡索酸

11. 1分子乙酰CoA经三羧酸循环氧化后的产物是（　　）

A. 草酰乙酸　　　　B. 草酰乙酸和CO_2

C. CO_2和H_2O　　　D. 草酰乙酸、CO_2和H_2O

E. $2CO_2$和4分子还原当量

12. 下列三羧酸循环反应中伴有底物水平磷酸化的是（　　）

A. 柠檬酸 → α-酮戊二酸

B. 琥珀酰CoA → 琥珀酸

C. 延胡索酸→苹果酸

D. 苹果酸 → 草酰乙酸

E. 琥珀酸 → 延胡索酸

13. 调节三羧酸循环速率和流量最重要的酶是（　　）

A. 柠檬酸合成酶

B. α-酮戊二酸脱氢酶复合体

C. 苹果酸脱氢酶

D. 异柠檬酸脱氢酶和α-酮戊二酸脱氢酶复合体

E. 丙酮酸脱氢酶

14. 糖在动物体内的储存形式（　　）

A. 糖原　　　　　B. 淀粉

C. 葡萄糖　　　　D. 蔗糖

E. 乳糖

15. Cori循环是指（　　）

A. 肌肉内葡萄糖酵解成乳酸,有氧时乳酸重新合成糖原

B. 肌肉从丙酮酸生成丙氨酸,肝内丙氨酸重新变成丙酮酸

C. 肌肉内蛋白质降解生成丙氨酸,经血液循环至肝内异生为糖原

D. 肌肉内葡萄糖酵解成乳酸,经血液循环至肝内异生为葡萄糖供外周组织利用

E. 肌肉内蛋白质降解生成氨基酸,经转氨酶与腺苷酸脱氨酶偶联脱氨基的循环

16. 细胞内产生ATP的主要部位在（　　）

A. 胞液　　　　　B. 线粒体

C. 微粒体　　　　D. 内质网

E. 细胞核

17. 生物体内ATP生成的方式有几种（　　）

A. 1种　　　　　B. 2种

C. 3种　　　　　D. 4种

E. 5种

18. 巴斯德效应(Pasteur效应)是指（　　）

A. 酵解抑制有氧氧化

B. 有氧氧化抑制酵解

C. 有氧氧化与酵解无关

D. 有氧氧化与耗氧量成正比

E. 磷酸戊糖途径

19. 红细胞中还原型谷胱甘肽不足,易引起溶血,原因是缺乏（　　）

A. 葡萄糖激酶　　　B. 果糖二磷酸酶

C. 磷酸果糖激酶　　D. 6-磷酸葡萄糖脱氢酶

E. 2,3-二磷酸甘油酸磷酸酶

20. 1 分子葡萄糖经磷酸戊糖途径代谢时可生成
(   )

A. 1 分子 NADH + H⁺   B. 2 分子 NADH + H⁺

C. 1 分子 NADPH +H⁺   D. 2 分子 NADPH + H⁺

E. 2 分子 CO_2

21. 磷酸戊糖途径(   )

A. 是体内产生 CO_2 的主要来源

B. 可生成 NADPH 供合成代谢需要

C. 是体内生成糖醛酸的途径

D. 饥饿时葡萄糖经此途径代谢增加

E. 可生成 NADPH,后者经电子传递可生成 ATP

22. 合成糖原时,葡萄糖基的直接供体是(   )

A. CDPG   B. UDPG

C. 1-磷酸葡萄糖   D. GDPG

E. 6-磷酸葡萄糖

23. 从葡萄糖合成糖原时,每加上 1 个葡萄糖残基
需消耗几个高能磷酸键(   )

A. 1   B. 2

C. 3   D. 4

E. 5

24. 肌糖原不能补充血糖,是因为肌肉缺乏(   )

A. 葡萄糖-6-磷酸酶   B. 6-磷酸葡萄糖脱氢酶

C. 葡萄糖激酶   D. 己糖激酶

E. 果糖二磷酸酶

25. 糖酵解和糖异生途径中都有的酶是(   )

A. 3-磷酸甘油醛脱氢酶   B. 己糖激酶

C. 丙酮酸激酶   D. 果糖二磷酸酶

E. 丙酮酸羧化酶

26. 丙酮酸羧化酶的别构激活剂是(   )

A. ATP   B. 1,6-二磷酸果糖

C. 乙酰辅酶 A   D. AMP

E. 丙酮酸

27. 从葡萄糖直接酵解与糖原的葡萄糖基进行糖酵
解相比(   )

A. 葡萄糖直接酵解多净生成 1 个 ATP

B. 葡萄糖直接酵解少净生成 1 个 ATP

C. 两者生成的 ATP 相等

D. 葡萄糖直接酵解多净生成 2 个 ATP

E. 葡萄糖直接酵解少净生成 2 个 ATP

28. 糖原分解的关键酶是(   )

A. 分支酶   B. 脱支酶

C. 磷酸化酶   D. 磷酸化酶 b 激酶

E. 葡萄糖-6-磷酸酶

29. 糖原分解所得到的初产物是(   )

A. 葡萄糖   B. UDPG

C. 1-磷酸葡萄糖   D. 6-磷酸葡萄糖

E. 1-磷酸葡萄糖及葡萄糖

30. 糖原合成的限速酶是(   )

A. UDPG 焦磷酸化酶   B. 磷酸化酶

C. 己糖激酶   D. 糖原合成酶

E. 分支酶

31. 2 分子丙氨酸异生为葡萄糖需消耗几个 ~P(
)

A. 2   B. 3

C. 4   D. 5

E. 6

32. 葡萄糖与甘油之间的代谢中间产物是(   )

A. 丙酮酸   B. 3-磷酸甘油酸

C. 磷酸二羟丙酮   D. 乳酸

E. 脂肪

33. 2 分子乳酸异生成糖消耗多少分子 ATP (   )

A. 2   B. 3

C. 4   D. 5

E. 6

34. 为什么成熟红细胞仅靠糖酵解供能(   )

A. 红细胞中无氧或缺氧   B. 无线粒体

C. 缺少丙酮酸脱氢酶系   D. 无微粒体

E. 无细胞核

35. 关于尿糖,哪项说法是正确的(   )

A. 尿糖阳性,血糖一定也升高

B. 尿糖阳性肯定是由于肾小管重吸收功能障碍

C. 尿糖阳性一定就是有糖代谢紊乱

D. 尿糖阳性是诊断糖尿病的唯一依据

E. 以上都不对

36. 饥饿早期维持血糖水平主要靠(   )

A. 肝糖原合成   B. 肝糖原分解

C. 肠道吸收葡萄糖   D. 肌糖原分解

E. 肌糖原合成

37. 三大营养物质分解代谢的最后通路是(   )

A. 糖的有氧氧化   B. 三羧酸循环

C. β-氧化   D. 糖原合成

E. 磷酸戊糖途径

38. 血糖主要指血中所含的(   )

A. 葡萄糖   B. 甘露糖

C. 半乳糖   D. 果糖

E. 蔗糖

39. 在血糖偏低时,大脑仍可摄取葡萄糖而肝脏则

不能,其原因是( )

A. 胰岛素的作用

B. 己糖激酶的 K_m 高

C. 葡萄糖激酶的 K_m 低

D. 血-脑屏障在血糖低时不起作用

E. 血糖低时,肝糖原自发分解为葡萄糖

40. 血糖调节最重要的器官是( )

A. 肌肉　　　　B. 脂肪组织

C. 肾脏　　　　D. 胰腺

E. 肝脏

(二)单选题 A2 型题(最佳否定型选择题)

1. 丙酮酸脱氢酶复合体中不包括( )

A. FAD　　　　B. NAD$^+$

C. 生物素　　　D. 辅酶 A

E. 硫辛酸

2. 关于三羧酸循环过程的作用叙述错误的是( )

A. 循环一周可生成 3 个 NADH+H$^+$

B. 循环一周可生成 2 个 ATP

C. 是产生还原当量的主要部位

D. 循环一周氧化一分子乙酰基

E. 琥珀酰 CoA 是 α-酮戊二酸转变为琥珀酸时的中间产物

3. 下列酶的辅酶不包括 NAD$^+$ 的是( )

A. 苹果酸脱氢酶　　B. 苹果酸酶

C. 6-磷酸葡萄糖脱氢酶　D. 异柠檬酸脱氢酶

E. 丙酮酸脱氢酶复合体

4. NADPH+H$^+$ 的生理意义不包括( )

A. 为脂酸合成提供氢

B. 参与加单氧酶的反应

C. 维持谷胱甘肽的还原状态

D. 氧化磷酸化产生大量 ATP

E. 参与合成非必需氨基酸

5. 关于磷酸化酶的叙述,错误的是( )

A. 葡萄糖是其变构抑制剂

B. 胰高血糖素使该酶活性增加

C. 肌肉中该酶主要受肾上腺素的调节

D. 有 a、b 两型

E. 磷酸化和去磷酸化两种形式活性不同

6. 糖异生的原料,不包括( )

A. 乳酸　　　　B. 丙酮酸

C. 亮氨酸　　　D. 琥珀酸

E. α-酮戊二酸

7. 三羧酸循环的直接产物中没有( )

A. ATP　　　　B. GTP

C. CO$_2$　　　　D. FADH$_2$

E. NADH+H$^+$

8. 下列代谢途径不在线粒体进行的是( )

A. 三羧酸循环　　B. 酮体氧化

C. 糖酵解　　　　D. 氧化磷酸化

E. β 氧化

9. 肾上腺素分泌时,不发生下列哪种现象( )

A. 肝糖原分解加强　B. 肌糖原分解加强

C. 血中乳酸浓度增高　D. 糖异生受到抑制

E. 脂肪动员加速

10. 下述因素中,不能降低血糖的是( )

A. 肌糖原合成　　B. 肝糖原合成

C. 胰岛素增加　　D. 糖异生作用

E. 糖的有氧氧化

(三)X 型题(多项选择题)

1. 血糖的来源包括( )

A. 肌糖原分解直接供应　B. 肝糖原分解直接供应

C. 糖异生途径产生　D. 血脂肪动员直接供应

E. 食物中糖消化吸收

2. 下列关于糖酵解的叙述,正确的是( )

A. 所有反应在胞液完成

B. 可以产生 ATP

C. 是由葡萄糖生成丙酮酸的过程

D. 不耗氧

E. 是成熟红细胞中葡萄糖的主要代谢途径

3. 下列哪种维生素衍生物参与丙酮酸脱氢酶系的组成( )

A. 泛酸　　　　B. VitB$_2$

C. VitB$_6$　　　D. VitPP

E. VitC

4. 关于葡萄糖有氧氧化的叙述,正确的是( )

A. 是细胞获能的主要方式

B. 氧供充足时,所有组织细胞的酵解作用均被抑制

C. 葡萄糖有氧氧化的 ATP 主要通过氧化磷酸化获得

D. 有氧氧化的终产物是 CO$_2$ 和 H$_2$O

E. 有氧氧化产生大量还原当量

5. 关于乙酰辅酶 A 的叙述正确的是( )

A. 属于高能化合物　B. 能转变为 CO$_2$

C. 不能自由穿过线粒体膜　D. 是胆固醇合成的原料

E. 氨基酸代谢也能产生乙酰辅酶 A

6. 能进行底物水平磷酸化的反应是( )

A. 1,3-二磷酸甘油酸 → 3-磷酸甘油酸

B. 3-磷酸甘油醛 → 3-磷酸甘油酸

C. 琥珀酰辅酶 A → 琥珀酸

D. 6-磷酸果糖 → 1,6-二磷酸果糖

E. 磷酸烯醇式丙酮酸 → 丙酮酸

7. 关于磷酸戊糖途径的叙述,正确的是(　　)

A. 生成 NADPH 的反应都是由 6-磷酸葡萄糖脱氢酶催化

B. 该途径的关键酶是 6-磷酸葡萄糖脱氢酶

C. 生成的 NADPH 参与生物转化作用

D. 摄入高糖物质时,磷酸戊糖途径的速度加快

E. 是机体补充血糖的主要途径

8. 乳酸循环的生理意义包括(　　)

A. 补充血糖　　　　　B. 防止乳酸堆积

C. 避免燃料浪费　　　D. 避免乳酸酸中毒

E. 促进糖异生

9. 含高能磷酸键的化合物包括(　　)

A. 磷酸烯醇式丙酮酸　　B. AMP

C. 乙酰辅酶 A　　　　　D. 磷酸肌酸

E. 琥珀酰辅酶 A

10. 关于糖原合成的叙述中,正确的是(　　)

A. 糖原合成过程中有焦磷酸生成

B. α-1,6-葡萄糖苷酶催化形成分支

C. 从 1-磷酸葡萄糖合成糖原要消耗~P

D. 葡萄糖的直接供体是 UDPG

E. 葡萄糖基加在糖链末端葡萄糖的 C_4 上

11. 有关糖异生作用的叙述,正确的是(　　)

A. 由非糖物质转变为葡萄糖的过程

B. 肝组织糖异生产生的糖能维持血糖浓度

C. 要越过糖酵解的三个能障反应

D. 在线粒体和胞液中共同完成

E. 肾脏也能进行糖异生反应

12. 可产生乙酰辅酶 A 的物质有(　　)

A. 脂肪酸　　　　　B. 酮体

C. 葡萄糖　　　　　D. 甘油

E. 谷氨酸

13. 6-磷酸果糖激酶-1 的别构抑制剂是(　　)

A. 1,6-二磷酸果糖　　B. 2,6-二磷酸果糖

C. ATP　　　　　　D. AMP

E. 柠檬酸

14. 关于胰岛素的叙述,正确的是(　　)

A. 促进葡萄糖进入脂肪、肌肉细胞

B. 能同时促进糖原、脂肪、蛋白质的合成

C. 加速糖的有氧氧化

D. 由胰岛 α 细胞分泌

E. 是体内唯一一降低血糖的激素

15. 关于胰高血糖素的叙述,正确的是(　　)

A. 当分泌增加,能使血糖升高

B. 增加血氨基酸对其分泌无影响

C. 可激活蛋白激酶,抑制糖原合酶

D. 相应受体在细胞膜上

E. 由胰岛 α 细胞分泌

(四) 名词解释

1. glycolysis　　　　**2.** glycolytic pathway

3. aerobic oxidation　**4.** tricarboxylic acid cycle

5. Pasteur effect　　　**6.** gluconeogenesis

7. lactate cycle　　　**8.** phosphopentose pathway

9. substrate-level phosphorylation

(五) 简答题

1. 简述磷酸戊糖途径的生理意义。

2. 简述糖异生的生理意义。

3. 简述三羧酸循环的特点及生理意义。

4. 糖异生过程是否为糖酵解的逆反应?为什么?

5. 在糖代谢过程中生成的丙酮酸可进入哪些代谢途径?

6. 乙酰 CoA 的来源与去路有哪些?

7. 试说明丙氨酸的转变成糖过程。

8. 简述乳酸循环形成的原因及生理意义。

9. 为什么说三羧酸循环是糖、脂、蛋白质三大营养物质代谢的共同通路?

(六) 论述题

1. 叙述血糖的来源和去路,哪些激素在维持血糖浓度上有重要影响?它们是如何调节血糖浓度的?

2. 列表比较糖酵解与有氧氧化进行的部位、反应条件、关键酶、产物、能量生成及生理意义。

参 考 答 案

(一) 单选题 A1 型题(最佳肯定型选择题)

1. C　2. A　3. D　4. B　5. B　6. C　7. D　8. E

9. E　10. E　11. E　12. B　13. D　14. A　15. D

16. B　17. B　18. B　19. D　20. D　21. B　22. B

23. B　24. A　25. A　26. C　27. B　28. C　29. C

30. D　31. E　32. C　33. E　34. B　35. E　36. B

37. B　38. A　39. C　40. E

（二）单选题 A2 型题（最佳否定型选择题）

1. C 2. B 3. C 4. D 5. A 6. C 7. A 8. C
9. D 10. D

（三）X 型题（多项选择题）

1. BCE 2. ABDE 3. ABD 4. ACDE 5. ABCDE
6. ACE 7. BCD 8. ABCDE 9. ACDE 10. ACDE
11. ABCDE 12. ABCDE 13. CE 14. ABCE
15. ACDE

（四）名词解释

（略）

（五）简答题

1. 答题要点：生成①5-磷酸核糖参与核苷酸及核酸的生物合成和；②NADPH+H⁺作为供氢体参与机体合成代谢、羟化反应及维持谷胱甘肽的还原状态。

2. 答题要点：①维持血糖浓度恒定；②补充肝糖原；③调节酸碱平衡。

3. 答题要点：①4 次脱氢，脱下的氢原子以 NADH（H⁺）和 FADH₂ 的形式进入呼吸链；②每循环一次，净结果为 1 个乙酰基通过两次脱羧而被消耗；③三个限速酶：柠檬酸合酶、α-酮戊二酸脱氢酶复合体和异柠檬酸脱氢酶；④一次底物水平磷酸化；⑤单向不可逆循环；⑥中间产物起催化剂作用。生理意义：①三大营养物质氧化分解的共同途径；②三大营养物质代谢联系的枢纽；③为其他物质代谢提供小分子前体；④为呼吸链提供质子和电子。

4. 答题要点：糖酵解过程中有三步不可逆反应，在糖异生途径之中须由另外的反应和酶代替。这三步反应是：①丙酮酸转变成磷酸烯醇式丙酮酸，由 2 个反应组成，分别由丙酮酸羧化酶和磷酸烯醇式丙酮酸羧激酶催化；②1,6-双磷酸果糖转变成 6-磷酸果糖，由果糖双磷酸酶催化；③6-磷酸葡萄糖水解为葡萄糖，由葡萄糖-6-磷酸酶催化。

5. 答题要点：①可与 NADH 在乳酸脱氢酶作用下转变成乳酸；②可在丙酮酸脱氢酶复合体的作用下变成乙酰辅酶 A；③在谷丙转氨酶作用下转变为丙氨酸进入氨基酸代谢；④少数丙酮酸又会逆向变成葡萄糖（糖异生）；⑤丙酮酸先转变为乙酰辅酶 A，然后进入脂肪酸合成代谢。

6. 答题要点：乙酰 CoA 的来源：糖、脂肪、氨基酸及酮体分解产生。乙酰 CoA 的去路：①进入三羧酸循环彻底氧化生成 CO₂ 和 H₂O 并释放能量；②合成脂肪酸、胆固醇及酮体。

7. 答题要点：①谷丙转氨酶催化：丙氨酸 → 丙酮酸；②丙酮酸羧化酶催化：丙酮酸 → 草酰乙酸，后者还原为苹果酸；③苹果酸出线粒体：苹果酸 → 草酰乙酸；④磷酸烯醇式丙酮酸羧激酶催化：草酰乙酸 → 磷酸烯醇式丙酮酸，后者沿糖酵解途径逆行为果糖-1,6-二磷酸；⑤果糖-1,6-二磷酸酶催化：果糖-1,6-二磷酸 → 果糖-6-磷酸；⑥果糖-6-磷酸→葡萄糖-6-磷酸，经葡萄糖-6-磷酸酶催化生成葡萄糖。

8. 答题要点：乳酸循环的形成是由于肝脏和肌肉组织中酶的特性所致。肝内糖异生很活跃，又有葡萄糖-6-磷酸酶可水解 6-磷酸葡萄糖，释放出葡萄糖。肌肉组织中除糖异生的活性很低外，又没有葡萄糖-6-磷酸酶，所以产生的乳酸不能异生为糖。生理意义：①乳酸再利用，避免了乳酸的损失；②防止乳酸的堆积引起酸中毒。

9. 答题要点：①任何营养物质要想彻底氧化分解，必须转变成乙酰辅酶 A 的形式进入三羧酸循环，三羧酸循环是糖、脂、蛋白质三大营养物质的共同氧化分解途径；②三羧酸循环为糖、脂、蛋白质三大物质合成代谢提供原料。

（六）论述题

1. 答题要点：血糖的来源：①食物中的糖类物质经消化吸收入血（主要来源）；②肝储存的糖原分解成葡萄糖入血（空腹时血糖的直接来源）；③禁食时以甘油、某些有机酸及生糖氨基酸为主的非糖物质，异生为葡萄糖。血糖的去路：①氧化分解供能（主要去路）；②肝、肌肉等组织可将葡萄糖合成糖原（糖的储存形式）；③转变为非糖物质（脂肪、非必需基酸等）；④转变成其他糖及糖衍生物（核糖、脱氧核糖、氨基多糖、糖醛酸等）；⑤当血糖浓度高于 8.9mmol/L 时随尿排出（糖尿）。

调节血糖的激素：①降糖——胰岛素：增加肌肉和脂肪组织细胞膜对葡萄糖的通透性，促进血糖进入细胞，加速葡萄糖的氧化分解；促进糖原合成；抑制糖异生；促使糖转变为脂肪。②升糖：胰高血糖素、糖皮质激素和肾上腺素。胰高血糖素：提高靶细胞内 cAMP 含量来调节血糖浓度。胞内 cAMP 可激活依赖 cAMP 的蛋白激酶，后者通过酶蛋白的磷酸化修饰改变酶的活性，激活糖原分解和糖异生的关键酶，抑制糖原合成和糖氧化的关键酶，升高血糖；激活脂肪组织的激素敏感性脂肪酶，加速脂肪的动员和氧化供能，减少组织对糖的利用。糖皮质激素：促进肌肉蛋白质分解，产生的氨基酸在肝进行糖异生；抑制肝外组织摄取和利用葡萄糖；促进脂肪动员的激素，间接抑制周围组织摄取葡萄糖。肾上腺素：应激状态下发挥调节作用，通过肝和肌肉的细胞膜受体、cAMP、蛋白激酶级联激活磷酸化酶,加速糖原分解。

2. 答题要点:见表 8-6。

表 8-6　糖酵解与糖有氧氧化的比较

	糖酵解	糖有氧氧化
反应条件	供氧不足	有氧情况
反应部位	胞液	胞液和线粒体
关键酶	已糖激酶,6-磷酸果糖激酶-1,丙酮酸激酶	已糖激酶,6-磷酸果糖激酶-1,丙酮酸激酶,丙酮酸脱氢酶复合体,柠檬酸合成酶,异柠檬酸脱氢酶,α-酮戊二酸脱氢酶复合体
产物	乳酸、ATP	CO_2、H_2O 和 ATP
能量	1mol 葡萄糖净生成 2molATP	1mol 葡萄糖净生成 30mol 或 32mol ATP
生理意义	迅速供能;某些组织依赖	是机体获取能量的主要方式

（赵　薇　裴秀英）

第九章 生物氧化

第一部分 实验预习

一、生物氧化概况

生物氧化(biological oxidation)是指糖、脂肪、蛋白质等在体内氧化分解生成二氧化碳和水并逐步释放能量的过程。其中有相当一部分能量可使 ADP 磷酸化生成 ATP,供生命活动之需,其余能量主要以热能形式释放,可用于维持体温。生物氧化中物质的氧化方式有加氧、脱氢、失电子,遵循氧化还原反应的一般规律。生物氧化的特点:①生物氧化是在细胞内温和的环境中(体温,pH 接近中性),在一系列酶的催化下逐步进行的。②能量逐步释放。有利于机体捕获能量提高 ATP 生成的效率。生物氧化过程中进行广泛的加水脱氢反应使物质能间接获得氧,并增加脱氢的机会。体外氧化(燃烧)产生的 CO_2,H_2O 由物质中的碳和氢直接与氧结合生成,能量是突然释放的。③生物氧化中生成的水是由脱下的氢与氧结合产生的。④CO_2 由有机酸脱羧产生。⑤原核生物的生物氧化在细胞膜上进行,真核生物在线粒体内进行。

二、生成 ATP 的氧化体系

代谢物脱下的成对氢原子(2H)通过多种酶和辅酶所催化的连锁反应逐步传递,最终与氧结合生成水。由于此过程与细胞呼吸有关,所以将此传递链称为呼吸链(respiratory chain)。它们按一定顺序排列在线粒体内膜上。其中传递氢的酶或辅酶称之为递氢体,传递电子的酶或辅酶称之为电子传递体。不论递氢体还是电子传递体都起传递电子的作用($2H \Longleftrightarrow 2H^+ + 2e$),所以呼吸链又称电子传递链(electron transfer chain)。

1. 呼吸链的组成 四种具有传递电子功能的酶复合体(complex),泛醌(又称辅酶 Q)和 Cytc 均不包含在上述四种复合体中。

复合体Ⅰ:将电子从 NADH 传递给泛醌(ubiquinone)。

复合体Ⅱ:将电子从琥珀酸传递给泛醌。

复合体Ⅲ:将电子从泛醌传递给细胞色素 c。

复合体Ⅳ:将电子从细胞色素 c 传递给氧。

2. 呼吸链的排列顺序

(1) NADH 氧化呼吸链:NADH →复合体Ⅰ→CoQ→复合体Ⅲ→Cytc→复合体Ⅳ→O_2。

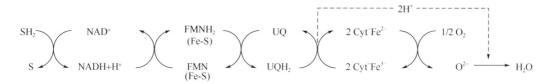

（2）琥珀酸氧化呼吸链:琥珀酸 →复合体Ⅱ → CoQ→复合体Ⅲ→Cyt c →复合体Ⅳ→O₂。

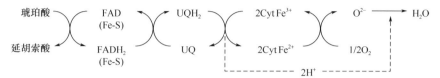

3. 胞液中 NADH 的氧化 NADH 必须通过线粒体内膜上的呼吸链,其中的氢才能被氧化成水,但是在胞液中形成的 NADH(见糖代谢)不能自由透过线粒体内膜,因此线粒体外的 NADH 尚需通过穿梭系统才能将氢带入线粒体内,而后进行氧化。现已证实,动物体内有下列两种主要的穿梭系统。

（1）苹果酸-天冬氨酸穿梭系统(图 9-1)。

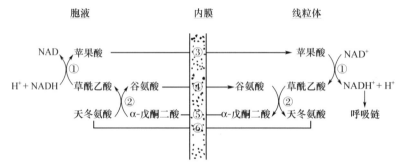

图 9-1　苹果酸-天冬氨酸穿梭系统示意图
①苹果酸脱氢酶;②谷草转氨酶;③~⑥线粒体内膜上的不同转位酶

（2）α-磷酸甘油穿梭系统(图 9-2)。

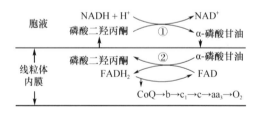

图 9-2　α-磷酸甘油穿梭系统示意图
①胞液中 α-磷酸甘油脱氢酶(辅基为 NAD⁺);②线粒体内 α-磷酸甘油脱氢酶(辅基为 FAD)

三、ATP 的 生 成

1. 高能化合物 高能键是指水解时产生较多能量($>21kJ/mol$)的化学键,用"~"符号表示。含高能磷酸键的化合物称为高能磷酸化合物。

2. ATP 的生成

（1）底物水平磷酸化(substrate level phosphorylation):代谢物在氧化分解过程中,因脱氢或脱水而引起分子内能量重新分布,产生高能键,然后将高能键转移给 ADP 生成 ATP 的过程。

（2）氧化磷酸化(oxidative phosphorylation):代谢物脱下的 2H⁺,经呼吸链氧化为水时所释放的能量与 ADP 磷酸化生成 ATP 储能相偶联的过程称为氧化磷酸化。它是体内生成

ATP 的最主要方式。氧化磷酸化的偶联部位有三个,分别是:NADH 与辅酶 Q 之间;细胞色素 b 与细胞色素 c 之间;细胞色素 aa_3 与 O_2 之间。

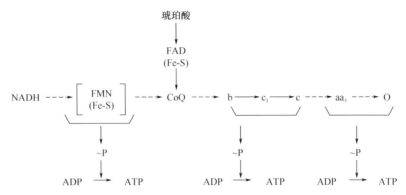

氧化磷酸化偶联机制有:①化学渗透假说:电子经过呼吸链传递时,可将质子(H^+)从线粒体内膜的基质侧泵到内膜外侧,产生膜内外质子电化学梯度(H^+ 浓度梯度和跨膜电位差),以此储存能量,当质子顺浓度回流时驱动 ADP 与 Pi 生成 ATP。②ATP 合酶:由亲水部分 F_1($\alpha_3\beta_3\gamma\delta\varepsilon$ 亚基)和疏水部分 F_0($a_1b_2c_{9\sim12}$ 亚基)组成。当 H^+ 顺浓度梯度经 F_0 中 a 亚基和 c 亚基之间回流时,γ 亚基发生旋转,3 个 β 亚基的构象发生改变,最终生成 ATP。

影响氧化磷酸化的因素有:①呼吸链抑制剂:阻断呼吸链中某些部位电子传递。②解偶联剂:使氧化与磷酸化偶联过程脱离。③氧化磷酸化抑制剂:对电子传递及 ADP 磷酸化均有抑制作用。④ADP 的调节作用:ADP 浓度增高,氧化磷酸化速度加快;ADP 不足,氧化磷酸化速度减慢。⑤甲状腺素:诱导细胞膜上 Na^+,K^+-ATP 酶的生成,使 ATP 加速分解为 ADP 和 Pi。ADP 增多,促进氧化磷酸化。⑥线粒体 DNA 突变:mtDNA 突变影响呼吸链氧化磷酸化复合体中多肽链的生物合成。

$$代谢物\to NAD\to \left[\begin{matrix}FMN\\Fe\text{-}S\end{matrix}\right]\to CoQ\to b\to c_1\to c\to aa_3\to O_2$$

阿米妥　抗霉素A　CO
(异戊巴比妥)　　　　CN^-
鱼藤酮　　　　　　 N_3^-

3. 能量的储存和利用形式　生物体内能量的储存和利用都以 ATP 为中心。为糖原、磷脂、蛋白质合成时提供能量的 UTP、CTP、GTP 一般不能从物质氧化过程中直接生成,只能在核苷二磷酸激酶的催化下,从 ATP 中获得 ~P。另外,当体内 ATP 消耗过多(例如肌肉剧烈收缩)时,ADP 累积,在腺苷酸激酶(adenylate kinase)催化下由 ADP 转变成 ATP 被利用。此反应是可逆的,当 ATP 需要量降低时,AMP 从 ATP 中获得 ~P 生成 ADP。除此,ATP 还可将 ~P 转移给肌酸生成磷酸肌酸(creatine phosphate,CP),作为肌肉和脑组织中能量的一种储存形式,当机体消耗 ATP 过多而致 ADP 增多时,磷酸肌酸将 ~P 转移给 ADP,生成 ATP,供生理活动之用。

四、其他氧化体系

(1) 需氧脱氢酶和氧化酶。
(2) 过氧化物酶体中的酶类:过氧化氢酶和过氧化物酶。

（3）超氧物歧化酶（SOD）。

（4）微粒体中的酶类：加单氧酶和加双氧酶。

第二部分 知识链接与拓展

一、线 粒 体 病

线粒体病是指原发性线粒体功能不全所致的异常综合征，表现为临床、形态学、生物化学和遗传学方面的异常。一般认为其发病机理是因线粒体产生三磷腺苷（ATP）的能力进行性下降，导致生物组织器官能量不足和受累组织坏死。

遗传分类法将线粒体病分为两大类：一类是遗传性线粒体病，主要有核 DNA 缺陷、线粒体 DNA 缺陷和基因间信息缺陷三种；另一类是获得性线粒体病，主要是由于毒素、药物及年龄因素引起。

线粒体病在临床上呈多系统受累的表现，主要表现为以下四个方面的缺陷：脂肪酸氧化缺陷、丙酮酸代谢缺陷、呼吸链缺陷和线粒体 DNA 缺陷。和生物氧化相关的呼吸链缺陷则又可分为复合物 I 缺陷、复合物 II 缺陷、复合物 III 缺陷和复合物 IV 缺陷 4 种。各类缺陷临床表现有所不同，但均表现为肌病形式和多系统紊乱的形式。肌病的形式主要表现为机体衰弱、单纯性肌病和进行性呼吸功能不全。多系统紊乱多表现为乳酸酸中毒、肌张力低下、生长发育迟缓、心力衰竭、抽搐、听力丧失和共济失调。

二、新生儿硬肿症

新生儿硬肿症又称"新生儿寒冷损伤综合征"，由于寒冷或（和）多种疾病所致的一种临床症候群，以低体温和皮肤及皮下脂肪组织硬化水肿为特征，同时伴有反应低下、拒乳、哭声弱、四肢全身冰冷等症状，重症可以并发多器官功能衰竭。其主要病因为人类及哺乳动物中含有大量线粒体的棕色脂肪组织，该组织线粒体内膜中存在解偶联蛋白，它是生物氧化过程中氢离子返回线粒体基质的通道，同时能释放热量，因此视棕色脂肪组织为产热御寒组织。新生儿硬肿症是因为缺乏棕色脂肪组织，故不能维持正常体温而使得皮下脂肪凝固，加之新生儿缺乏寒战反应，寒战时主要靠棕色脂肪分解产热维持体温，但寒冷时间过长，棕色脂肪耗尽，产热能力下降，从而引发上述临床表现。

案例 9-1

患儿，男，出生后 7 天，体重 3.0kg，就诊时为生后 14 天。因不哭，体温不升，下肢硬肿 3 天入院。该患儿为第二胎第二产，生后无窒息，阿氏评分为 10 分。入院前 3 天，患儿突然出现哭声减少，进乳次数减少，睡眠时间延长。近 2 日不哭，睡眠时相缩短，醒后吮吸乳少，吸吮无力，并伴体温不升，下肢硬肿。二便次数减少。查体：T<30℃，P 80 次/分，R 20 次/分，神清，面色苍白，反应迟钝，觅食反射消失，吸吮反射及吞咽反射存在。双眼睑水肿，面颊及下颌部硬促，口唇无发绀，双侧气管呼吸音清晰，心音纯，节律整，心率 80 次/分，瓣膜听诊区未闻病理性杂音，腹软，耻骨联合部硬肿，双下肢及臀部硬肿，皮肤苍白。临床诊断为硬肿症。

问题与思考：

（1）患者为什么出现下肢硬肿？

（2）一般的治疗原则是什么？

（3）如何从生物化学的角度来解释体温偏低？

三、CO 中 毒

CO 被吸入人体后，与人体血液中携带 O_2 的血红蛋白（Hb）形成稳定的络合物，而且 CO 与 Hb 的亲和能力是 O_2 与 Hb 的亲和能力的 230~270 倍，CO-Hb 络合物一旦形成，血红蛋白丧失了输送氧的能力，阻碍了生命所需氧气的供应，使人体内部组织缺氧而引起中毒。中毒的症状与个人的身体强弱，空气中 CO 浓度及中毒的时间长短有关分为急性和慢性两种。当空气中含 CO 浓度较高，人在一个较短时间内吸入了大量 CO，所表现的中毒现象为急性中毒。急性中毒者，皮肤、黏膜、手指有紫红色的斑点，有时还有水泡，尤其以手足部的皮肤最为多见。另一种情况是空气中 CO 的浓度较低，而吸入时间较长，就可能发生轻度中毒现象，如轻度头痛、头晕、眼睛发花、全身无力，在劳动时呼吸急促。继而可出现耳鸣、恶心、呕吐，同时呼吸心跳逐渐变弱。慢性者是在数天或数周后才出现症状，如经常性头晕、健忘，可能出现肢体麻痹和 CO 性脑炎，慢性中毒的另一种情况是在长期低浓度 CO 的空气中工作生活，每天吸入少量的 CO，长期以后，可表现为：贫血、面色苍白、心悸、疲倦无力、消化不良、呼吸表浅、体重减轻、头痛、感觉异常、失眠、记忆力减退等。中毒的程度一般分为轻、中和严重三种情况。轻度者：心跳加快，精神不振，头痛，头晕，有时有恶心、呕吐；中度者：脉搏加快且弱，心慌，眼前昏迷，呼吸急促，烦躁不安，知觉敏感性降低或散失，意识混乱，瞳孔扩大，对光反射迟钝，血液颜色为桃红色，患者处于昏睡状态；严重者，口唇为桃红或紫色，指甲花白，手脚冰凉，脉搏停止，心跳沉闷微弱，失去知觉，瞳孔放大，对光无反应，大小便失禁，处于假死状态。一般采取脱离含 CO 区域，保持呼吸道通畅，脑水肿者可静注甘露醇，辅助静注维生素 C、ATP、辅酶 A 等。中度及严重者应进行高压氧或换血疗法。

案例 9-2

某钢厂职工孙某和郭某未戴个人防护用品到高炉顶检修锅炉，约半小时后锅炉忽然发生一氧化碳气体泄漏，郭某出现中毒症状，孙某发现后立即通知地面人员救援，之后孙某也出现中毒症状，地面人员将二人拖离炉顶，现场给氧并送医院救治，后二人脱离危险。

问题与思考：

（1）CO 中毒的生化机理是什么？

（2）从生物化学的角度来阐述中度及严重者进行高压氧或换血疗法的机理。

四、氰化物中毒

氰化物中毒多是经呼吸道和皮肤进入人体或因食用含氰氢酸的苦杏仁等中毒。氰离子进入体内能迅速与氧化型细胞色素氧化酶的三价铁结合,阻止三价铁细胞色素氧化酶还原成二价铁细胞色素氧化酶,从而阻止了细胞色素的氧化作用,阻止了酶中的 Fe^{3+} 的还原,使电子传递中断,因而抑制了细胞的有氧代谢,导致细胞内窒息。由于中枢神经系统对缺氧最为敏感,故脑神经首先受到损害,呼吸中枢麻痹,这种作用极为迅速,是氰化物中毒的死亡原因。氰化物中毒轻者表现为头痛、头晕、恶心、呕吐、胸闷、短暂意识障碍或青紫;中毒者呼吸困难、发绀、抽搐、昏迷、皮肤湿冷、出现肺水肿、循环衰竭,以致死亡。大剂量的氰化物还有收缩肺部小动脉及冠状动脉的作用,引起心输出量降低和血压下降。一般首先去除毒物的接触(如脱离中毒现场、清洗污染皮肤或洗胃),疑似或轻度者可静脉注射硫代硫酸钠,重度者可选用 4-二甲氨基苯酚肌注后静注硫代硫酸钠。

案例 9-3

患者,男,口服氰化钾 0.5g,立即入院抢救。表现为昏迷,面唇发绀,呼吸急促,口吐白沫,双眼大睁,眼球固定,瞳孔散大,对光反射消失。两肺满布湿性啰音,心率 102～128 次/分,大小便失禁。入院后均立即给氧,亚硝酸异戊酯吸入,硫代硫酸钠静注,高渗糖加维生素 C 静注,细胞色素 C 静注,及支持疗法和对症处理等。住院 56 天痊愈出院。

备注:氰化钾对人的致死量平均为 120mg。

问题与思考:

(1) 氰化物中毒的生化机理是什么?

(2) 从生物化学的角度来阐述静注维生素 C 的机理。

(3) 亚硝酸异戊酯和硫代硫酸钠的作用是什么?

第三部分 实 验

细胞色素体系的氧化作用及 CN⁻ 的抑制作用

【实验目的】

通过本实验可了解细胞色素体系的氧化作用,并观察对此作用的不可逆抑制现象。

【实验原理】

细胞色素(cytochrome,cyt)是一类含铁卟啉辅基的有色蛋白质,广泛存在于细胞内。电子传递链内的细胞色素至少有 b、c_1、c、aa_3 等,组成参与呼吸链氧化还原过程的细胞色素体系。在传递电子的过程中,其分子中的铁原子反复经历还原(接受电子)、氧化(放出电子)反应,最终由细胞色素氧化酶(Cyt aa_3)将电子传给分子氧。氰化物中的 CN^- 可与细胞色素氧化酶的铁原子不可逆结合,使其丧失传递电子的功能,进而抑制细胞色素体系乃至整个呼吸链的氧化作用,所以氰化物有剧毒。

本实验利用细胞色素体系在体外可使对苯二胺氧化,生成暗紫色产物的反应,观察细胞色素体系的氧化作用和对此作用的抑制现象。反应机制如下:

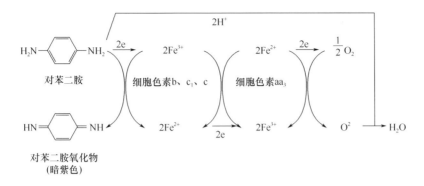

【主要仪器及器材】

试管;研钵;胶头滴管。

【试剂】

（1）0.2%对苯二胺溶液:配法略。

（2）0.01%氰化钾溶液。

【操作】

（1）称取家兔(或牛)心肌4g,放置于研钵中,用剪刀剪碎后,加蒸馏水约5ml及干净的玻璃砂少许,研磨成匀浆状,再次加入蒸馏水约20ml,三层纱布过滤,取滤液备用。

（2）取上述滤液约5ml,加热煮沸后备用。

（3）取小试管4支,做标记,按表9-1顺序依次加入下列各试剂。

表 9-1　氰化钾对呼吸链的抑制作用

试剂(滴)	肌肉提取液	煮沸过的肌肉提取液	0.01%氰化钾	蒸馏水	0.2%对苯二胺
1管	10	–	–	10	10
2管	10	–	10	–	10
3管	–	–	–	20	10
4管	–	10	10	–	10

（4）室温下摇动试管,观察颜色变化并加以解释。

【注意事项】

（1）氰化钾有剧毒,切勿入口,用后注意洗手。

（2）室温较低时,可考虑适当保温以观察结果。

【预习报告】

请回答下列问题:

（1）氰化物中毒对氧化磷酸化的影响是什么?

（2）实验研磨的目的是什么?

（3）4号试管选用煮沸的滤液,其目的是什么?

第四部分　复习与实践

（一）单选题 A1 型题（最佳肯定型选择题）

1. 下列哪种分子中含维生素 B_2（核黄素）（　　）

A. NAD^+
B. $NADP^+$
C. FMN
D. Fe-S
E. CoQ

2. 体外进行实验，底物 CH_3-CHOH-CH_2-COOH 氧化时的 P/O 比值为 2.7，脱下的 2H 从何处进入呼吸链（　　）

A. FAD
B. $Cytaa_3$
C. CoQ
D. Cytb
E. NAD^+

3. 电子按下列各式传递，能偶联磷酸化的是（　　）

A. Cytc→Cyt aa_3
B. CoQ→Cytb
C. $Cytaa_3$→$1/2O_2$
D. 琥珀酸→FAD
E. 以上都不是

4. 下列诸因素影响氧化磷酸化的正确的结果是（　　）

A. 甲状腺激素可使氧化磷酸化作用减低
B. ［ADP］降低可使氧化磷酸化速度加快
C. 异戊巴比妥与 CN^- 抑制呼吸链的相同位点
D. 呼吸控制率可作为观察氧化磷酸化偶联程度的指标
E. 甲状腺功能亢进者体内 ATP 的生成（ADP+Pi→ATP）减少

5. 在调节氧化磷酸化作用中，最主要的因素是（　　）

A. $FADH_2$
B. O_2
C. $Cytaa_3$
D. ［ATP］/［ADP］
E. $NADH+H^+$

6. 各种细胞色素在呼吸链中的排列顺序是（　　）

A. c-b_1-c_1-aa_3-O_2
B. c-c_1-b-aa_3-O_2
C. c_1-c-b-aa_3-O_2
D. b-c_1-c aa_3-O_2
E. b-c-c_1-aa_3-O_2

7. 体内有多种高能磷酸化合物，参与各种供能反应最多的是（　　）

A. 磷酸肌酸
B. ATP
C. PEP
D. UTP
E. CTP

8. 劳动或运动时因消耗 ATP 而大量减少，这时（　　）

A. ADP 相应增加，ATP/ADP 下降，呼吸随之加快
B. ADP 相应减少，以维持 ATP/ADP 恢复正常
C. ADP 大量减少，ATP/ADP 增高，呼吸随之加快
D. ADP 大量磷酸化以维持 ATP/ADP 不变
E. 以上都不对

9. 氰化物中毒的机理在于抑制了下列哪种电子传递途径（　　）

A. 铁硫蛋白传递电子
B. 复合体Ⅰ传递电子
C. 复合体Ⅲ传递电子
D. 细胞色素 c 氧化酶传递电子
E. Cytb 与 $Cytc_1$ 间传递电子

10. 加单氧酶又叫羟化酶或混合功能氧化酶，它的特点是（　　）

A. 将氧分子加入底物，故称加单氧酶
B. 重要参与为细胞提供能量的氧化过程
C. 催化氧分子中的一个原子进入底物，另一个被还原为水
D. 催化底物脱氢，以氧为受体产生 H_2O_2
E. 具有氧化、还原、羟化、水解等多种功能，故称混合功能氧化酶

11. 下列关于细胞色素的叙述，正确的是（　　）

A. 是一类以铁卟啉为辅基的酶
B. 都紧密结合在线粒体内膜上
C. 是呼吸链中的递氢体
D. 在呼吸链中按 Cytb-Cytc-$Cytc_1$-$Cytaa_3$ 排列
E. 又称为细胞色素氧化酶

12. 线粒体氧化磷酸化解偶联是意味着（　　）

A. 线粒体氧化作用停止
B. 线粒体膜 ATP 酶被抑制
C. 线粒体三羧酸循环停止
D. 线粒体能利用氧，但不能生成 ATP
E. 线粒体膜的钝化变性

13. 人体活动主要的直接供能物质是（　　）

A. 葡萄糖
B. 脂肪酸
C. 磷酸肌酸
D. GTP
E. ATP

14. 肝细胞胞液中的 NADH 进入线粒体的机制是（　　）

A. 肉碱穿梭
B. 柠檬酸-丙酮酸循环
C. α-磷酸甘油穿梭
D. 苹果酸-天冬氨酸穿梭
E. 丙氨酸-葡萄糖循环

15. ATP 的储存形式是（　　）

A. 磷酸烯醇式丙酮酸
B. 磷脂酰肌醇

C. 肌酸　　　　　　　　D. 磷酸肌酸

E. GTP

16. P/O 比值是指( )

A. 每消耗一分子氧所需消耗无机磷的分子数

B. 每消耗一分子氧所需消耗无机磷的克数

C. 每消耗一分子氧所需消耗无机磷的克原子数

D. 每消耗一分子氧所需消耗无机磷的克分子数

E. 每消耗一分子氧所需消耗无机磷的克数

17. 在胞浆中进行的和能量代谢有关的代谢是( )

A. 三羧酸循环　　　　　B. 脂肪酸氧化

C. 电子传递　　　　　　D. 糖酵解

E. 氧化磷酸化

18. 电子传递中生成 ATP 的三个部位是( )

A. $FMN \rightarrow CoQ, cytb \rightarrow cytc, cytaa_3 \rightarrow O_2$

B. $FMN \rightarrow CoQ, CoQ \rightarrow cytb, cytaa_3 \rightarrow O_2$

C. $NADH \rightarrow FMN, CoQ \rightarrow cytb, cytaa_3 \rightarrow O_2$

D. $FAD \rightarrow CoQ, cytb \rightarrow cytc, cytaa_3 \rightarrow O_2$

E. $FAD \rightarrow cytb, cytb \rightarrow cytc, cytaa_3 \rightarrow O_2$

19. 2,4-二硝基苯酚抑制细胞代谢的功能,可能由于阻断下列哪一种生化作用所引起( )

A. 糖酵解作用　　　　　B. 肝糖原的异生作用

C. 氧化磷酸化　　　　　D. 柠檬酸循环

E. 以上都不是

(二) 单选题 A2 型题(最佳否定型选择题)

1. 关于生物氧化时能量的释放,错误的是( )

A. 生物氧化过程中总能量变化与反应途径无关

B. 生物氧化是机体生成 ATP 的主要来源方式

C. 线粒体是生物氧化和产能的主要部位

D. 只能通过氧化磷酸化生成 ATP

E. 生物氧化释放的部分能量用于 ADP 的磷酸化

2. 关于氧化呼吸链的叙述中,错误的是哪一个( )

A. 递氢体同时也是递电子体

B. 在传递氢和电子过程中,可偶联 ADP 磷酸化

C. CO 可使整个呼吸链的功能丧失

D. 呼吸链的组分通常按 $E^{o'}$ 值由小到大的顺序排列

E. 递电子体必然也是递氢体

3. 以下是关于 P/O 比值的正确叙述,但例外的是( )

A. 每消耗 1 摩尔氧原子所消耗的无机磷的摩尔数

B. 每消耗 1 摩尔氧原子所消耗的 ADP 的摩尔数

C. 测定某底物的 P/O 比值,可推断其偶联部位

D. 每消耗 1 摩尔氧能生成的 ATP 的摩尔数

E. VitC 通过 Cytc 进入呼吸链,其 P/O 比值为 1

4. 关于化学渗透假说,错误的叙述是( )

A. 必须把内膜外侧的 H^+ 通过呼吸链泵到膜内来

B. 需要在线粒体内膜两侧形成电位差

C. 由 Peter Mitchell 首先提出

D. H^+ 顺浓度梯度由膜外回流时驱动 ATP 的生成

E. 质子泵的作用在于储存能量

5. 关于胞液中还原当量(NADH)经过穿梭作用,错误的是( )

A. NADH 和 NADPH 都不能自由通过线粒体内膜

B. 在骨骼肌中 NADH 经穿梭后绝大多数生成 2.5 分子的 ATP

C. 苹果酸、Glu、Asp 都可参与穿梭系统

D. α-磷酸甘油脱氢酶,有的以 NAD^+ 为辅基,有的以 FAD 为辅基

E. 胞液中的 ADP 进线粒体需经穿梭作用

6. 关于加单氧酶的叙述,错误的是( )

A. 此酶又称羟化酶

B. 发挥催化作用时需要氧分子

C. 该酶催化的反应中有 NADPH

D. 产物中常有 H_2O_2

E. 混合功能氧化酶就是加单氧酶

7. 活细胞不能利用下列哪种能源来维持它们的代谢( )

A. ATP　　　　　　　　B. 糖

C. 脂肪　　　　　　　　D. 周围热量

E. 酮体

(三) X 型题(多项选择题)

1. 下列哪些化合物属于高能磷酸化合物( )

A. 1,6-二磷酸果糖　　　B. 磷酸烯醇式丙酮酸

C. 三磷酸肌醇　　　　　D. 磷酸肌酸

E. 乙酰辅酶 A

2. 同时传递电子和质子的辅酶是( )

A. 辅酶 Q　　　　　　　B. 铁硫蛋白

C. FMN　　　　　　　　D. 细胞色素 aa_3

E. 细胞色素 c

3. 构成 NADH 氧化呼吸链的酶复合体有( )

A. 复合体 I　　　　　　B. 复合体 II

C. 复合体 III　　　　　D. 复合体 IV

E. 以上都是

4. 铁硫蛋白的性质有( )

A. 由 Fe-S 构成活性中心

B. 铁的氧化还原是可逆的

C. 每次传递一个电子

D. 与辅酶 Q 形成复合物存在

E. 每次传递两个质子

5. 下列各条属于生物氧化特点的是( )

A. 能量是逐步释放的

B. 是在有水的环境中进行的

C. 生物氧化可以发生在线粒体内

D. CytP450 也能参与生物氧化反应

E. 以上都不对

6. 呼吸链中与磷酸化偶联的部位是( )

A. $Cytc_1 \rightarrow Cytc$ B. $Cytaa_3 \rightarrow O_2$

C. $NADH \rightarrow CoQ$ D. $Cytb \rightarrow Cytc_1$

E. $FADH_2 \rightarrow CoQ$

7. 抑制呼吸链电子传递的物质有( )

A. 抗霉素 A   B. NaCN

C. 寡霉素   D. 二硝基苯酚

E. 鱼藤酮

8. 下列关于解偶联剂的叙述正确的是( )

A. 可抑制氧化反应

B. 使氧化反应和磷酸化反应脱节

C. 使呼吸加快,耗氧增加

D. 使 ATP 减少

E. 增加磷酸化反应

9. 呼吸链中 Cytc 的特性是( )

A. 其氧化还原电位高于 $Cytc_1$

B. 其化学本质属于蛋白质

C. 它的水溶性好,易从线粒体中提取纯化

D. 其氧化还原电位低于 Cytb

E. 以上都不对

(四) 名词解释

1. biological oxidation   **2.** respiratory chain

3. oxidative phosphorylation   **4.** P/O 比值

5. 高能磷酸键

(五) 简答题

1. 试列表比较体内氧化(生物氧化)与体外氧化的异同。

2. 描述 NADH 氧化呼吸链和琥珀酸氧化呼吸链的组成、排列顺序及磷酸化的偶联部位。

3. 简述氧化磷酸化抑制剂的分类及其各自的作用部位。

4. 胞液中 NADH 通过什么方式进入线粒体? 通过氧化作用可产生多少 ATP?

5. 简述体内 ATP 的生成方式及其各自的概念。

6. 如何理解生物体内的能量代谢是以 ATP 为中心的?

7. 试述体内的能量生成、存储和利用。

8. 试述影响氧化磷酸化的因素及其作用机制。

参 考 答 案

(一) 单选题 A1 型题(最佳肯定型选择题)

1. C   **2.** E   **3.** C   **4.** D   **5.** D   **6.** D   **7.** B   **8.** A

9. D   **10.** C   **11.** A   **12.** D   **13.** E   **14.** D   **15.** D

16. A   **17.** D   **18.** A   **19.** C

(二) 单选题 A2 型题(最佳否定型选择题)

1. D   **2.** E   **3.** D   **4.** A   **5.** B   **6.** D   **7.** D

(三) X 型题(多项选择题)

1. BD   **2.** AC   **3.** ACD   **4.** ABC   **5.** ABCD

6. BCD   **7.** ABE   **8.** BCD   **9.** ABCD

(四) 名词解释

(略)

(五) 简答题

1. 答题要点:生物氧化与体外氧化的相同点:物质在体内外氧化时所消耗的氧量、最终产物和释放的能量是相同的。不同点:生物氧化是在细胞内温和的环境中在一系列酶的催化下逐步进行的,能量逐步释放并伴有 ATP 的生成,将部分能量储存于 ATP 分子中,可通过加水脱氢反应间接获得氧并增加脱氢机会,二氧化碳是通过有机酸的脱羧产生的。生物氧化有加氧、脱氢、脱电子三种方式。体外氧化常是较剧烈的过程,其产生的二氧化碳和水是由物质的碳和氢直接与氧结合生成的,能量是突然释放的。

2. 答题要点:NADH 氧化呼吸链组成及排列顺序: $NADH+H^+ \rightarrow$ 复合体 Ⅰ(FMN、Fe-S) $\rightarrow CoQ \rightarrow$ 复合体 Ⅲ($Cytb_{562}$、b_{566}、c_1、Fe-S) $\rightarrow$ Cytc $\rightarrow$ 复合体 Ⅳ($Cytaa_3$) $\rightarrow O_2$。其有 3 个氧化磷酸化偶联部位,分别是 $NADH+H^+ \rightarrow CoQ$,$CoQ \rightarrow Cytc$,$Cytaa_3 \rightarrow O_2$。琥珀酸氧化呼吸链组成及排列顺序:琥珀酸 $\rightarrow$ 复合体 Ⅱ(FAD、Fe-S、Cytb560) $\rightarrow CoQ \rightarrow$ 复合体 Ⅲ $\rightarrow$ Cytc $\rightarrow$ 复合体 Ⅳ($Cytaa_3$) $\rightarrow O_2$。其有 2 个氧化磷酸化偶联部位,分别是 $CoQ \rightarrow Cytc$,$Cytaa_3 \rightarrow O_2$。

3. 答题要点:氧化磷酸化抑制剂可分为三类,即呼吸抑制剂、磷酸化抑制剂和解偶联剂。①呼吸抑制剂:抗霉素 A 专一抑制 $CoQ \rightarrow Cyt \ c$ 的电子传递。CN、CO、NaN_3 和 H_2S 均抑制细胞色素氧化酶。②磷酸化抑制剂:这类抑制剂抑制 ATP 的合成,抑制了磷酸化也一定会抑制氧化。寡霉素可与 F0 的

OSCP 结合,阻塞氢离子通道,从而抑制 ATP 合成。
③解偶联剂:解偶联剂使氧化和磷酸化脱偶联,氧化仍可以进行,而磷酸化不能进行,解偶联剂作用的本质是增大线粒体内膜对 H^+ 的通透性,消除 H^+ 的跨膜梯度,因而无 ATP 生成。

4. 答题要点:一是 α-磷酸甘油穿梭系统,主要存在于动物骨骼肌、脑等组织细胞中,1.5ATP;二是苹果酸-天冬氨酸穿梭系统,主要存在于动物的肝、肾和心肌细胞的线粒体中,2.5ATP。

5. 答题要点:方式有:氧化磷酸化与底物水平磷酸化的意义。氧化磷酸化作用(oxidative phosphorylation)是指伴随着放能的氧化作用而进行的磷酸化作用,是将生物氧化过程中放出能量转移到 ATP 的过程。底物水平磷酸化:代谢底物在分解代谢中,有少数脱氢或脱水反应,引起代谢物分子内部能量重新分布,形成某些高能中间代谢物,这些高能中间代谢物中的高能键,可以通过酶促磷酸基团转移反应,直接使 ADP 磷酸化生成 ATP,这种作用称为底物水平磷酸化(substrate-level phosphorylation)。

6. 答题要点:如何理解生物体内的能量代谢是以 ATP 为中心的,从两个方面入手:一方面是三大物质代谢的最主要的去路来理解,另一方面就是以 ATP 的生物学功能为核心进行理解,比如参与体内的众多反应途径与各种重要生理过程。

7. 答题要点:糖、脂、蛋白质等各种能源物质经生物氧化释放大量能量,其中约 40% 的能量以化学能的形式储存于一些高能化合物中,主要是 ATP。ATP 的生成主要有氧化磷酸化和底物水平磷酸化两种方式。ATP 是机体生命活动的能量直接供应者,每日要生成和消耗大量的 ATP。在骨骼肌和心肌还可将 ATP 的高能磷酸键转移给肌酸生成磷酸肌酸,作为机体高能磷酸键的储存形式,当机体消耗 ATP 过多时磷酸肌酸可与 ADP 反应生成 ATP,供生命活动之用。

8. 答题要点:①呼吸链抑制剂:鱼藤酮、粉蝶霉素 A、异戊巴比妥与复合体 I 中的铁硫蛋白结合,抑制电子传递;抗霉素 A、二巯基丙醇抑制复合体 III;一氧化碳、氰化物、硫化氢抑制复合体 IV。②解偶联剂:二硝基苯酚和存在于棕色脂肪组织、骨骼肌等组织线粒体内膜上的解偶联蛋白可使氧化磷酸化解偶联。③氧化磷酸化抑制剂:寡霉素可与寡霉素敏感蛋白结合,阻止质子从 F_0 质子通道回流,抑制磷酸化并间接抑制电子呼吸链传递。④ADP 的调节作用:ADP 浓度升高,氧化磷酸化速度加快,反之,氧化磷酸化速度减慢。⑤甲状腺素:诱导细胞膜 Na^+-K^+-ATP 酶生成,加速 ATP 分解为 ADP,促进氧化磷酸化;增加解偶联蛋白的基因表达导致耗氧产能均增加。⑥线粒体 DNA 突变:呼吸链中的部分蛋白质肽链由线粒体 DNA 编码,线粒体 DNA 因缺乏蛋白质保护和损伤修复系统易发生突变,影响氧化磷酸化。

(张继荣 芦晓红)

第十章 脂类代谢

第一部分 实验预习

一、脂类概况

脂类化合物是生物体内一类不溶于水,能溶解于非极性有机溶剂的重要有机化合物。脂类是人体重要的营养素,包括脂肪和类脂两大类。脂肪的功能是储能和供能。类脂包括磷脂、糖脂、胆固醇及胆固醇酯等,它是生物膜的重要组分,参与细胞识别及信息传递,胆固醇等还是体内多种生理活性物质的前体。

二、甘油三酯的代谢

甘油三酯(triglyceride,缩写TG)是长链脂肪酸和甘油形成的脂肪分子。脂肪组织中的甘油三酯在一系列脂肪酶的作用下,分解生成甘油和脂肪酸,并释放入血供其他组织利用的过程,称为脂肪动员。在一系列水解过程中,催化由甘油三酯水解生成甘油二酯的甘油三酯脂肪酶是脂肪动员的限速酶,其活性受许多激素的调节,又称为激素敏感性脂肪酶(hormone sensitive lipase,HSL)。胰高血糖素、肾上腺素和去甲肾上腺素可以促进脂肪动员,这些激素称为脂解激素(lipolytic hormones)。胰岛素和前列腺素等与上述激素作用相反,可抑制脂肪动员,称为抗脂解激素(antilipolytic hormones)。

1. 甘油的氧化分解与转化 脂肪分解生成的甘油,在甘油激酶的作用下,利用ATP供给的磷酸根生成 α-磷酸甘油,经磷酸甘油脱氢酶的作用,生成磷酸二羟丙酮。后者进入糖酵解途径生成丙酮酸,彻底氧化成 CO_2、H_2O 及释放能量。此外,磷酸二羟丙酮也可在肝脏经糖异生成葡萄糖或糖原。

2. 脂肪酸的氧化分解 脂肪酸的氧化分解从 β-碳原子开始,因此又称为β-氧化。脂肪酸通过β-氧化作用可生成乙酰CoA,再进入三羧酸循环彻底氧化成 CO_2 和 H_2O,并释放能量。其过程包括:

(1)脂肪酸的活化。

(2)脂酰CoA的转运:脂酰CoA氧化分解的酶都存在于线粒体基质内。活化的脂酰CoA自身不能穿过线粒体内膜进入线粒体内,需靠肉毒碱来转运。转运需要肉碱脂酰转移酶I和肉碱脂酰转移酶II,其中酶I是限速酶,催化的步骤是脂酸β-氧化的限速步骤(图10-1)。

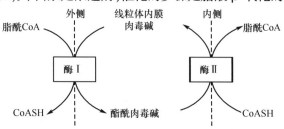

图 10-1 脂酰 CoA 进入线粒体基质示意图

（3）脂酰 CoA 的 β-氧化降解:脂酰 CoA 进入线粒体基质后,经过脱氢、加水、再脱氢、硫解四步反应,生成 1 分子乙酰辅酶 A 和比原来少两个碳原子的脂酰 CoA,重复上述过程,最终含偶数碳原子的脂酰 CoA β-氧化的产物均为乙酰 CoA。

（4）乙酰 CoA 进入三羧酸循环。

3. 酮体的生成与利用　酮体是肝脏中脂肪酸代谢特有的中间产物,包括乙酰乙酸、β-羟丁酸、丙酮。

（1）酮体的生成:酮体主要在肝细胞线粒体生成,其原料是乙酰 CoA,为脂肪酸 β-氧化降解的中间产物。

（2）酮体的代谢特点是肝内生成,肝外利用。在正常情况下,肝脏生成的酮体能随血液循环迅速被大脑、肌肉等肝外组织所利用,血中酮体含量很少。但当机体缺糖（长期饥饿）或糖不能被利用（严重糖尿病）时,脂肪酸动员加强,酮体生成增加。酮体生成超过肝外组织利用的能力,引起血酮增高,产生酮血症,并随尿排出,引起酮尿。

4. 脂肪的生物合成　脂肪合成的原料是 α-磷酸甘油和脂酰 CoA。脂肪酸的合成在胞液中进行。合成原料是乙酰 CoA,乙酰 CoA 主要来源于糖代谢。脂肪酸的合成是以其中 1 分子乙酰 CoA 作为引物,以其他乙酰 CoA 作为碳源供体,通过丙二酸单酰 CoA 的形式,在脂肪酸合成酶系的催化下,经反复缩合、还原、脱水、再还原反应步骤来完成的。线粒体中的乙酰 CoA 通过柠檬酸-丙酮酸循环转移至胞液。

5. 三脂酰甘油的生物合成　α-磷酸甘油在脂肪酰转移酶的催化下,与 2 分子脂酰 CoA 共同作用,生成磷脂酸。磷脂酸在磷酸酶的作用下,脱去磷酸后生成二脂酰甘油。二脂酰甘油与另一分子脂酰 CoA 缩合成三脂酰甘油。

三、胆固醇的生物合成及转化

1. 胆固醇的生物合成　合成胆固醇的原料是乙酰 CoA,它为胆固醇的合成提供碳原子骨架。NADPH+H+ 作为供氢体,ATP 提供能量。HMG-CoA 还原酶是胆固醇合成的限速酶,经三个阶段近 30 步反应合成胆固醇。

2. 胆固醇的转化　①转变成胆汁酸;②转变成类固醇激素;③转变成维生素 D_3。

3. 胆固醇的排泄　体内大部分胆固醇在肝脏内转变为胆汁酸,随胆汁排出;小部分可直接随胆汁或通过肠道黏膜进入肠道。进入肠道的胆固醇一部分可随胆汁酸被重吸收,一部分在肠道细菌作用下还原为类固醇,随粪便排出。

四、血浆脂蛋白代谢

血浆中的脂类统称血脂,包括甘油三酯、磷脂、胆固醇及其酯,以及游离脂肪酸等。它们与血浆中蛋白质结合,以脂蛋白的形式运输。血浆脂蛋白用电泳法分为 α-脂蛋白、前 β-脂蛋白、β-脂蛋白及乳糜微粒;用超速离心法分为乳糜微粒（CM）、极低密度脂蛋白（VLDL）、低密度脂蛋白（LDL）、高密度脂蛋白（HDL）。CM 是运输外源性甘油三酯及胆固醇的主要形式。VLDL 是运输内源性甘油三酯的主要形式。低密度脂蛋白是转运肝合成的内源性胆固醇的主要形式。高密度脂蛋白主要功能是参与胆固醇的逆向转运,将肝外组织细胞内的胆固醇通过血循环转运到肝,在肝转化为胆汁酸后排出体外。

五、高脂血症

血脂主要是指血清中的胆固醇和甘油三酯。无论是胆固醇含量增高，还是甘油三酯的含量增高，或是两者皆增高，统称为高脂血症。目前，国内一般以成年人空腹血清总胆固醇超过 6.47mmol/L，甘油三酯超过 1.70mmol/L，诊断为高脂血症。将总胆固醇在 5.2～6.2mmol/L 者称为边缘性升高。随着人们生活水平的提高，人们通过饮食所摄入的糖、脂肪、蛋白质等提供能量的数量也有很大的提高，超过了人体所需，造成由食物供给或经体内合成的脂肪或胆固醇等高血脂蛋白血症日渐增多，造成人体肥胖及心血管的损害等。

根据血清总胆固醇、甘油三酯和高密度脂蛋白-胆固醇的测定结果，通常将高脂血症分为以下四种类型：①高胆固醇血症：血清总胆固醇含量增高，超过 6.47mmol/L，而甘油三酯含量正常，即甘油三酯<1.70mmol/L。②高甘油三酯血症：血清甘油三酯含量增高，超过 1.70mmol/L，而总胆固醇含量正常，即总胆固醇<6.47mmol/L。③混合型高脂血症：血清总胆固醇和甘油三酯含量均增高，即总胆固醇超过 6.47mmol/L，甘油三酯超过 1.70mmol/L。④低高密度脂蛋白血症：血清高密度脂蛋白-胆固醇（HDL-胆固醇）含量降低，<9.0mmol/L。

第二部分　知识拓展与链接

一、高脂血症

血脂主要包括胆固醇和甘油三酯，在血循环中和蛋白质结合成脂蛋白形式的大分子运输。血中主要的脂蛋白为乳糜微粒，其主要是转运外源性的甘油三酯。在脂肪、肌肉等组织毛细血管内皮细胞表面有脂蛋白脂肪酶（LPL），乳糜微粒中 90% 的甘油三酯通过该酶被水解成脂肪酸和甘油，进入到脂肪细胞和肌肉细胞中被利用或储存。这种脂酶也能快速地使 VLDL 中的内源性甘油三酯降解，引起中密度脂蛋白（IDL）丧失甘油三酯和脱辅基蛋白，2～6h 内 IDL 通过分离更多的甘油三酯而进一步降解成为 LDL。而富含胆固醇的 LDL 易损伤动脉内膜，使血液中单核细胞进入内皮下并转变为巨噬细胞，通常损伤部位的周围还有血小板附着，这两种细胞都能分泌生长因子，促使动脉壁中层的平滑肌细胞增生，并迁移到内膜下分泌纤维和基质，引起胆固醇酯的沉积，造成粥样斑块，使动脉腔发生堵塞出现脑血栓和冠心病等疾病。高脂血症由 VLDL 产生过多或清除障碍，以及 VLDL 转变成 LDL 过多所致。肥胖、糖尿病、酒精过量、肾病综合征或基因缺陷均可引起肝脏 VLDL 产生过多；LDL 和 TC 增高亦常与血高甘油三酯相关联；另外，清除障碍亦可能由于基因或饮食因素导致 LDL 受体数量减少或功能异常（活力降低）。LDL 受体蛋白结构的分子缺陷是 LDL 受体功能异常常见的遗传学原因。

高脂血症分为原发性和继发性两大类。原发性者见于儿童，继发性者多在 20 岁后发病，多数人无症状仅于体检时发现，体检发现可有肥胖、周围神经炎或动脉粥样硬化性疾病、糖尿病等的体征。辅助检查：血浆甘油三酯<1.7mmol/L 为理想，1.7～2.3mmol/L 为临界，>2.3mmol/L 为过高；空腹血清总胆固醇>6.47mmol/L 为过高，也可早年发生冠心病及其他动脉粥样硬化性疾病如中风、周围血管病，常伴有肥胖、葡萄糖耐量异常（或糖尿病）、高胰岛素血症、高尿酸血症，还可发生急性胰腺炎。常出现黄斑瘤位于上、下眼睑或腱黄瘤在肢体伸侧肌腱，如髌、足跟部，伴有肌腱炎时有痛感和压痛。常出现头昏或与人讲话间隙易入睡，早晨起床后感觉头脑不清醒，早餐后可改善，午后极易犯困，但夜晚很清醒。短时间内在面部、手部出现较多黑斑(斑块较老年斑略大,颜色较深),记忆力及反应力明显减退,视物模糊等。

案例 10-1

患者,女,48岁,体型较胖,眼睑上出现淡黄色的小皮疹,未见明显其他异常症状体征。主述早晨起床后感觉头脑不清醒,早餐后可改善,午后极易犯困,看东西偶有模糊不清。化验血脂,结果如表10-1:

表10-1 血脂检查结果

	测定值	正常参考值
TG	14mmol/L	0.11~1.69mmol/L
TC	28.2mmol/L	2.59~6.47mmol/L
LDL	2.8mmol/L	0~4.14mmol/L
HDL	0.87mmol/L	1.04~1.74mmol/L

问题与思考:

(1)高脂血症是由什么原因引起的?

(2)高脂血症应当如何预防?

(3)高脂血症可以并发哪些疾病?生化机理是什么?

二、脂肪肝

脂肪肝(fatty liver)是由于各种原因引起的肝细胞内脂肪堆积过多的病变,是仅次于病毒性肝炎的第二大肝病。脂肪肝多发生于体型肥胖、过度饮酒、高脂饮食、活动量少或者慢性肝病患者等。正常人肝内总脂肪量约占肝重的5%,脂肪量超过5%为轻度脂肪肝,超过10%为中度脂肪肝,超过25%为重度脂肪肝。

食物中脂类经酶水解并与胆盐结合,由肠黏膜细胞吸收,再与蛋白质、胆固醇和磷脂形成乳糜微粒,乳糜微粒进入肝脏后分解成甘油和脂酸,脂酸在肝细胞线粒体内氧化、分解而释出能量或合成三酰甘油、磷脂、胆固醇酯。肝细胞内大部分的三酰甘油与载脂蛋白等形成极低密度脂蛋白进入血液循环,被肝外组织利用。

脂类代谢障碍是产生脂肪肝的原因:①食物中脂肪过量、高脂血症及脂肪动员增加(如饥饿、创伤及糖尿病),游离脂肪酸输送进入肝脏中增多,为肝脏内三酰甘油合成提供大量的前体物质。②热量摄入过高,从糖代谢转化为三酰甘油的量增多。③肝细胞内游离脂肪酸清除减少,过量饮酒、胆碱缺乏、中毒等均可抑制肝内游离脂肪酸的氧化。④极低密度脂蛋白合成或分泌障碍等一个或多个环节,破坏脂肪组织细胞、血液及肝细胞之间脂肪代谢的动态平衡,引起肝细胞三酰甘油的合成与分泌之间失去平衡,最终导致中性脂肪为主的脂质在肝细胞内过度沉积形成脂肪肿。⑤线粒体功能障碍导致肝细胞消耗游离脂肪酸的氧化磷酸化以及β-氧化减少。

案例 10-2

患者,男,32岁,因近日食欲不振、疲倦乏力、腹胀,饮酒后感到脘腹痞闷,恶心呕吐,右上腹胀满隐痛入院。实验室检查:AST 66U/L,ALT 59U/L。血脂:TG 4.3mmol/L,TC 6.8mmol/L,B超检查显示:脂肪肝(中度)。

三、酮症酸中毒

酮症酸中毒（ketoacidosis）是人体脂肪大量动员的情况下，如糖尿病、饥饿、妊娠反应较长时间有呕吐症状者、酒精中毒呕吐并数日少进食物者，脂肪酸在肝内氧化加强，酮体生成增加并超过了肝外利用量，因而出现酮血症。酮体包括丙酮、β-羟丁酸、乙酰乙酸，后两者是有机酸，导致代谢性酸中毒。

因胰岛素缺乏而发生糖尿病的患者可以出现严重的酮症酸中毒，甚而致死。正常时人体胰岛素对抗脂解激素，使脂解维持常量，当胰岛素缺乏时，脂解激素如 ACTH、皮质醇、胰高血糖素及生长激素等的作用加强，大量激活脂肪细胞内的脂肪酶，使甘油三酯分解为甘油和脂肪酸的过程加强，脂肪酸大量进入肝脏，肝脏生酮显著增加。非糖尿病患者的酮症酸中毒是糖原消耗补充不足，机体进而大量动用脂肪所致，如饥饿等。

肝脏生酮增加与肉碱脂酰转移酶 I（carnitine acyl transferase I）活性升高有关。因为正常时胰岛素对此酶具有抑制性调节作用，当胰岛毒缺乏时此酶活性显著增强。这时进入肝脏的脂肪酸形成脂酰辅酶 A 之后，在此酶作用下大量进入线粒体，经 β-氧化而生成大量的乙酰 CoA，乙酰 CoA 是合成酮体的基础物质。

正常情况下，乙酰 CoA 经柠檬酸合成酶的催化与草酰乙酸缩合成柠檬酸而进入三羧酸循环，或经乙酰 CoA 羧化酶的作用生成丙二酰 CoA 而合成脂肪酸，因此乙酰 CoA 合成酮体的量是很少的，肝外完全可以利用。此外，糖尿病患者肝细胞中增多的脂酰 CoA 还能抑制柠檬酸合成酶和乙酰 CoA 羧化酶的活性，使乙酰 CoA 进入三羧酸循环的通路不畅，同时也不易合成脂肪酸。这样就使大量乙酰 CoA 在肝内缩合成酮体。

四、佝　偻　病

佝偻病即维生素D缺乏性佝偻病（rickets of vitamin D deficiency）是由于婴幼儿、儿童、青少年体内维生素D不足，引起钙、磷代谢紊乱，产生的一种以骨骼病变为特征的全身慢性营养性疾病。主要的特征是生长着的长骨干骺端软骨板和骨组织钙化不全，维生素D不足使成熟骨钙化不全。胎儿可通过胎盘从母体获得维生素D，尤其孕28周之后，胎儿体内25-(OH)D$_3$的储存可满足生后一段时间的生长需要，因此早产儿这一部分的储备较少。人体皮肤中的7-脱氢胆固醇（7-DHC），是维生素D生物合成的前体，经日光中紫外线照射（波长290~320nm），转变为胆骨化醇，即内源性维生素D$_3$，是人体维生素D的主要来源。

维生素D是一组具有生物活性的脂溶性类固醇激素，包括维生素D$_2$（麦角骨化醇，ergocalciferol，植物合成）和维生素D$_3$（胆骨化醇，cholecalciferol，哺乳动物体内合成）。人体皮肤中的7-脱氢胆固醇经日光中紫外线（290~315nm）的光化学作用转变维生素D$_3$，直接吸收入血。食物中的维生素D$_2$在小肠刷状缘经淋巴管吸收入血循环。维生素D$_2$和维生素D$_3$被摄入血循环后即与血浆中的维生素D结合蛋白（DBP）相结合，被转运到肝脏，经肝细胞的25-羟化酶作用生成25-羟维生素D$_3$（25-OH-D$_3$），25-OH-D$_3$是循环中维生素D的主要形式。循环中的25-OH-D$_3$被转运到肾脏，在1-α羟化酶的作用下再次羟化，生成有很强生物活性的1,25-二羟维生素D$_3$，即1,25-OH$_2$-D$_3$。1,25-OH$_2$-D$_3$是维持钙、磷代谢平衡的主要激素之一，主要通过作用于靶器官（肠、肾、骨）而发挥其抗佝偻病的生理功能：①促进小肠黏膜细胞合成钙结合蛋白（CaBP），增加肠道钙的吸收，磷随之吸收增加，1,25-OH$_2$-D$_3$有促进磷主动转运的作用。②增加肾近曲小管对钙、磷的重吸收，特别是磷的重吸收，提高血磷浓度，有利于骨的矿化作用。③与甲状旁腺协同使破骨细胞成熟，促进骨重吸收，旧骨中钙盐释放入血；另一方面刺激成骨细胞促进骨样组织成熟和钙盐沉积。

> **案例 10-4**
> 患者，男，8岁，因自幼饮食睡眠不佳，自汗，动则气短，体质较差易生病，行补钙剂治疗效不佳入院。查体：腹部膨隆、韧带松弛，肝脾稍肿大，方颅，肋骨外翻，胸骨柄前凸。
>
> **问题与思考：**
> (1) 佝偻病的发病机制是什么？
> (2) 如何预防及治疗佝偻病？

第三部分　实　　验

实验一　血清总胆固醇测定
——胆固醇氧化酶法

【实验目的】

掌握胆固醇酯酶催化胆固醇酯分解，胆固醇氧化酶氧化胆固醇及H$_2$O$_2$定量测定的原理与方法。

【实验原理】

血清中总胆固醇(total cholesterol, TC)包括游离胆固醇(free cholesterol, FC)和胆固醇酯(cholesterol ester, CE)两部分。在胆固醇酯酶催化作用下,血清中胆固醇酯水解生成游离胆固醇和游离脂肪酸(free fatty acid, FFA),所产生的游离胆固醇在胆固醇氧化酶(cholesterol oxidase)的氧化作用下生成 $\Delta4$-胆甾烯酮(胆固醇-4-稀-3-酮)和过氧化氢(H_2O_2),H_2O_2 在 4-氨基安替比林(4-AAP)和苯酚存在时,经过氧化物酶(peroxidase)催化,反应生成红色醌亚胺的醌类化合物,其颜色深浅与标本中 TC 含量成正比。反应式如下:

$$\text{胆固醇酯} + H_2O \xrightarrow{\text{胆固醇酯酶}} \text{胆固醇} + \text{脂肪酸}$$

$$\text{胆固醇} + O_2 \xrightarrow{\text{胆固醇氧化酶}} \text{胆固醇-4-稀-3-酮} + H_2O_2$$

$$2H_2O_2 + 4\text{-氨基安替比林} + \text{苯酚} \xrightarrow{\text{过氧化物酶}} \text{醌亚胺} + H_2O$$
$$(\text{红色})$$

【主要仪器及器材】

试管;刻度吸量管;微量加样器;722N 型分光光度计。

【试剂】

1. 胆固醇液体酶试剂 不同产品的组成有差异,参见相应的说明。

磷酸盐缓冲液(pH6.7)	50mmol/L
胆固醇酯酶	≥200U/L
胆固醇氧化酶	≥100U/L
过氧化物酶	≥300U/L
4-AAP	0.3mmol/L
苯酚	5mmol/L

2. 胆固醇标准溶液(2mg/ml) 精确称取胆固醇 200mg,异丙醇 100ml,溶解后分装,于 4℃保存,临用前取出。

【操作】

取 3 支试管,按表 10-2 操作。

表 10-2 血清总胆固醇测定

试剂(μl)	空白管	标准管	测定管
血清	–	–	10
胆固醇标准液	–	10	–
蒸馏水	10	–	–
酶试剂	1000	1000	1000

混匀后,37℃保温 5min,用分光光度计比色,于 500nm 波长处以空白管调零,读出各管吸光度。

【计算】

$$\text{血清总胆固醇}(mmol/L) = \frac{\text{测定管吸光度}(A_{500nm})}{\text{标准管吸光度}(A_{500nm})} \times \text{胆固醇标准液浓度}$$

【注意事项】

（1）试剂中酶的质量影响测定结果。选用的酶试剂一般在血清标本与酶试剂比例为1：100时，反应在37℃ 5min内完成。如果反应在10min内不能到达终点的试剂不宜使用。

（2）胆固醇测定还有化学法。化学法一般包括抽提、皂化、洋地黄皂苷沉淀纯化和显色四个阶段。代表性的方法有Abell-Kendall法，为目前国际通用的胆固醇测定参考方法。

【预习报告】

请回答下列问题：

（1）在生理条件下，胆固醇的去路有哪些？

（2）血液中过高的胆固醇可能会导致哪些疾病的发生？

（3）722N型分光光度计的操作应注意哪些问题？

实验二　血清甘油三酯测定
——乙酰丙酮显色法

【实验目的】

掌握用正庚烷-异丙醇混合剂抽提血清甘油三酯，乙酰丙酮显色法测定甘油三酯含量的原理及方法。

【实验原理】

血清甘油三酯(triglyceride, TG)经过正庚烷-异丙醇混合剂分溶抽提，用氢氧化钾皂化抽提液中的甘油三酯，释放生成的甘油。在过碘酸的作用下甘油被氧化为甲醛，在有铵离子存在时，甲醛和乙酰丙酮发生缩合反应生成带荧光的黄色物质，即3,5-二乙酰-1,4 二氢二甲基吡啶，反应液的颜色深浅与甘油三酯浓度成正比，与同样处理的标准管进行比色，可计算出甘油三酯的含量。反应式如下：

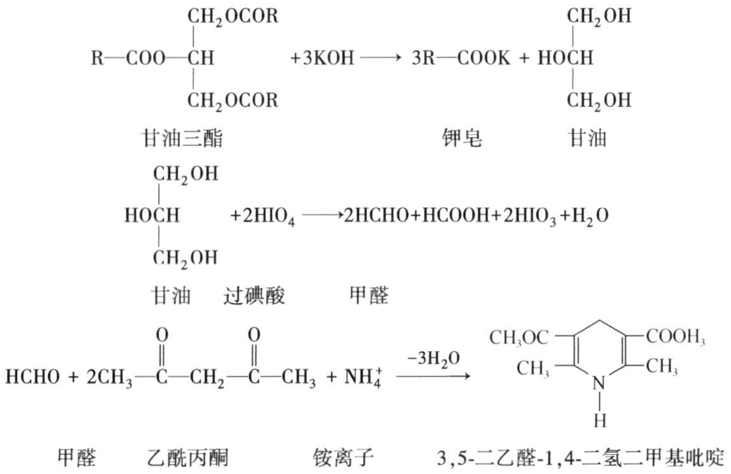

【主要仪器及器材】

微量加样器0.2ml、0.5ml；刻度吸量管；试管及试管架；恒温水浴箱；722N型分光光度计。

【试剂】

1. 抽提液 正庚烷和异丙醇以 4 : 7(V/V)比例混合均匀。

2. 40mmol/L H$_2$SO$_4$ 溶液 浓硫酸 2.24ml(根据比重和百分含量而定)加蒸馏水稀释至 1000ml。

3. 皂化剂 称取氢氧化钾 6.0g 溶于蒸馏水 60ml 中,再加异丙醇 40ml,混匀后置于棕色瓶中室温保存。

4. 过碘酸试剂 称取过碘酸钠 0.65g,溶于蒸馏水 50ml 中,再加入无水乙酸铵 7.7g,溶解后加冰乙酸 6ml,最后加蒸馏水至 100ml,置于棕色瓶中室温保存。

5. 显色剂 取乙酰丙酮 0.4ml 加到异丙醇 100ml 中,混匀后置于棕色瓶室温保存。

6. 甘油三酯标准液 1mg/ml 准确称取甘油三酯 100mg,溶于抽提剂,以 100ml 容量瓶定容,分装后置于 4℃冰箱保存。

【操作】

1. 抽提 取干净试管 3 支,按表 10-3 依次加入各物质。

表 10-3　血清甘油三酯的抽提

试剂(ml)	空白管	标准管	测定管
血清	–	–	0.2
甘油三酯标准液	–	0.2	–
蒸馏水	0.2	–	–
抽提液	2.5	2.5	2.5
40mmol/L H$_2$SO$_4$ 溶液	0.5	0.5	0.5

加入抽提液时边加边摇,使蛋白不产生凝结。试剂加完后剧烈振荡 30s,然后静置至分成两层。

2. 皂化 另取 3 支试管分别取上述各管中上层液,按表 10-4 操作。

表 10-4　血清甘油三酯的皂化

试剂(ml)	空白管	标准管	测定管
上层液	0.5	0.5	0.5
1mol/L 氢氧化钾	1.0	1.0	1.0

混匀后置于 65℃水浴保温 5min。

3. 氧化显色 在以上 3 管中,加入过碘酸试剂各 2ml,混匀后再加乙酰丙酮试剂各 2ml。

充分混匀,置于 65℃水浴保温 15min 显色,冷却后用 722N 型分光光度计比色,于 420nm 波长处,以空白管调零,测出各管的吸光度。

【计算】

$$血清甘油三酯(mmol/L) = \frac{测定管吸光度(A_{420nm})}{标准管吸光度(A_{420nm})} \times 0.2 \times \frac{100}{0.2} \times 0.011 = \frac{测定管吸光度}{标准管吸光度} \times 1.1$$

【参考值范围】

血清甘油三酯 0.55~1.70mmol/L;临界阈值 2.30mmol/L;危险阈值 4.50mmol/L;胰腺炎高危 11.3mmol/L。

【注意事项】

（1）血清甘油三酯易受饮食的影响，在进食脂肪后可以观察到血浆中甘油三酯明显上升，2～4h 内即可出现血浆浑浊，8h 以后接近空腹水平。因此要求空腹 12h 后再进行采血，并要求 72h 内不饮酒，否则监测结果偏高。

（2）皂化、氧化及显色的时间和温度对吸光度均会有影响，应严格控制实验条件；显色后吸光度随时间延长会有一定量的增高，故加样后要立即比色。

（3）血浆甘油三酯在 3.39mmol/L 以下时，吸光度与浓度呈线性关系，超过 3.39mmol/L 应减少标本的用量。

（4）乙酰丙酮显色吸收峰在 415nm 处，用 722N 型分光光度计时，以 420nm 比色结果更好。

【预习报告】

请回答下列问题：

（1）简述乙酰丙酮显色法测定甘油三酯含量的原理。

（2）临床上在测甘油三酯时对检测者有何要求？

（3）饥饿或较长时间剧烈运动后，脂肪组织中的脂肪是如何代谢的？

（4）微量可调式移液器在操作时的注意事项。

实验三　酮体的生成和利用

【实验目的】

了解酮体的生成部位及掌握测定酮体生成与利用的方法。

【实验原理】

在肝脏线粒体中，脂肪酸经 β-氧化生成的过量乙酰 CoA 缩合成酮体。酮体包括乙酰乙酸、β-羟丁酸和丙酮三种化合物。肝脏不能利用酮体，只有在肝外组织，尤其是心脏和骨骼肌中，酮体可以转变为乙酰 CoA 而被氧化利用。

本实验以丁酸为基质，与肝匀浆一起保温，然后测定肝匀浆液中酮体的生成量。另外，在肝脏和肌肉组织共存的情况下，再测定酮体的生成量。在这两种不同条件下，由酮体含量的差别我们可以理解以上的理论。本实验主要测定的是丙酮的含量。

酮体测定的原理：在碱性溶液中碘可将丙酮氧化成为碘仿。以硫代硫酸钠滴定剩余的碘，可以计算所消耗的碘，由此也就可以计算出酮体（以丙酮为代表）的含量。反应式如下：

$$CH_3COCH_3+3I_2+4NaOH \longrightarrow CHI_3+CH_3COONa+3H_2O$$
$$I_2+2Na_2S_2O_3 \longrightarrow Na_2S_4O_6+2NaI$$

【主要仪器及器材】

试管；移液管；50ml 锥形瓶；剪刀；镊子；恒温水浴箱；漏斗；研钵；匀浆器。

【试剂】

（1）0.1% 淀粉液。

（2）0.9% NaCl 溶液。

（3）15% 三氯乙酸。

（4）10% NaOH 溶液。

（5）10% HCl 溶液。

（6）0.5mol/L 丁酸溶液：取 5ml 丁酸溶于 100ml 0.5mol/L NaOH 中。

（7）0.1mol/L 碘液：I_2 12.5g 和 KI 25g 加蒸馏水溶解,稀释至刻度 1000ml,用 0.1mol/L $Na_2S_2O_3$ 标定。

（8）0.02mol/L $Na_2S_2O_3$：称取 24.82g $Na_2S_2O_3 \cdot 5H_2O$ 和 400mg 无水 Na_2CO_3 溶于 1000ml 刚煮沸的水中,配成 0.1mol/L 溶液,用 0.1mol/L KIO_3 标定。临用时将标定 $Na_2S_2O_3$ 溶液稀释成 0.02mol/L。

（9）0.1mol/L KIO_3 溶液：准确称取 KIO_3(相对分子质量为 214.02)3.5670g 溶于水后,倒入 1000ml 容量瓶内,加蒸馏水至刻度。

吸取 0.1mol/L KIO_3 溶液 20ml 于锥形瓶中,加入 KI 1g 及 6mol/L 硫酸 5ml,然后用上述 0.1mol/L $Na_2S_2O_3$ 溶液滴定至浅黄色,再加 1% 淀粉 3 滴作指示剂,此时溶液呈蓝色,继续滴定至蓝色刚消失为止。

【实验操作】

1. 标本的制备 将兔致死,取出肝脏,用 0.9% NaCl 洗去污血,放滤纸上,吸去表面的水分,称取肝组织 5g 置研钵中,加少许 0.9% NaCl 至总体积为 10ml,制成肝组织匀浆。另外再取后腿肌肉 5g,按上述方法和比例,制成肌组织匀浆。

2. 保温和沉淀蛋白质 取试管 3 只,编号,按表 10-5 操作。

表 10-5 酮体测定——无蛋白滤液的制备

试剂(ml)	A	B	C
肝组织匀浆	–	2.0	2.0
预先煮沸的肝组织匀浆	2.0	–	–
pH 7.6 的磷酸盐缓冲液	4.0	4.0	4.0
正丁酸	2.0	2.0	2.0
43℃水浴保温 40min			
肌组织匀浆	–	4.0	–
预先煮沸的肌组织匀浆	4.0	–	4.0
43℃水浴保温 40min			
15% 三氯乙酸	3.0	3.0	3.0

摇匀后,用滤纸过滤,将滤液分别收集在 3 支试管中,为无蛋白滤液。

3. 酮体的测定 取锥形瓶 3 只,按表 10-6 的编号顺序操作。

表 10-6 酮体测定

试剂(ml)	1(A)	2(B)	3(C)
无蛋白滤液	5.0	5.0	5.0
0.1mol/L I_2-KI	3.0	3.0	3.0
10% NaOH	3.0	3.0	3.0

摇匀,静置 10min,向各管中加入 10% HCl 3ml,加 0.1% 淀粉液 2~3 滴呈蓝色,分别用 0.02mol/L $Na_2S_2O_3$ 滴定至溶液呈亮绿色为止。

【计算】

肝脏生成的酮体量(mmol/g)=(C-A)×Na$_2$S$_2$O$_3$的摩尔数×1/6

肌肉利用的酮体量(mmol/g)=(C-B)×Na$_2$S$_2$O$_3$的摩尔数×1/6

A:滴定样品 1 消耗的 Na$_2$S$_2$O$_3$ 毫升数。

B:滴定样品 2 消耗的 Na$_2$S$_2$O$_3$ 毫升数。

C:滴定样品 3 消耗的 Na$_2$S$_2$O$_3$ 毫升数。

【注意事项】

(1)在分离提取过程中,若泡沫过多可用离心法除去。

(2)组织糜要均匀,称量分份尽可能要准确。

【预习报告】

请回答下列问题:

(1)为什么只有在肝外组织,酮体才可以被氧化利用?

(2)酮体在机体中存在的生理意义是什么?

(3)酮体测定的原理是什么?

第四部分 复习与实践

(一)单选题 A1 型题(最佳肯定型选择题)

1. 小肠黏膜细胞合成脂肪的原料主要来源于( )

A. 肠黏膜细胞吸收来的脂肪水解产物

B. 脂肪组织的脂肪分解产物

C. 肝细胞合成的脂肪再分解产物

D. 小肠黏膜吸收的胆固醇水解产物

E. 以上都是

2. 脂肪动员的限速酶是( )

A. 激素敏感性脂肪酶(HSL) B. 胰脂酶

C. 脂蛋白脂肪酶 D. 组织脂肪酶

E. 辅酯酶

3. 以甘油一本酯途径合成甘油三酯主要存在于( )

A. 脂肪细胞 B. 肠黏膜细胞

C. 肌细胞 D. 肝脏细胞

E. 肾脏细胞

4. 下列哪种激素是抗脂解激素( )

A. 胰高血糖素 B. 肾上腺素

C. ACTH D. 胰岛素

E. 促甲状腺素

5. 下列物质在体内彻底氧化后,每克释放能量最多的是( )

A. 葡萄糖 B. 糖原

C. 脂肪 D. 胆固醇

E. 蛋白质

6. 脂肪动员大大加强时,肝内生成的乙酰 CoA 主要转变为( )

A. 葡萄糖 B. 酮体

C. 胆固醇 D. 丙二酰 CoA

E. 脂肪酸

7. 脂肪酸氧化分解的限速酶是( )

A. 脂酰 CoA 合成酶 B. 肉碱脂酰转移酶 I

C. 肉碱脂酰转移酶 II D. 脂酰 CoA 脱氢酶

E. β-羟脂酰 CoA 脱氢酶

8. 脂肪酰辅酶 A 进行 β-氧化的酶促反应顺序为( )

A. 脱氢、脱水、再脱氢、硫解

B. 脱氢、加水、再脱氢、硫解

C. 脱氢、再脱氢、加水、硫解

D. 硫解、脱氢、加水、再脱氢

E. 缩合、还原、脱水、再还原

9. 1mol 软脂酸经一次 β-氧化后,其产物彻底氧化生成 CO_2 和 H_2O,可净生成 ATP 的摩尔数是( )

A. 5 B. 9

C. 12 D. 15

E. 14

10. 肝脏不能氧化利用酮体是由于缺乏( )

A. HMGCoA 合成酶 B. HMGCoA 裂解酶

C. HMGCoA 还原酶　　　　D. 琥珀酰 CoA 转硫酶

E. 乙酰乙酰 CoA 硫解酶

11. 严重饥饿时脑组织的能量主要来源于( )

A. 糖的氧化　　　　　　B. 脂肪酸氧化

C. 氨基酸氧化　　　　　D. 乳酸氧化

E. 酮体氧化

12. 饥饿时肝脏酮体生成增加,为防止酮症酸中毒的发生应主要补充哪种物质( )

A. 葡萄糖　　　　　　　B. 亮氨酸

C. 苯丙氨酸　　　　　　D. ATP

E. 必需脂肪酸

13. 脂酸合成过程中的递氢体是( )

A. NADH　　　　　　　B. $FADH_2$

C. NADPH　　　　　　　D. $FMNH_2$

E. $CoQH_2$

14. 脂肪酸合成的限速酶是( )

A. 脂酰 CoA 合成酶　　　B. 肉碱脂酰转移酶 Ⅰ

C. 肉碱脂酰转移酶Ⅱ　　D. 乙酰 CoA 羧化酶

E. β-酮脂酰还原酶

15. 脂肪酸合成能力最强的器官是( )

A. 脂肪组织　　　　　　B. 乳腺

C. 肝　　　　　　　　　D. 肾

E. 脑

16. 乙酰 CoA 用于合成脂肪酸时,需要由线粒体转移至胞液的途径是( )

A. 三羧酸循环　　　　　B. α-磷酸甘油穿梭

C. 苹果酸穿梭　　　　　D. 柠檬酸-丙酮酸循环

E. 葡萄糖-丙氨酸循环

17. 下列物质经转变可以生成乙酰 CoA 的是( )

A. 脂酰 CoA　　　　　　B. 乙酰乙酰 CoA

C. β-羟甲基戊二酸单酰 CoA　D. 柠檬酸

E. 以上都可以

18. 与脂肪酸 β-氧化逆过程基本一致的是( )

A. 胞液中脂肪酸的合成

B. 不饱和脂肪酸的合成

C. 线粒体中脂肪酸碳链延长

D. 内质网中脂肪酸碳链的延长

E. 胞液中胆固醇的合成

19. 乙酰 CoA 羧化酶的别构抑制剂是( )

A. 乙酰 CoA　　　　　　B. 长链脂酰 CoA

C. cAMP　　　　　　　D. 柠檬酸

E. 异柠檬酸

20. 生物膜中含量最多的脂类是( )

A. 胆固醇　　　　　　　B. 胆固醇酯

C. 甘油磷脂　　　　　　D. 糖脂

E. 鞘磷脂

21. 卵磷脂由以下哪些成分组成( )

A. 脂肪酸、甘油、磷酸

B. 脂肪酸、甘油、磷酸、乙醇胺

C. 脂肪酸、甘油、磷酸、胆碱

D. 脂肪酸、甘油、磷酸、丝氨酸

E. 甘油、胆碱

22. 胆固醇合成过程中的限速酶是( )

A. HMG-CoA 合酶　　　B. HMG-CoA 裂解酶

C. HMG-CoA 还原酶　　D. 鲨烯合酶

E. 鲨烯环化酶

23. 体内合成胆固醇的原料是( )

A. 丙酮酸　　　　　　　B. 苹果酸

C. 乙酰 CoA　　　　　　D. α-酮戊二酸

E. 草酸

24. 细胞内催化胆固醇酯化的酶是( )

A. LCAT　　　　　　　B. ACAT

C. LPL　　　　　　　　D. 肉碱脂酰转移酶

E. 脂酰转移酶

25. 胆固醇在体内的主要代谢去路是( )

A. 转变为胆固醇酯　　　B. 转变为维生素 D_3

C. 合成胆汁酸　　　　　D. 合成类固醇激素

E. 转变为二氢胆醇

26. 脂蛋白脂肪酶的作用是( )

A. 催化肝细胞内甘油三酯水解

B. 催化脂肪细胞内甘油三酯水解

C. 催化 CM 和 VLDL 中甘油三酯水解

D. 催化 LDL 和 HDL 中甘油三酯水解

E. 催化 HDL_2 和 HDL_3 中甘油三酯水解

27. 肝细胞内脂肪合成后的主要去路是( )

A. 被肝细胞氧化分解而使肝细胞获得能量

B. 在肝细胞内水解

C. 在肝细胞内合成 VLDL 并分泌入血

D. 在肝内储存

E. 转变为其他物质

28. 乳糜微粒中含量最多的组分是( )

A. 脂肪酸　　　　　　　B. 甘油三酯

C. 磷脂酰胆碱　　　　　D. 蛋白质

E. 胆固醇

29. 血浆脂蛋白中,所含胆固醇及其酯的量从高到低的排列顺序是( )

A. CM、VLDL、LDL、HDL　B. HDL、LDL、VLDL、CM

C. VLDL、LDL、HDL、CM　D. LDL、HDL、VLDL、CM

E. LDL、HDL、CM、VLDL

30. 血浆脂蛋白中转运外源性脂肪的是( )

A. CM B. VLDL

C. LDL D. HDL

E. IDL

31. 血浆脂蛋白中将肝外胆固醇转运到肝脏进行代谢的是( )

A. CM B. VLDL

C. LDL D. HDL

E. IDL

32. 家族性高胆固醇血症纯合子的原发性代谢障碍是( )

A. 缺乏载脂蛋白 B

B. 由 VLDL 生成 LDL 增加

C. 细胞膜 LDL 受体功能缺陷

D. 肝脏 HMG-CoA 还原酶活性增加

E. 脂酰胆固醇脂酰转移酶(ACAT)活性降低

33. 可由呼吸道呼出的酮体是( )

A. 乙酰乙酸 B. β-羟丁酸

C. 乙酰乙酰 CoA D. 丙酮

E. 以上都是

34. 血浆脂蛋白以超速离心法分类,相对应的以电泳法分类的名称是( )

A. CM，CM B. VLDL，β-脂蛋白

C. LDL，β-脂蛋白 D. VLDL，前 β-脂蛋白

E. HDL，α-脂蛋白

35. 在血液中结合和运输游离脂肪酸的物质是( )

A. 球蛋白 B. VLDL

C. HDL D. CM

E. 清蛋白

36. 合成卵磷脂所需的供体是( )

A. ADP-胆碱 B. GDP-胆碱

C. TDP-胆碱 D. UDP-胆碱

E. CDP-胆碱

37. 参与脑磷脂转化为卵磷脂过程的氨基酸是( )

A. Met B. Arg

C. Glu D. Asp

E. 鸟氨酸

38. 催化磷脂生成溶血磷脂的酶是( )

A. 磷脂酶 A B. 磷脂酶 B

C. 磷脂酶 C D. 磷脂酶 D

E. 溶血卵磷脂酶 B

39. 有关血浆脂蛋白的叙述正确的是( )

A. CM 在脂肪组织中合成

B. HDL 是从 LDL 转变而来

C. VLDL 可转变为 LDL

D. HDL 与 LDL 竞争肝外受体

E. HDL 运输胆固醇到肝外利用

40. 参与 LDL 受体识别的 apo 是( )

A. apoA I B. apoB48

C. apoB100 D. apoC II

E. apoC III

41. 禁食 12h 后,正常血浆三酰甘油主要存在于( )

A. CM B. VLDL

C. LDL D. IDL

E. HDL

42. VLDL 中含量较高的是( )

A. TG B. Ch、CE

C. PL D. DG

E. 清蛋白

43. 乳糜微粒中含量最少的是( )

A. 磷脂酰胆碱 B. 脂肪酸

C. 蛋白质 D. 胆固醇

E. 以上都是

44. 乙酰 CoA 羧化酶的辅助因子是( )

A. 叶酸 B. 生物素

C. 钴胺素 D. 泛酸

E. 硫胺素

45. 脂肪酸分解产生的乙酰 CoA 的去路是( )

A. 氧化供能 B. 合成酮体

C. 合成脂肪 D. 合成胆固醇

E. 以上都可以

(二)单选题 A2 型题(最佳否定型选择题)

1. 人体内不能合成的多不饱和脂肪酸是( )

A. 软脂酸、亚油酸 B. 软脂酸、油酸

C. 硬脂酸、花生四烯酸 D. 油酸、亚油酸

E. 亚油酸、亚麻酸

2. 关于脂肪酸合成的叙述,不正确的是( )

A. 在胞液中进行

B. 基本原料是乙酰 CoA 和 NADPH+H$^+$

C. 关键酶是乙酰 CoA 羧化酶

D. 脂肪酸合成酶为多酶复合体或多功能酶

E. 脂肪酸合成过程中碳链延长需乙酰 CoA 提供乙酰基

3. 体内合成卵磷脂时不需要( )

A. ATP 与 CTP B. NADPH+H$^+$

C. 甘油二酯   D. 丝氨酸

E. S-腺苷蛋氨酸

4. 胆固醇在体内不能转化生成（　　）

A. 胆汁酸   B. 肾上腺素皮质素

C. 胆色素   D. 性激素

E. 维生素 D_3

5. 肝中乙酰 CoA 不能来自下列哪些物质（　　）

A. 脂肪酸   B. α-磷酸甘油

C. 葡萄糖   D. 甘油

E. 酮体

6. 有关柠檬酸-丙酮酸循环的叙述,哪一项是不正确的（　　）

A. 提供 NADH   B. 提供 NADPH

C. 使乙酰 CoA 进入胞液   D. 参与 TAC 的部分反应

E. 消耗 ATP

7. 下列哪种物质不是甘油磷脂的成分（　　）

A. 胆碱   B. 乙醇胺

C. 肌醇   D. 丝氨酸

E. 神经鞘氨醇

8. 下列有关类固醇激素合成的组织中除了哪种组织外,其他都是正确的（　　）

A. 肺   B. 肾上腺皮质

C. 睾丸   D. 卵巢

E. 肾

（三）X 型题（多项选择题）

1. 严重糖尿病患者的代谢特点是（　　）

A. 糖异生作用加速   B. 胆固醇合成减少

C. 脂解作用增强   D. 酮体生成增多

E. 糖原合成加强

2. 脂解激素是（　　）

A. 肾上腺素   B. 胰高血糖素

C. 胰岛素   D. 促甲状腺素

E. 甲状腺素

3. 与脂肪水解有关的酶是（　　）

A. LPL   B. HSL

C. LCAT   D. 胰脂酶

E. 组织脂肪酶

4. 必需脂肪酸包括（　　）

A. 油酸   B. 软油酸

C. 亚油酸   D. 亚麻酸

E. 花生四烯酸

5. 脂肪酸 β-氧化过程中需要的辅助因子有（　　）

A. FAD   B. FMN

C. NAD^+ D. $NADP^+$

E. CoASH

6. 乙酰 CoA 可以来源于下列哪些物质的代谢（　　）

A. 葡萄糖   B. 脂肪酸

C. 酮体   D. 胆固醇

E. 柠檬酸

7. 下列有关酮体叙述正确的是（　　）

A. 酮体是肝脏输出能源的重要方式

B. 酮体包括乙酰乙酸、β-羟丁酸和丙酮

C. 酮体在肝内生成肝外氧化

D. 饥饿可引起体内酮体增加

E. 严重糖尿病患者血酮体水平升高

8. 多不饱和脂肪酸衍生物有（　　）

A. 前列腺素   B. 血栓素

C. 白三烯   D. 乙酰 CoA

E. 睾酮

9. 下列代谢主要在线粒体中进行的是（　　）

A. 脂肪酸 β-氧化   B. 脂肪酸合成

C. 酮体的生成   D. 酮体的氧化

E. 胆固醇合成

10. 直接参与胆固醇合成的物质是（　　）

A. 乙酰 CoA   B. 丙二酰 CoA

C. ATP   D. NADH

E. NADPH

11. 胆固醇在体内可以转变为（　　）

A. 维生素 D_3 B. 睾酮

C. 胆红素   D. 醛固酮

E. 鹅脱氧胆酸

12. 乙酰 CoA 羧化酶的别构激活剂是（　　）

A. 乙酰 CoA   B. 柠檬酸

C. 异柠檬酸   D. 长链脂酰 CoA

E. 胰岛素

13. 合成甘油磷脂需要的原料是（　　）

A. 甘油   B. 脂肪酸

C. 胆碱   D. 乙醇胺

E. 磷酸盐

14. 脂肪肝形成的原因有（　　）

A. 营养不良   B. 必需脂肪酸缺乏

C. 胆碱缺乏   D. 蛋白质缺乏

E. 胆汁酸缺乏

15. 肝细胞合成三酰甘油所需脂肪酸可来源于（　　）

A. 葡萄糖   B. 脂肪动员

C. CM 中三酰甘油水解   D. 胆固醇

E. 胆固醇酯

（四）名词解释

1. fat mobilization　　2. acetone bodies

3. essential fatty acid　4. 血浆脂蛋白（lipoprotein）

（五）简答题

1. 血浆脂蛋白的分类方法有几种,分别是什么?

2. 简述胰高血糖素和胰岛素对脂肪代谢的调解作用。

3. 超速离心法可将血浆脂蛋白分为几种,每种脂蛋白的主要功用是什么?

4. 简述血脂的来源和去路。

5. 简述脂肪肝的形成原因。

6. 胆固醇合成的基本原料和关键酶各是什么?胆固醇在体内可转变为哪些物质?

7. 简述乙酰 CoA 的来源和去路。

（六）论述题

1. 脂肪酸分解和脂肪酸合成的过程和作用部位有什么差异?

2. 何谓酮体?酮体是如何生成及氧化利用的?简述饥饿或糖尿病患者出现酮症的原因。

参考答案

（一）单选题 A1 型题（最佳肯定型选择题）

1. A　2. A　3. B　4. D　5. C　6. B　7. B　8. B
9. E　10. D　11. E　12. A　13. C　14. D　15. C
16. D　17. E　18. C　19. B　20. C　21. B　22. C
23. C　24. B　25. C　26. C　27. C　28. B　29. D
30. A　31. D　32. C　33. D　34. C　35. E　36. E
37. A　38. A　39. C　40. C　41. B　42. A　43. C
44. B　45. A

（二）单选题 A2 型题（最佳否定型选择题）

1. E　2. E　3. B　4. C　5. E　6. A　7. E　8. A

（三）X 型题（多项选择题）

1. ABCD　2. ABDE　3. ABDE　4. CDE　5. ACE
6. ABCE　7. ABCDE　8. ABC　9. ACD　10. ACE
11. ABDE　12. ABC　13. ABE　14. ABCD　15. ABC

（四）名词解释

（略）

（五）简答题

1. 答题要点:一般血浆脂蛋白采用电泳法和超速离心法进行分类。电泳法利用脂蛋白在电场中迁移速度不同而予以分离。分为:α-脂蛋白、前 β-脂蛋白、β-脂蛋白和乳糜微粒。超速离心法将血浆放在一定浓度的盐溶液中,进行超速离心,各种脂蛋白因其密度的不同而漂浮或沉降,可将脂蛋白分为乳糜微粒、极低密度脂蛋白、低密度脂蛋白和高密度脂蛋白。

2. 答题要点:胰高血糖素增加激素敏感性脂肪酶的活性,促进脂酰基进入线粒体,抑制乙酰 CoA 羧化酶的活性,能增加脂肪的分解及脂肪酸的氧化,抑制脂肪酸的合成;胰岛素抑制 HSL 活性及肉碱脂酰转移酶Ⅰ的活性,增加乙酰 CoA 羧化酶的活性,能促进脂肪合成,抑制脂肪分解及脂肪酸的氧化。

3. 答题要点:脂蛋白分为四类:CM、VLDL(前 β-脂蛋白)、LDL(β-脂蛋白)和 HDL(α-脂蛋白),它们的主要功能分别是转运外源性脂肪、转运内源性脂肪、转运胆固醇及逆转运胆固醇。

4. 答题要点:食物消化吸收、糖等转变为脂、脂库分解等产生的脂类进入血液组成血脂,血脂在血液及其他组织细胞中可以氧化供能、储存、构成生物膜及转变为其他物质。

5. 答题要点:肝脏是合成脂肪的主要器官,由于磷脂合成的原料不足等原因,造成肝脏脂蛋白合成障碍,是肝内脂肪不能及时转移出肝脏而造成堆积,形成脂肪肝。

6. 答题要点:胆固醇合成的基本原料是乙酰 CoA、NADPH 和 ATP 等,关键酶是 HMG-CoA 还原酶,胆固醇在体内可以转变为胆汁酸、类固醇激素和维生素 D_3。

7. 答题要点:乙酰 CoA 可由糖氧化分解、脂类氧化分解、氨基酸氧化分解得到,去路包括进入三羧酸循环氧化供能、合成脂肪酸、合成胆固醇、转化为酮体及参与乙酰化反应。

（六）论述题

1. 答题要点:脂肪酸分解与脂肪酸合成比较见表10-7。

表 10-7 脂肪酸分解与合成

	脂肪酸分解	脂肪酸合成
作用部位	线粒体	胞液
关键酶	肉碱脂酰转移酶Ⅰ	乙酰 CoA 羧化酶
活化	是	否
能量	产生	耗能

2. 答题要点:酮体包括乙酰乙酸、β-羟丁酸和丙酮,是脂肪酸在肝脏中正常氧化分解产生的中间产物。酮体是肝细胞内由乙酰 CoA 经 HMG-CoA 转化而来,但肝脏不利用酮体。在肝外组织酮体经乙酰乙酸硫激酶或琥珀酰 CoA 转硫酶催化后,转变成乙酰 CoA 并进入三羧酸循环而被氧化利用。在正常生理条件下,肝外组织氧化利用酮体的能力大大超过肝内生成酮体的能力,血中仅含少量的酮体。在饥饿、糖尿病等糖代谢障碍时,糖氧化分解供能大大降低,脂肪动员加强,脂肪酸的氧化也加强,肝脏生成酮体大大增加,当酮体的生成超过肝外组织的氧化利用能力时,血酮体升高,导致酮血症、酮尿症及酮症酸中毒。

(姚 青 杨 怡)

第十一章　氨基酸代谢

第一部分　实验预习

一、蛋白质概要

蛋白质是生命的物质基础,具有重要的生理作用,如维持组织细胞的生长、更新和修复;参与多种重要的生理活动,体内具有多种特殊功能的蛋白质,如蛋白酶、多肽类激素、抗体和某些调节蛋白等;氧化供能。因此,提供足够食物蛋白质对机体正常代谢和各种生命活动的进行是十分重要的。氮平衡是反映机体内蛋白质代谢概况的一项指标。根据氮平衡实验计算,成人每天最低蛋白质分解量为20g,成人每天最低需要30~50g蛋白质,我国营养学会推荐每天蛋白质需要量为80g。人体内蛋白质合成的原料主要来源于食物蛋白质的消化吸收,各种食物蛋白质由于所含氨基酸的种类及数量不同,其营养价值不同。人体内共有八种营养必需氨基酸。营养价值较低的蛋白质混合食用可以使营养必需氨基酸相互补充,从而提高营养价值。

食物蛋白质的消化自胃中开始,主要在小肠内进行。胃蛋白酶及胰蛋白酶是主要的蛋白质消化酶,它们一般由无活性的酶原经激活而成。各种蛋白水解酶对肽键作用的专一性不同,通过它们的协同作用,蛋白质被水解为氨基酸及小分子的肽。氨基酸的吸收在小肠中进行,是一个耗能的主动吸收过程。蛋白质腐败作用的大多数产物对人体有害,但也可以产生少量脂肪酸及维生素等可被机体利用的物质。

二、氨基酸的一般代谢

1. 概述　氨基酸是蛋白质的基本组成单位,氨基酸代谢是蛋白质分解代谢的中心内容。外源性氨基酸和内源性氨基酸混在一起,分布于机体各处,参与代谢,称氨基酸代谢库。人体内蛋白质处于不断降解与合成的动态平衡,即蛋白质的转化更新。真核细胞内蛋白质降解有两条途径:一条是在溶酶体中,不依赖 ATP 的蛋白水解酶作用;另一条是在胞液中,依赖 ATP 和泛素的降解过程。氨基酸分解代谢最主要的反应是脱氨基作用。氨基酸脱氨基的方式有:氧化脱氨基作用、转氨基作用、联合脱氨基作用及非氧化脱氨基作用。

(1)转氨基作用:该作用既是氨基酸分解代谢过程,也是体内某些氨基酸合成的重要途径。体内重要的氨基转移酶有:天冬氨酸氨基转移酶和丙氨酸氨基转移酶。转氨酶的辅酶是磷酸吡哆醛。

(2)L-谷氨酸氧化脱氨基作用:肝、肾、脑等组织中广泛存在着 L-谷氨酸脱氢酶,其催化 L-谷氨酸脱氢生成 α-酮戊二酸,其辅酶是 NAD$^+$ 或 NADP$^+$。

(3)联合脱氨基作用:①转氨基与谷氨酸氧化脱氨基的联合:主要在肝、肾等组织中进行。②嘌呤核苷酸循环:主要在骨骼肌和心肌中进行。

2. α-酮酸的代谢　氨基酸脱氨基后生成的 α-酮酸主要有三条代谢途径:①经氨基化生成非必需氨基酸;②转变成糖及脂类,据此可将氨基酸分为生糖氨基酸、生酮氨基酸、生糖兼生酮氨基酸;③氧化供能。

3. 氨的代谢 各组织器官中氨基酸及胺分解产生的氨、肠道吸收的氨以及肾小管上皮细胞分泌的氨主要在肝脏合成尿素而解毒,只有少部分氨在肾以铵盐形式由尿排出。由于氨具有毒性,因此氨在血液中主要是以丙氨酸-葡萄糖循环和谷氨酰胺这两种形式转运。转运到肝脏中的氨通过鸟氨酸循环最终合成尿素。鸟氨酸循环前两步在线粒体中进行,后三步在胞液中完成。尿素分子中的碳来自 CO_2,一个氨基来自于氨,另一个氨基来自于天冬氨酸。合成一分子尿素需要消耗 4 个高能磷酸键。鸟氨酸循环的限速酶是精氨酸代琥珀酸合成酶。

三、个别氨基酸的代谢

除了氨基酸代谢的一般过程外,有些氨基酸还有其特殊的代谢途径,并具有重要的生理意义。

1. 氨基酸的脱羧基作用 体内部分氨基酸可进行脱羧基作用生成相应的胺。如组氨酸脱羧基后生成组胺;谷氨酸脱羧基后生成 γ-氨基丁酸;半胱氨酸脱羧基后生成牛磺酸;色氨酸经羟化后脱羧基生成 5-羟色胺;鸟氨酸脱羧基后生成腐胺;然后再转变为精胺和精脒,后两者合称为多胺,可调节细胞生长。

2. 一碳单位的代谢 某些氨基酸在分解的过程中可以产生含有一个碳原子的基团,称一碳单位。其载体为四氢叶酸。一碳单位主要来源于丝氨酸、甘氨酸、组氨酸及色氨酸的代谢。其主要功能是合成嘌呤及嘧啶的原料,因此一碳单位把氨基酸代谢与核酸代谢紧密联系起来。

3. 含硫氨基酸的代谢 体内含硫氨基酸有三种:甲硫氨酸、半胱氨酸、胱氨酸。甲硫氨酸可与 ATP 作用,生成 S-腺苷甲硫氨酸(SAM)。SAM 又称活性甲硫氨酸,是体内重要的甲基供体。体内半胱氨酸和胱氨酸可以互相转变。半胱氨酸是体内硫酸根的主要来源。体内活性硫酸根是 PAPS。

4. 芳香族氨基酸的代谢 芳香族氨基酸包括:苯丙氨酸、酪氨酸、色氨酸。苯丙氨酸经羟化生成酪氨酸。酪氨酸经羟化可以生成儿茶酚胺,酪氨酸羟化酶是儿茶酚胺合成的限速酶;酪氨酸还可以合成黑色素。色氨酸可以生成 5-羟色胺,可转变为一碳单位,分解可产生烟酸(尼克酸),色氨酸是一种生糖兼生酮氨基酸。

第二部分 知识链接与拓展

一、肝性脑病

肝性脑病是严重肝病引起的,以代谢紊乱为基础,中枢神经系统功能失调的综合征,其主要临床表现是意识障碍,行为失常和昏迷,体格检查可见扑翼样震颤,巩膜黄染。神经系统检查可见肌张力增高、膝腱反射亢进,双侧克氏征、巴氏征阴性。肝硬化、重症病毒性和中毒性肝炎、长期的阻塞性黄疸、肝脓肿,以及门腔静脉分流术都可引起肝功能衰竭和肝性脑病。肝性脑病多在原发病的基础上由某些诱因引起。发病机制尚未完全阐明。早年有氨中毒学说,20 世纪 70 年代初 Fischer 提出假性神经递质学说,继而发展为氨基酸平衡失调学说。

1. 氨中毒学说 正常情况下,体内氨不断产生,又不断被清除,血氨的来源与去路保持动态平衡,血氨浓度处于较低的水平。血氨浓度不超过 60μmol/L。当肝功能衰竭时体内产氨过多,肝清除能力下降,都可破坏血氨的相对稳定,使其浓度增高(超过 117 μmol/L,甚至高达 587 μmol/L)。游离状态的氨能透过细胞膜进入脑组织,与脑中的 α-酮戊二酸结合生成谷氨酸,氨也可与脑中的谷氨酸进一步结合生成谷氨酰胺。因此,脑中氨的增加可以使脑细胞中的 α-酮戊二酸减少,导致三羧酸循环减弱,从而使脑组织中 ATP 生成减少,引起大脑功能障碍,严重时可发生昏迷。氨代谢紊乱引起的氨中毒是肝性脑病,特别是门体分流性脑病的重要发病机制。

2. 假性神经递质学说　正常情况下蛋白质水解产物苯丙氨酸和酪氨酸,经肠道细菌脱羧酶的作用,分别生成苯乙胺和酪胺,由门静脉吸收入肝,被肝中单胺氧化酶氧化分解。肝功能衰竭时苯乙胺与酪胺未经肝代谢而进入体循环,并透过血脑屏障进入脑组织为神经末梢所摄取。经过 β-羟化酶催化,分别生成苯乙醇胺和羟酪胺,其化学结构与正常神经递质去甲肾上腺素和多巴胺相近似,被称为假性神经递质。它们可取代正常神经递质儿茶酚胺,但不能完成神经传导功能,使神经兴奋冲动受阻,传导发生障碍,从而引起神经系统功能紊乱,发生一系列神经精神症状,最终导致昏迷。肝性脑病尚无特效疗法,治疗应采取综合措施。限制蛋白质的摄入量、降低血氨浓度和防止氨进入脑组织是治疗本病的关键。临床上常采取服用酸性利尿剂、酸性盐水灌肠、静脉滴注或口服谷氨酸盐、精氨酸等降血氨药物等措施,降低患者的血氨浓度。此外还服用一些保肝药物也是非常必要的。

案例 11-1

患者,男,40 岁,主因"间歇性昏迷 1 周"收入院,患者 4 年前自觉乏力,厌食消瘦,皮肤、巩膜黄染,经查,患"慢性病毒性肝炎"。3 个月前自觉右上腹胀痛,近 1 周来间断出现躁动、昏迷。体检:面色青黑,巩膜、皮肤黄染,胸壁可见蜘蛛痣,手掌大鱼际处可见肝掌,腹部振水音(+),实验室检查:ALT 150U/L,白蛋白 2.0mg/dl,白蛋白/球蛋白(A/G)1:2,血清直接胆红素 1.2mg/dl,血清间接胆红素 0.8mg/dl,血氨 160μmol/L,胆固醇酯 24mg/dl,甲胎蛋白 50ng/ml。B 超:肝内呈多个密集中小波,腹腔可见可见液性暗区(中量)考虑肝硬化伴腹水。

问题与思考:

(1) ALT 升高及皮肤、巩膜黄染的原因?

(2) 该患者治疗中能否用碱性液体灌肠,为什么?

(3) 该患者为什么会出现昏迷?

(4) A/G 倒置说明了什么?

附:正常参考值 ALT 0~40U/L,白蛋白 3.5~5.5mg/dl,A/G(1.5~2.5):1;甲胎蛋白 25~50ng/ml;胆固醇酯 70~200mg/dl(1.81~5.17mmol/L);血清直接胆红素 0~0.4mg/dl;血清间接胆红素 0.1~0.6mg/dl。

二、苯丙酮尿症

苯丙氨酸羟化酶先天性缺乏时,苯丙氨酸不能正常地转变成酪氨酸,体内的苯丙氨酸蓄积,并可经转氨基作用生成苯丙酮酸,后者进一步转变成苯乙酸等衍生物。此时,尿中出现大量苯丙酮酸的代谢产物,称为苯丙酮尿症(phenyl ketonuria,PKU)。苯丙酮尿症为常染色体隐性遗传病,按酶缺陷的不同可分为经典型和四氢生物蝶呤(BH4)缺乏型两种,大多数为经典型。经典型 PKU 是由于患儿肝细胞缺乏苯丙氨酸-4-羟化酶(基因位于12q22-24.1)所致。BH4 缺乏型 PKU 是由于缺乏鸟苷三磷酸环化水合酶(基因位于14q22.1-q22.2)、二氢蝶呤还原酶(DHPR)等所致。患儿出生时都正常,通常在 3~6 个月时初现症状。1 岁时症状明显。智力低下为本病最突出的表现。

(1)神经系统:以智能发育落后为主,可有行为异常、多动,少数呈现肌张力增高和腱反射亢进。BH₄ 缺乏型 PKU 患儿的神经系统症状出现较早且较严重:常见肌张力减低,嗜睡和惊厥,智能落后明显;如不经治疗,常在幼儿期死亡。

(2)外貌:患儿在出生数月后因黑色素合成不足,毛发、皮肤和虹膜色泽变浅。

(3)其他:呕吐和皮肤湿疹常见;尿和汗液有鼠尿臭味。本病为少数可治性遗传代谢病之一,应力求早期诊断与治疗,以避免神经系统的不可逆损伤。治疗原则是早期发现,并适当控制膳食中的苯丙氨酸含量。

案例 11-2

患儿,女,1 岁,因智力差、反复抽搐 9 个月就诊。患儿生后第 4 个月起生长发育逐渐落后,全身软弱,表情呆滞,对周围无反应,流涎,伴反复全身抽搐,最多每天抽搐近 10 次,至今不会独坐,不认识父母,不会讲话,大便正常,小便有"鼠尿"气味,第一胎、足月顺产,母乳喂养,出生时无窒息,父母非近亲结婚。体检:体重 7kg,身高71.5cm。头围 42cm,发育营养中等,对周围无反应,皮肤湿润、白嫩,头发呈黄色,前囟已闭,心肺正常。腹软,肝脾不大,四肢肌张力低,双反射未引出,无病理征。实验室检查:血红蛋白 100g/L,白细胞 10.5×10⁹/L,红细胞 4.0×10¹²/L,血清钠、钾、氯、钙、AKP 均正常。尿液三氯化铁试验呈现绿色反应,二硝基苯肼试验呈黄色沉淀。初步诊断:苯丙酮尿症。

问题与思考:
(1)苯丙酮尿症发病的生化机理是什么?
(2)从生化角度如何对苯丙酮尿症进行防治?

三、白 化 病

酪氨酸在酪氨酸酶的催化下,黑色素细胞中的酪氨酸经羟化生成多巴,后者经氧化、脱羧等反应变成吲哚-5,6-醌。黑色素就是吲哚醌的聚合物。如若人体缺乏酪氨酸酶,使黑色素合成障碍,导致皮肤、毛发等发白,称为白化病(albinism)。白化病是一种较常见的皮肤及其附属器官黑色素缺乏所引起的疾病,按其病因可将白化病分为全身性白化病、皮肤型白化病和眼球型白化病。全身性白化病是常染色体隐性遗传病,致病基因位于 11q14-q21;皮肤型白化病为常染色体显性遗传病,致病基因位于 15q11-q12,是性连锁隐性遗传病,致病基因位于 Xq26.3-27.1。皮肤型白化病的症状仅限于皮肤和毛发,对眼部无影响。白化病患者通常表现为眼睛视网膜无色素,虹膜或瞳孔呈淡粉色或淡灰色,怕光,眯眼视物;皮肤、眉毛、头发及其他体毛都呈白色或白里带黄;患者对阳光敏感,易患皮肤癌。该病目前无有效的治疗药物,仅能通过物理方法,如遮光等以减轻患者不适症状;还可用光敏性药物、激素等治疗使白斑减弱减至消失。

四、转氨酶的临床应用价值

转氨酶是催化氨基酸与酮酸之间氨基转移的一类酶。普遍存在于动物、植物组织和微生物中,心肌、脑、肝、肾等动物组织以及绿豆芽中含量较高。天冬氨酸氨基转移酶(AST)和丙氨酸氨基转移酶(ALT)是两种比较重要的转氨酶,分别催化谷氨酸和草酰乙酸以及谷氨酸和丙酮酸之间的转氨基作用。在临床上,这两种酶常作为评价肝功能和心肌功能的重要指标。原因在于,AST 在心肌细胞中活力最大,其次为肝脏,ALT 在肝脏中活力最大。在正常情况下转氨酶主要存在于细胞质内,当上述组织细胞坏死或细胞膜的通透性增强时,使细胞内 ALT 或 AST 释放到血液内,会导致血清中酶活力明显地增加。所以,测定 ALT 活力可辅助诊断肝功能的正常与否,急性乙肝患者血清中 ALT 活力可明显地高于正常人;而测定 AST 活力则有助于对心脏病变的诊断,心肌梗死时血清中 AST 活性显著增高。

第三部分 实 验

血清谷氨酸-丙氨酸氨基转移酶活性测定
——赖氏法

【实验目的】

(1) 掌握血清丙氨酸转氨酶活性测定的基本原理。

(2) 了解血清丙氨酸转氨酶的测定方法(赖氏法)及临床意义。

【实验原理】

谷氨酸-丙氨酸氨基转移酶(ALT)正常情况主要存在于肝细胞,而血清中含量很低。当上述组织细胞坏死或细胞膜的通透性增强时,会导致血清中的 ALT 活性显著升高。

ALT 可以催化丙氨酸和 α-酮戊二酸反应生成谷氨酸与丙酮酸,在反应达到一定时间后,加入 2,4-二硝基苯肼,可以终止以上反应,并与丙酮酸反应生成 2,4-二硝基苯腙,后者在碱性条件下呈红棕色,其颜色深浅与 ALT 活性成正比。反应过程如下:

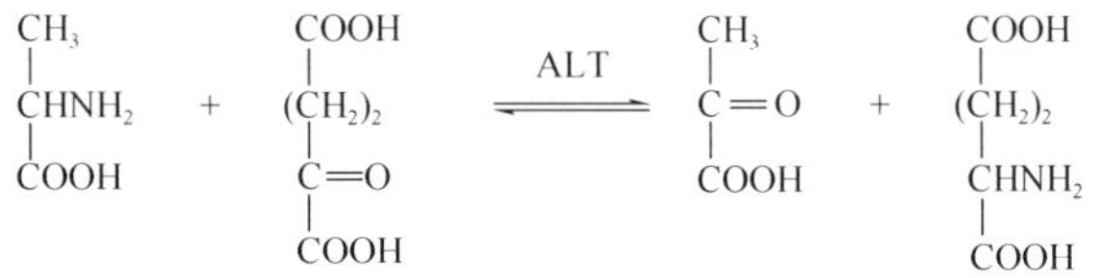

丙氨酸 α-酮戊二酸 丙酮酸 谷氨酸

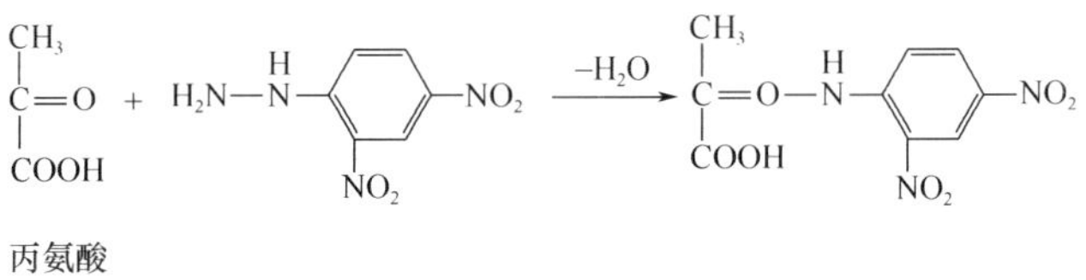

丙氨酸

2,4-二硝基苯肼 2,4-二硝基苯腙

【试剂】

1. 0.1mol/L 磷酸盐缓冲液(pH 7.4) 0.2mol/L Na_2HPO_4 81ml;0.2mol/L NaH_2PO_4 19ml。

2. 底物液(DL-丙氨酸 200mmol/L,α-酮戊二酸 2mmol/L)   DL-丙氨酸 1.79g;α-酮戊二酸 29.2mg;0.1mol/L 磷酸盐缓冲液 50ml,用 1mol/L 氢氧化钠校正 pH 到 7.4;0.1mol/L 磷酸盐缓冲液定容至 100ml,置冰箱保存,可稳定 2 周。

3. 2.4-二硝基苯肼溶液(1mmol/L)   2,4-二硝基苯肼 19.8mg;10mol/L 盐酸 10ml 溶解后,蒸馏水定容至 100ml。

4. 0.4mol/L 氢氧化钠溶液   氢氧化钠 16g;蒸馏水 1000ml。

5. 丙酮酸标准液(2mol/L)   丙酮酸钠 22.0mg;0.1mol/L 磷酸盐缓冲液 100ml,此试剂需现用现配。

【器材】

1. 仪器   恒温水浴;722 型分光光度计;混合器;刻度吸量管;滴管;试管等。

2. 耗材   血清;坐标纸等。

【操作】

抽取空腹血 2ml,离心后留血清待用。

1. 血清 ALT 活性的测定

(1)取 2 支试管,编号,按表 11-1 操作。

表 11-1   血清 ALT 活性测定

试剂(ml)	测定管	对照管
血清	0.1	0.1
底物液	0.5	–
混匀,37℃水浴保温 30min		
2,4-二硝基苯肼液	0.5	0.5
底物液	–	0.5
混匀,37℃水浴保温 20min		
0.4mol/L 氢氧化钠	5.0	5.0
混匀,放置 10min,显色		

(2)比色:以蒸馏水为空白,于 505nm 波长处调零点,测定并记录各管吸光度值。

(3)结果:测定管吸光度值减去对照管吸光度值,所得数值在标准曲线上即可查出 ALT 活力单位。

2. 标准曲线的制作

(1)取 5 支试管,编号,按表 11-2 操作。

表 11-2   ALT 标准曲线的制作(1)

试剂(ml) 〉 管号	0	1	2	3	4
0.1mol/L 磷酸盐缓冲液	0.10	0.10	0.10	0.10	0.10
2mmol/L 丙酮酸标准液	–	0.05	0.10	0.15	0.20
底物液	0.50	0.45	0.40	0.35	0.30
2,4-二硝基苯肼液	0.50	0.50	0.50	0.50	0.50
混匀,37℃水浴保温 30min					
0.4mol/L 氢氧化钠	5.0	5.0	5.0	5.0	5.0
混匀后,放置 10min,显色					

（2）比色：以蒸馏水为空白,于505nm波长处调零,测各管吸光度值(表11-3)。

表 11-3　ALT 标准曲线的制作（2）

管号	1	2	3	4
相当于丙酮酸的实际含量（mmol/L）	0.10	0.20	0.30	0.40
相当于酶活力（卡门单位）	28	57	97	150

（3）绘制标准曲线：第1~4管的吸光度值分别减去0管吸光度值,所得差值为纵坐标;对应的卡门单位为横坐标,作图,画出标准曲线。

【参考值范围】

5~25 卡门单位。

【临床意义】

（1）各种肝炎急性期、药物中毒性肝细胞坏死等疾病时,血清 ALT 活力明显增高。

（2）肝癌、肝硬化、慢性肝炎、心肌梗死等疾病时,血清 ALT 活力中度增高。

（3）阻塞性黄疸、胆管炎等疾病时,血清 ALT 活力轻度增高。

【注意事项】

（1）血清中 ALT 在室温下可保存2天,在4℃冰箱可保存2周。

（2）严重黄疸及溶血等可增加测定的吸光度,因此检测此类标本时,应作血清标本对照管（即样品对照）。

（3）底物中的 α-酮戊二酸也能与2,4-二硝基苯肼反应生成2,4-二硝基苯腙而显色。

（4）配置底物液时,根据酶的立体异构特异性,应选用 L-丙氨酸,如只有 DL-丙氨酸可加倍用量。

（5）呈色的深浅与 NaOH 的浓度有关,NaOH 的浓度越大呈色越深。

（6）加入2,4-二硝基苯肼溶液后,应充分混匀,使反应完全。

（7）成批测定 ALT 时,各管加入血清后,试管架应置37℃水浴操作。

【预习报告】

请回答下列问题：

（1）本实验中如果将血清换为肝和肌肉浸液,请你分析结果。

（2）最佳反映肝细胞损伤、膜通透性增加的是哪种血清酶?

第四部分　复习与实践

（一）单选题 A1 型题（最佳肯定型选择题）

1. 去甲肾上腺素来自下列中的（　　）

A. 赖氨酸　　　　　　B. 酪氨酸

C. 色氨酸　　　　　　D. 脯氨酸

E. 苏氨酸

2. 参与联合脱氨基过程的维生素有（　　）

A. 维生素 B_6、B_2　　　　B. 维生素 B_1、PP

C. 维生素 B_6、B_1　　　　D. 维生素 B_6、PP

E. 维生素 B_1、B_2

3. 鸟氨酸循环生成尿素时,尿素分子中的两个氮原子一个直接来自游离氨,另一个直接来源于（　　）

A. 瓜氨酸　　　　　　B. 鸟氨酸

C. 精氨酸　　　　　　D. 天冬氨酸

E. 甘氨酸

4. 在鸟氨酸循环中,直接生成尿素的循环中间产物是（　　）

A. 精氨酸　　　　　　B. 精氨酸代琥珀酸

C. 瓜氨酸　　　　　　D. 鸟氨酸

E. 天冬氨酸

5. 丙氨酸-葡萄糖循环是(   )

A. 脑中氨以无毒的形式运输到肝的途径

B. 非营养必需氨基酸合成的途径

C. 肌肉中的氨以无毒的形式运输到肝的途径

D. 一碳单位相互转变的代谢途径

E. 氨基酸代谢与糖代谢相互联系的枢纽

6. 下列激素中,哪一种是肽类激素(   )

A. 促肾上腺皮质激素   B. 睾酮

C. 醛固酮   D. 雌二醇

E. 皮质醇

7. 以下哪种氨基酸属于含硫氨基酸(   )

A. 谷氨酸   B. 亮氨酸

C. 赖氨酸   D. 蛋氨酸

E. 酪氨酸

8. 牛磺酸是由下列哪种氨基酸代谢而得到(   )

A. 苏氨酸   B. 半胱氨酸

C. 蛋氨酸   D. 甘氨酸

E. 谷氨酸

9. 生物体内氨基酸脱氨基的主要方式是(   )

A. 氧化脱氨基作用   B. 还原脱氨基作用

C. 直接脱氨基作用   D. 转氨基作用

E. 联合脱氨基作用

10. 体内活性硫酸根是指(   )

A. GABA   B. GSH

C. GSSG   D. PAPS

E. SAM

11. 哺乳类动物体内氨的主要去路是(   )

A. 经肾脏分泌氨随尿排出   B. 肝中合成尿素

C. 渗入肠道   D. 生成谷氨酰胺

E. 合成氨基酸

12. 新生儿易发生生理性黄疸的原因是:婴儿出生7周后,含量才能达到成人水平的是(   )

A. 清蛋白   B. Y蛋白

C. Z蛋白   D. α-球蛋白

E. γ-球蛋白

13. 脑中氨的主要去路是(   )

A. 扩散入血   B. 合成尿素

C. 合成谷氨酰胺   D. 合成氨基酸

E. 合成嘌呤

14. 经脱羧基作用后生成γ-氨基丁酸的是(   )

A. 酪氨酸   B. 半胱氨酸

C. 天冬氨酸   D. 谷氨酸

E. 谷氨酰胺

15. 体内转运一碳单位的载体是(   )

A. 维生素 B_{12} B. 生物素

C. 叶酸   D. 四氢叶酸

E. S-腺苷蛋氨酸

16. 氨在血中主要是以下列哪种形式运输的(   )

A. 谷氨酸   B. 天冬氨酸

C. 谷氨酰胺   D. 天分酰胺

E. 谷胱甘肽

17. 下列氨基酸中,属于生糖兼生酮的是(   )

A. 亮氨酸   B. 组氨酸

C. 赖氨酸   D. 苏氨酸

E. 丙氨酸

18. S-腺苷甲硫氨酸的主要作用是下列中的(   )

A. 合成同型半胱氨酸   B. 补充甲硫氨酸

C. 合成四氢叶酸   D. 生成腺苷酸

E. 提供活性甲基

19. 脑组织代谢产生的氨的主要去路是(   )

A. 通过转氨基作用生成丙氨酸

B. 直接为合成嘧啶嘌呤提供氨

C. 通过联合脱氨基的逆反应合成非必需氨基酸

D. 与谷氨酸反应生成谷氨酰胺

E. 直接参与尿素的合成

20. 下列氨基酸中属于营养必需氨基酸的是(   )

A. 亮氨酸   B. 异亮氨酸

C. 甘氨酸   D. 脯氨酸

E. 精氨酸

21. 酪氨酸在体内不能转变生成的是(   )

A. 肾上腺素   B. 黑色素

C. 延胡索酸   D. 苯丙氨酸

E. 乙酰乙酸

22. 人体内黑色素来自下列哪种氨基酸(   )

A. 苯丙氨酸   B. 酪氨酸

C. 色氨酸   D. 组氨酸

E. 谷氨酸

23. 血氨升高的主要原因是(   )

A. 食物蛋白质摄入过多   B. 体内氨基酸分解增加

C. 肠道内氨吸收增加   D. 肝功能障碍

E. 肾脏功能障碍

24. 白化病患者系机体内先天性缺乏(   )

A. 苯丙氨酸羟化酶   B. 酪氨酸酶

C. 尿黑酸氧化酶   D. 酪氨酸转氨酶

E. 对羟苯丙酮酸氧化酶

25. 蛋白质营养价值高低与否,主要取决于(   )

A. 氨基酸的数量   B. 必需氨基酸的种类

C. 必需氨基酸的数量　　 D. 氨基酸的种类

E. 必需氨基酸的种类、数量及比例

26. 鸟氨酸循环的亚细胞定位为( )

A. 线粒体和内质网　　 B. 胞液和微粒体

C. 微粒体和线粒体　　 D. 内质网和胞液

E. 线粒体和胞液

27. 谷丙转氨酶的辅基是下列中的( )

A. 吡哆醛　　　　　　 B. 磷酸吡哆醇

C. 磷酸吡哆醛　　　　 D. 吡哆胺

E. 磷酸吡哆胺

28. 鸟氨酸循环的限速酶是( )

A. 精氨酸代琥珀酸合成酶

B. 鸟氨酸氨基甲酰转移酶

C. 氨基甲酰磷酸合成酶Ⅰ

D. 精氨酸代琥珀酸裂解酶

E. 精氨酸酶

29. GPT(ALT)活性最高的组织是( )

A. 骨骼肌　　　　　　 B. 脑

C. 心肌　　　　　　　 D. 肝

E. 肾

(二) 单选题 A2 型题(最佳否定型选择题)

1. 肝性昏迷的处理,下列哪一项是错误的( )

A. 停止蛋白质饮食　　 B. 用肥皂水灌肠

C. 果酸保留灌肠　　　 D. 利用冰袋降低颅内温度

E. 谷氨酸钾静滴

2. 下列转氨基作用描述错误的是( )

A. 肝脏中 ALT 活性最高,心脏中 AST 活性最高

B. 转氨酶种类多分布广,以 ALT 和 AST 活性最高

C. ALT 催化反应:谷氨酸+丙氨酸⇌谷氨酰胺+
丙酮酸

D. 转氨酶的辅酶是磷酸吡哆醛

E. 转氨基作用参与体内非必需氨基酸的合成

3. 下列氨基酸中哪一种是蛋白质中没有的含硫氨基酸( )

A. 同型半胱氨酸　　　 B. 甲硫氨酸

C. 半胱氨酸　　　　　 D. 胱氨酸

E. 鸟氨酸

4. 通过蛋白的腐败作用不能得到下列的哪种物质
( )

A. 组胺　　　　　　　 B. 脂肪酸

C. 氨　　　　　　　　 D. 鸟氨酸

E. 吲哚

5. 体内一碳单位不包括下列中的( )

A. $-CH_3$　　　　　　 B. $-CH_2-$

C. $-CH=$　　　　　　 D. CO_2

E. $-CH=NH$

6. 下列哪种氨基酸不能提供机体需要的一碳单位
( )

A. 甘氨酸　　　　　　 B. 丝氨酸

C. 组氨酸　　　　　　 D. 色氨酸

E. 酪氨酸

7. 在肝性脑病的脑性毒物中,下列哪项不正确( )

A. 氨　　　　　　　　 B. 芳香族氨基酸

C. γ-氨基丁酸　　　　 D. 蛋氨酸的代谢产物-硫醇

E. 中链脂肪酸

8. 下列哪种氨基酸体内不能合成,必须靠食物供给
( )

A. 缬氨酸　　　　　　 B. 精氨酸

C. 半胱氨酸　　　　　 D. 组氨酸

E. 丝氨酸

9. 胆固醇在体内不能转化生成的是( )

A. 胆汁酸　　　　　　 B. 皮质醇

C. 前列腺素 E_2　　　　 D. 维生素 D_3

E. 睾酮

10. 在天然蛋白质中不存在的氨基酸是( )

A. 丙氨酸　　　　　　 B. 蛋氨酸

C. 羟脯氨酸　　　　　 D. 同型半胱氨酸

E. 亮氨酸

11. 关于氨基甲酰磷酸合成酶Ⅰ的叙述错误是( )

A. 催化反应需要 Mg^{2+},ATP 作为磷酸供体

B. 存在于肝细胞线粒体,特异地以氨作为氮源

C. 所催化的反应是可逆的

D. N-乙酰谷氨酸为变构激活剂

E. 生成的产物是氨基甲酰磷酸

(三) X 型题(多项选择题)

1. 合成蛋白质后能够从前体氨基酸转变而成的氨
基酸包括( )

A. 脯氨酸　　　　　　 B. 羟脯氨酸

C. 丝氨酸　　　　　　 D. 胱氨酸

E. 丙氨酸

2. 体内氨基酸脱氨基作用产生的氨参与下列哪些
物质的合成( )

A. 尿酸　　　　　　　 B. 肌酸

C. 谷氨酸　　　　　　 D. 谷氨酰胺

E. 乳酸

3. 下列有甘氨酸参与的代谢过程是( )

A. 肌酸的合成　　　　 B. 嘌呤核苷酸的合成

C. 嘧啶核苷酸的合成　 D. 血红素的合成

E. 血栓素

4. 下列哪些氨基酸属于人类营养必需氨基酸(　　)

A. 苯丙氨酸　　　　　B. 酪氨酸

C. 丝氨酸　　　　　　D. 苏氨酸

E. 谷氨酸

5. 肝脏可利用氨基酸合成下列含氮化合物中的哪些(　　)

A. 嘌呤及嘧啶类衍生物　　B. 肌酸

C. 乙醇胺　　　　　　D. 胆碱

E. 前列腺素

6. 联合脱氨基进行中所需的酶包括有(　　)

A. *L*-氨基酸氧化酶　　B. *L*-谷氨酸脱氢酶

C. 谷氨酰胺酶　　　　D. 转氨酶

E. 脱氨酶

7. 肝昏迷患者血液中生化指标升高的有(　　)

A. 尿素　　　　　　　B. 芳香族氨基酸

C. 血 NH_3　　　　　D. 支链氨基酸

E. 精氨酸

8. 体内酪氨酸分解代谢的产物包括(　　)

A. 苯丙氨酸　　　　　B. 肾上腺素

C. 尿黑酸　　　　　　D. 多巴胺

E. 四氢生物蝶呤

9. 在体内谷氨酰胺的代谢去路是(　　)

A. 参与血红素的合成

B. 参与嘌呤嘧啶核苷酸合成

C. 异生成糖

D. 氧化供能

E. 参与胆红素的合成

10. 在体内酪氨酸可转变为(　　)

A. 苯丙氨酸　　　　　B. 延胡索酸

C. 肾上腺素　　　　　D. 乙酰乙酸

E. 胆色素

11. 下列物质中属于神经递质的是(　　)

A. 5-羟色胺　　　　　　B. 赖氨酸

C. γ-氨基丁酸　　　　　D. 多巴胺

E. 5-羟色胺酸

(四) 名词解释

1. nutritionally essential amino acids

2. nitrogen balance

3. complementation of diet protein

4. metabolic pool

5. alanine-glucose cycle

6. urea cycle

7. hyperammonemia

8. one carbon unit

9. methionine cycle

10. phenyl ketonuria

11. glucogenic and ketogenic amino acid

12. purine nucleotide cycle

13. putrefaction

(五) 简答题

1. 氨基酸脱氨基作用有哪几种方式,并各举一例。

2. 简述血氨的来源和去路。

3. 如何理解谷氨酰胺在氨基酸代谢中的作用?

4. 简述尿素循环的主要过程及其生理意义。

5. 简述甲硫氨酸循环及其生理意义。

6. 什么是氮平衡,如何来理解其意义。

7. 简述氨基酸代谢中联合脱氨基作用的特点及其意义。

(六) 论述题

1. 如何理解严重肝功能障碍时肝昏迷的成因。

2. 什么是一碳单位,它是如何将氨基酸代谢与核酸代谢联系起来的,有什么重要作用?

3. 高氨血症患者禁用碱性肥皂水灌肠和不宜用碱性利尿剂的机理。

4. 糖和氨基酸与核苷酸代谢有何联系。

参考答案

(一) 单选题 A1 型题 (最佳肯定型选择题)

1. B　2. D　3. D　4. A　5. C　6. A　7. D　8. B

9. E　10. D　11. B　12. B　13. C　14. D　15. D

16. C　17. D　18. E　19. D　20. B　21. D　22. B

23. D　24. B　25. E　26. E　27. C　28. A　29. D

(二) 单选题 A2 型题 (最佳否定型选择题)

1. B　2. C　3. A　4. D　5. D　6. E　7. E　8. A

9. C　10. D　11. C

(三) X 型题 (多项选择题)

1. BD　2. CD　3. ABD　4. AD　5. ABC　6. BD

7. BC　8. BCD　9. BCD　10. BCD　11. ACD

(四) 名词解释

(略)

(五) 简答题

1. 答题要点:氧化脱氨基,转氨基作用,联合脱氨基作用,嘌呤核苷酸循环。

2. 答题要点:来源:氨基酸脱氨基作用产生的氨,肠道来源的氨,肾小管上皮细胞分泌的氨;去路:合成尿素,鸟氨酸循环的一氧化氮支路,合成非必需氨基酸,生成谷氨酰胺,肾脏泌氨。

3. 答题要点:谷氨酰胺是氨的另一种转运形式,它主要从脑、肌肉等组织向肝或肾转运。脑组织中产生的氨可转变为谷氨酰胺并以谷氨酰胺的形式运到脑外。因此,合成谷氨酰胺是脑组织中解氨毒的主要方式。氨与谷氨酸在谷氨酰胺合成酶的催化下生成谷氨酰胺,并由血液输送到肝或肾,再经谷氨酰胺酶水解成谷氨酸和氨。临床上对氨中毒患者可服用或输入谷氨酸盐,以降低氨的浓度。谷氨酰胺既是氨的解毒产物,也是氨的储存及运输形式。谷氨酰胺在肾脏分解生成氨与谷氨酸,氨与原尿中 H^+ 结合形成铵盐随尿排出,这也有利于调节酸碱平衡。

4. 答题要点:其详细反应过程可分为五步:线粒体内的反应:①氨基甲酰磷酸的合成;②瓜氨酸的合成;③瓜氨酸出线粒体后,在合成酶作用下生成精氨酸代琥珀酸;④精氨酸的合成;⑤精氨酸水解生成尿素。意义:氨在体内的主要去路是在肝内合成尿素,然后由肾排出。肝是合成尿素的最主要器官。

5. 答题要点:甲硫氨酸在甲硫氨酸腺苷转移酶催化下生成S-腺苷甲硫氨酸(SAM),SAM可在不同的甲基转移酶作用下将甲基转移给各种甲基接受体,自身则失去甲基转变成S-腺苷同型半胱氨酸,后者水解生成的同型半胱氨酸又可接受甲基生成甲硫氨酸。这个循环过程称为甲硫氨酸循环。生理意义:通过甲基化可以生成多种含甲基的重要生理活性物质,如肌酸、肾上腺素、肉毒碱等。

6. 答题要点:氮平衡是反映机体内蛋白质代谢概况的一项指标,实际上是指蛋白质的摄入量与排出量的对比关系。氮总平衡:每日摄入氮>排出氮反映正常成人的蛋白质代谢情况,即蛋白质合成与分解的量大致相当;氮正平衡:每日摄入氮>排出氮,即蛋白质的合成多于分解,见于儿童、孕妇、恢复期的患者;氮负平衡:每日摄入氮>排出氮,体内蛋白质的分解多于合成,见于蛋白质摄入量不足,如饥饿、消耗性疾病、长期营养不良。

7. 答题要点:联合脱氨基的作用特点:①转氨基作用与谷氨酸的氧化脱氨基作用偶联,氨基酸的 α-氨基先通过转氨基作用转移到 α-酮戊二酸,生成相应的 α-酮酸和谷氨酸,然后谷氨酸在谷氨酸脱氢酶的催化下,脱氨基生成 α-酮戊二酸的同时释放氨。②嘌呤核苷酸循环,由于骨骼肌与心肌中 L-谷氨酸脱氢酶的活性弱,通过这种联合来脱氨基。

意义:大部分氨基酸不能直接氧化脱去氨基,只有转氨酶是普遍存在的,但转氨基作用并没有真正的脱掉氨基,所以体内通过联合脱氨基作用,使得蛋白质降解的绝大多数氨基酸都可以脱氨基生成氨,满足机体脱氨的需要。

(六)论述题

1. 答题要点:严重肝功能障碍时肝昏迷的可能机制有:①氨进入脑组织后,可以与脑细胞中 α-酮戊二酸在 L-谷氨酸脱氢酶催化下生成 L-谷氨酸,氨还可以与谷氨酸在谷氨酰胺合成酶的催化下生成谷氨酰胺。因而随着进入脑组织细胞中氨含量的增加,可使脑细胞内 α-酮戊二酸含量减少。α-酮戊二酸是三羧酸循环的关键的中间代谢物,三羧酸循环又是体内糖、脂及蛋白质分解代谢的共同途径与枢纽,是物质氧化分解的主要方式。α-酮戊二酸在脑细胞中的过量消耗必然引起 ATP 合成减少,继而引起脑功能障碍。②谷氨酸、谷氨酰胺增多,渗透压增大引起脑水肿。另外高血氨还可直接影响丙酮酸脱氢酶系的活性,使丙酮酸不能正常进行氧化脱羧生成乙酰辅酶 A,进入三羧酸循环彻底氧化。因此,高血氨使三羧酸循环受到影响,使 ATP 生成减少使大脑能量供应不足,出现肝性脑病。③假神经递质因肠道细菌的腐败作用而增多,取代正常神经递质而不能传递神经冲动,使大脑发生异常抑制而出现肝性脑病。

2. 答题要点:某些氨基酸在分解代谢过程中产生的含有一个碳原子的有机基团称为一碳单位,主要包括甲基、甲烯基、甲炔基、甲酰基、亚胺甲基。一碳单位与四氢叶酸结合而进行转运并参与代谢的。能产生一碳单位的氨基酸主要有丝氨酸、组氨酸、甘氨酸、色氨酸。一碳单位的生理作用主要是作为合成嘌呤及嘧啶的原料,在核酸生物合成中很重要。一碳单位是合成核苷酸进而合成 DNA 和 RNA 的原料。一碳单位一旦生成及转移发生障碍,使核酸合成受阻,妨碍细胞增殖,会造成某些病理情况,比如巨幼红细胞贫血等。另外磺胺药及某些抗恶性肿瘤药等也是分别通过干扰细菌及恶性肿瘤细胞的叶酸、四氢叶酸合成,进而影响一碳单位代谢和核酸合成而发挥药理作用的。

3. 答题要点:在肠道中,NH_3 比 NH_4^+ 更易于穿过细胞膜而被吸收;在碱性环境中,NH_4^+ 倾向于转变成

NH₃。当肠道 pH 偏碱时,氨的吸收加强。临床上禁止用碱性肥皂水灌肠,就是为了减少肠道氨的吸收。酸性尿有利于肾小管细胞中的氨扩散入尿,但碱性尿则可妨碍肾小管细胞中的 NH₃ 分泌,此时氨易被重吸收入血,引起血氨升高。所以,临床上对肝硬化产生腹水的患者,为减少肾小管对氨的重吸收,不宜使用碱性利尿药。

4. 答题要点:糖代谢提供了核苷酸生物合成的糖基。磷酸戊糖途径产生的 5-磷酸核糖在磷酸核糖焦磷酸酶的作用下转变为 PRPP,它是嘌呤和嘧啶核苷酸糖基的供体。碱基的合成主要由氨基酸提供氮源和碳源,氨基酸衍生的一碳单位为碱基的合成提供碳源。具体嘌呤环的 1 位 N 由天冬氨酸提供,2、8 位 C 由一碳单位提供,3、9 位 N 由谷氨酰胺提供,4、5 位 C 和 7 位 N 由甘氨酸提供,6 位 C 由 CO_2 提供。嘧啶环 3 位 N 由谷氨酰胺提供,2 位 N 由 CO_2 提供,天冬氨酸提供剩余的 C、N 元素。

(高玉婧　张淑雅)

第十二章 核苷酸代谢

第一部分 实验预习

一、核苷酸的消化与吸收

食物中的核酸大多以核蛋白的形式存在。核蛋白在胃中受胃酸的作用,分解成核酸与蛋白质。核酸在小肠中受胰液和肠液中各种水解酶的作用逐步水解,最终生成碱基和戊糖。产生的戊糖被吸收参加体内的糖代谢;嘌呤和嘧啶碱主要被分解排出体外。食物来源的嘌呤和嘧啶很少被机体利用。

核苷酸是核酸的基本结构单位,人体内的核苷酸主要由机体细胞自身合成,核苷酸不属于营养必需物质。核苷酸在体内的分布广泛。

核苷酸的生物学功能:①作为核酸合成的原料,这是核苷酸最主要的功能;②体内能量的利用形式;③参与代谢和生理调节;④组成辅酶;⑤活化中间代谢物。

二、嘌呤核苷酸代谢

(一) 嘌呤核苷酸的合成代谢

体内嘌呤核苷酸的合成有两条途径,一是从头合成途径,一是补救合成途径,其中从头合成途径是主要途径。

1. 嘌呤核苷酸的从头合成 肝是体内从头合成嘌呤核苷酸的主要器官,其次是小肠黏膜和胸腺。嘌呤核苷酸合成部位在胞液,合成的原料包括磷酸核糖、天冬氨酸、甘氨酸、谷氨酰胺、一碳单位及 CO_2 等。主要反应步骤分为两个阶段:首先合成次黄嘌呤核苷酸(IMP),IMP 再转变成腺嘌呤核苷酸(AMP)与鸟嘌呤核苷酸(GMP)。

嘌呤环各元素来源如下:N1 由天冬氨酸提供,C2 由 N10-甲酰 FH_4 提供,C8 由 N5,N10-甲炔 FH_4 提供,N3、N9 由谷氨酰胺提供,C4、C5、N7 由甘氨酸提供,C6 由 CO_2 提供。嘌呤核苷酸从头合成的特点是:嘌呤核苷酸是在磷酸核糖分子基础上逐步合成的,不是首先单独合成嘌呤碱然后再与磷酸核糖结合的。

2. 嘌呤核苷酸的补救合成 反应中的主要酶包括腺嘌呤磷酸核糖转移酶(APRT),次黄嘌呤-鸟嘌呤磷酸核糖转移酶(HGPRT)。嘌呤核苷酸补救合成的生理意义:节省从头合成时能量和一些氨基酸的消耗;体内某些组织器官,例如脑、骨髓等由于缺乏从头合成嘌呤核苷酸的酶体系,只能进行嘌呤核苷酸的补救合成。

3. 嘌呤核苷酸的相互转变 IMP 可以转变成 AMP 与 GMP,AMP 和 GMP 也可转变成 IMP。AMP 与 GMP 之间可相互转变。

4. 脱氧核苷酸的生成 体内的脱氧核苷酸是通过各自相应的核糖核苷酸在二磷酸水平上还原而成的。核糖核苷酸还原酶催化此反应。

5. 嘌呤核苷酸的抗代谢物

（1）嘌呤类似物:6-巯基嘌呤（6MP）、6-巯基鸟嘌呤、8-氮杂鸟嘌呤等。6MP 应用较多，其结构与次黄嘌呤相似，可在体内经磷酸核糖化而生成 6MP 核苷酸，并以这种形式抑制 IMP 转变为 AMP 及 GMP 的反应。

（2）氨基酸类似物:氮杂丝氨酸和 6-重氮-5-氧正亮氨酸等。结构与谷氨酰胺相似，可干扰谷氨酰胺在嘌呤核苷酸合成中的作用，从而抑制嘌呤核苷酸的合成。

（3）叶酸类似物:氨蝶呤及甲氨蝶呤（MTX）都是叶酸的类似物，能竞争抑制二氢叶酸还原酶，使叶酸不能还原成二氢叶酸及四氢叶酸，从而抑制了嘌呤核苷酸的合成。

（二）嘌呤核苷酸的分解代谢

分解代谢反应基本过程是核苷酸在核苷酸酶的作用下水解成核苷，进而在酶作用下成自由的碱基及 1-磷酸核糖。嘌呤碱最终分解成尿酸，随尿排出体外。黄嘌呤氧化酶是分解代谢中重要的酶。嘌呤核苷酸分解代谢主要在肝、小肠及肾中进行。

嘌呤代谢异常:尿酸过多引起痛风症，患者血中尿酸含量升高，尿酸盐晶体可沉积于关节、软组织、软骨及肾等处，导致关节炎、尿路结石及肾疾病。临床上常用别嘌呤醇治疗痛风症。

三、嘧啶核苷酸代谢

（一）嘧啶核苷酸的合成代谢

1. 嘧啶核苷酸的从头合成　肝是体内从头合成嘧啶核苷酸的主要器官。嘧啶核苷酸从头合成的原料是天冬氨酸、谷氨酰胺、CO_2 等。主要合成过程:形成的第一个嘧啶核苷酸是乳氢酸核苷酸（OMP），进而形成尿嘧啶核苷酸（UMP），UMP 在一系列酶的作用下生成 CTP。dTMP 由 dUMP 经甲基化生成的。嘧啶核苷酸从头合成的特点是先合成嘧啶环，再磷酸核糖化生成核苷酸。

2. 嘧啶核苷酸的补救合成　关键酶是嘧啶磷酸核糖转移酶，以尿嘧啶、胸腺嘧啶及乳氢酸为底物，对胞嘧啶不起作用。

3. 嘧啶核苷酸的抗代谢物　①嘧啶类似物:主要有 5-氟尿嘧啶（5-FU），在体内转变为 FdUMP 或 FUTP 后发挥作用;②氨基酸类似物:同嘌呤抗代谢物;③叶酸类似物:同嘌呤抗代谢物;④阿糖胞苷:抑制 CDP 还原成 dCDP。

（二）嘧啶核苷酸的分解代谢

嘧啶核苷酸在酶作用下生成磷酸、核糖及自由碱基，嘧啶碱进一步分解。胞嘧啶脱氨基转变成尿嘧啶，尿嘧啶最终生成 NH_3、CO_2 及 β-丙氨酸。胸腺嘧啶降解成 β-氨基异丁酸。

第二部分　知识链接与拓展

一、自毁容貌症

Lesch-Nyhan 综合征（Lesch-Nyhan syndrome）也称为自毁容貌症，是一种 X 染色体隐形连锁遗传缺陷,见于男性。由于次黄嘌呤-鸟嘌呤磷酸核糖转移酶的遗传缺陷,嘌呤核苷酸补救合成途径障碍,使得次黄嘌呤和鸟嘌呤不能转换为 IMP 和 GMP,而是降解为尿酸,过量尿酸增多引起。患者表现为尿酸增高及神经异常。如脑发育不全、智力低下、攻击和破坏性行为。1 岁后可出现手足徐动,继而发展为肌肉强迫性痉挛,四肢麻木,发生自残行为,常咬伤自己的嘴唇、手和足趾,故亦称自毁容貌症。自毁容貌症患者大多死于儿童时代,很少活到 20 岁以后。

迄今为止,全世界各地共陆续报道该病患者 150 多例,并且患者全部为男性儿童。这些患者在出生时并无异常表现,但 3~6 个月后便开始出现中枢神经系统症状(如肌张力异常、角弓反张、惊厥发作等),并迅速出现抬头困难、四肢无力、不能转身或坐起、吞咽比一般孩子困难等脑发育不正常症状。随着逐渐长大,孩子会逐渐出现手足不自主动作、无故吵闹、站立困难现象,并表现出明显的智力障碍。

二、痛　风

痛风是一组嘌呤代谢紊乱所致的一种疾病,尿酸的合成增加或排出减少,造成高尿酸血症,血尿酸浓度过高时,尿酸以钠盐的形式沉积在关节、软骨和肾脏中,引起组织异物炎性反应,即痛风。其临床表现为高尿酸盐结晶而引起的痛风性关节炎和关节畸形,关节局部出现红、肿、热、痛的症状。本病按高尿酸血症的形成原因可分为原发性痛风和继发性痛风两类。原发性痛风占绝大多数(90%以上)。原发性痛风的产生原因有 2 个方面:① 原因未明的分子缺陷:产生过多(可能属多基因遗传缺陷,发病率占 10%);排泄减少:肾小管分泌尿酸功能障碍,使肾脏尿酸排泄不足(可能属多基因遗传缺陷,发病率占 90%)。② 酶及代谢缺陷:如 PRPP 合成酶活性增加或是 HGPRT 部分缺少,尿酸产生过多。遗传特征为 X 连锁。女性为携带者,男性发病。原发性痛风由酶缺陷引起者占 1%~2%。而大多数病因未明。

第三部分　复习与实践

(一) 单选题 A1 型题(最佳肯定型选择题)

1. 稀有核苷酸存在于下列哪一类核酸中(　　)
A. tRNA　　B. mRNA
C. rRNA　　D. 线粒体 DNA
E. 核仁 DNA

2. 人体内嘌呤核苷酸分解代谢的主要终产物是(　　)
A. 尿素　　B. 肌酸
C. 肌酸酐　　D. 尿酸
E. β 丙氨酸

3. 体内进行嘌呤核苷酸从头合成最主要的组织是(　　)
A. 胸腺　　B. 小肠黏膜
C. 肝　　D. 脾
E. 骨髓

4. 5-氟尿嘧啶的抗癌作用机理是(　　)
A. 合成错误的 DNA　　B. 抑制尿嘧啶的合成
C. 抑制胞嘧啶的合成　　D. 抑制胸苷酸的合成
E. 抑制二氢叶酸还原酶

5. 下列化合物中作为合成 IMP 和 UMP 的共同原料是(　　)
A. 天冬酰胺　　B. 磷酸核糖
C. 甘氨酸　　D. 甲硫氨酸
E. 一碳单位

6. 下列关于嘌呤核苷酸从头合成的叙述正确的是(　　)
A. 氨基甲酰磷酸为嘌呤环提供氨基酰基
B. 次黄嘌呤-鸟嘌呤磷酸核糖转移酶催化 IMP 转变为 GMP
C. 由 IMP 合成 AMP 和 GMP 均由 ATP 供能

D. 嘌呤环的氮原子均来自氨基酸的氨基

E. 生成过程中不会产生自由嘌呤碱

7. 哺乳类动物体内直接催化尿酸生成的酶是( )

A. 尿酸氧化酶   B. 黄嘌呤氧化酶

C. 腺苷脱氨酸   D. 鸟嘌呤脱氨酶

E. 核苷酸酶

8. 抑制黄嘌呤氧化酶的是( )

A. 6-巯基嘌呤   B. 甲氨蝶呤

C. 氮杂丝氨酸   D. 别嘌呤醇

E. 阿糖胞苷

9. 阿糖胞苷作为抗肿瘤药物的机理是通过抑制下列哪种酶而干扰核苷酸代谢( )

A. 二氢叶酸还原酶

B. 核糖核苷酸还原酶

C. 二氢乳清酸脱氢酶胸苷酸合成酶

D. 胸苷酸合酶

E. 氨基甲酰基转移酶

10. 体内脱氧核苷酸是由下列哪种物质直接还原而成的( )

A. 核糖   B. 核糖核苷

C. 一磷酸核苷   D. 二磷酸核苷

E. 三磷酸核苷

11. 合成嘌呤、嘧啶的共用原料是( )

A. 甘氨酸   B. 一碳单位

C. 谷氨酸   D. 天冬氨酸

E. 氨基甲酰磷酸

12. 嘧啶核苷酸合成部位主要在( )

A. 肌肉   B. 肝脏

C. 心肌   D. 肾脏

E. 脑组织

13. 痛风症患者血中含量升高的物质是( )

A. 尿酸   B. 肌酸

C. 尿素   D. 胆红素

E. NH

14. 别嘌呤醇治疗痛风症是因为能抑制( )

A. 尿酸氧化酶   B. 核苷磷酸化酶

C. 鸟嘌呤脱氢酶   D. 腺苷脱氢酶

E. 黄嘌呤氧化酶

15. dTMP 合成的直接前体是( )

A. dUMP   B. TM

C. TDP   D. dUDP

E. DCMP

16. 嘌呤核苷酸分解代谢的共同中间产物是( )

A. IMP   B. XMP

C. 黄嘌呤   D. 次黄嘌呤

E. 尿酸

17. 补救合成嘌呤核苷酸的主要器官是( )

A. 脑及骨髓   B. 红细胞

C. 骨骼肌   D. 肾脏

E. 肝脏

18. 氮杂丝氨酸干扰核苷酸合成,因为它是下列哪种化合物的类似物( )

A. 丝氨酸   B. 甘氨酸

C. 天冬氨酸   D. 谷氨酰胺

E. 天冬酰胺

19. 在体内能分解生成 β-氨基异丁酸的是( )

A. AMP   B. GMP

C. CMP   D. UMP

E. TMP

(二) 单选题 A2 型题(最佳否定型选择题)

1. 下列哪种物质不是嘌呤核苷酸从头合成的直接原料( )

A. 甘氨酸   B. 天冬氨酸

C. 谷氨酸   D. CO_2

E. 一碳单位

2. 关于 6-巯基嘌呤的叙述,错误的是( )

A. 抑制 IMP 生成 GMP   B. 抑制 IMP 生成 AMP

C. 抑制次黄嘌呤生成 IMP   D. 抑制鸟嘌呤生成 GMP

E. 抑制腺苷生成 AMP

3. 下列哪一个反应不需要 1′-焦磷酸-5′-磷酸核糖(PRPP)( )

A. 由腺嘌呤转变为腺苷酸

B. 由鸟嘌呤转变为鸟苷酸

C. 由次黄嘌呤转变为次黄嘌呤核苷酸

D. 乳清酸的生成

E. 嘧啶生物合成中乳清酸核苷酸的生成

4. 与嘌呤核苷酸合成无关的酶是( )

A. PRPP 合成酶   B. 腺苷酸裂解酶

C. 羟化酶   D. 腺苷酸合成酶

E. 腺苷酸脱氨酶

5. 6-巯基嘌呤核苷酸不抑制( )

A. IMP→AMP   B. IMP→GMP

C. PRPP 酰胺转移酶   D. 嘌呤磷酸核糖转移酶

E. 嘧啶磷酸核糖转移酶

6. 下列哪种化合物对嘌呤核苷酸的生物合成不产生直接反馈抑制作用( )

A. TMP   B. IMP

C. AMP   D. GMP

E. ADP

（三）X 型题（多项选择题）

1. 嘌呤核苷酸从头合成的原料包括下列哪些物质（　　）

A. CO_2　　　　　　　　B. 氨基酸

C. 磷酸核糖　　　　　D. 一碳单位

E. 腺嘌呤

2. 参与嘌呤核苷酸合成的氨基酸有（　　）

A. 甘氨酸　　　　　　　B. 谷胺酰胺

C. 丙氨酸　　　　　　　D. 天冬氨酸

E. 亮氨酸

3. 氮杂丝氨酸作为核苷酸抗代谢物可阻断（　　）

A. IMP 的合成　　　　B. UMP-CMP

C. UTP-CTP　　　　　D. XMP-GMP

E. TMP 的合成

4. 合成嘌呤核苷酸和嘧啶核苷酸的共同物质是（　　）

A. 甘氨酸　　　　　　　B. 谷胺酰胺

C. 5-P-核糖　　　　　　D. 天冬氨酸

E. 丙氨酸

5. 嘌呤核苷酸从头合成的叙述正确的是（　　）

A. 主要在脑、骨髓组织进行

B. PRPP 酰胺转移酶是别构酶

C. PRPP 酰胺转换酶是别构酶

D. IMP 是首先合成的嘌呤核苷酸

E. 原料不包括氨基酸

6. 抑制黄嘌呤氧化酶活性（　　）

A. 通过别嘌呤醇来实现

B. 可减轻痛风症

C. 可增加嘌呤核苷酸的生成

D. 可减轻乳清酸尿症

E. 可减少嘧啶核苷酸的合成

7. 嘧啶核苷酸的补救合成途径指（　　）

A. 利用嘧啶碱　　　　B. 生成嘧啶核苷酸

C. 生成核苷酸　　　　D. 利用嘧啶核苷

E. 是生成嘧啶核苷酸的主要途径

8. 对嘌呤核苷酸合成有反馈抑制作用的是（　　）

A. IMP　　　　　　　　B. AMP

C. GMP　　　　　　　　D. 尿酸

E. CMP

9. 类似叶酸的物质抑制的反应有（　　）

A. 尿嘧啶的从头合成

B. 胸腺嘧啶核苷酸的生成

C. 嘌呤核苷酸的从头合成途径

D. 嘌呤核苷酸的补救合成途径

E. 尿嘧啶的补救合成

10. 嘌呤核苷酸补救合成途径的叙述正确的是（　　）

A. 补救途径在脑、骨髓组织进行

B. 核苷激酶直接催化核苷生成核苷酸

C. 该途径是合成核苷酸的主要途径

D. 嘌呤碱和 PRPP 经酶催化生成嘌呤核苷酸

E. 原料包括一碳单位

（四）名词解释

1. salvage pathway　　**2.** PRPP

3. 核苷酸抗代谢物　　**4.** de novo synthesis

5. gout

（五）简答题

1. 简述嘌呤核苷酸的补救合成及生理意义。

2. 简述嘧啶核苷酸的抗代谢物的种类、作用机制。

3. 简述嘌呤核苷酸的从头合成途径的反馈调节。

（六）论述题

1. 试从合成原料、合成顺序、反馈调节等方面比较嘌呤核苷酸和嘧啶核苷酸从头合成的异同点。

2. 论述核苷酸在体内的主要生理功能。

参考答案

（一）单选题 A1 型题（最佳肯定型选择题）

1. A　**2.** D　**3.** C　**4.** D　**5.** B　**6.** E　**7.** B　**8.** D

9. B　**10.** D　**11.** D　**12.** B　**13.** A　**14.** E　**15.** A

16. C　**17.** A　**18.** D　**19.** E

（二）单选题 A2 型题（最佳否定型选择题）

1. C　**2.** E　**3.** D　**4.** E　**5.** E　**6.** A

（三）X 型题（多项选择题）

1. ABCD　**2.** ABD　**3.** ACD　**4.** BCD　**5.** BD

6. AB　**7.** ABCD　**8.** ABC　**9.** BC　**10.** ABD

（四）名词解释

（略）

（五）简答题

1. 答题要点:细胞利用游离的嘌呤碱基或核苷重新合成相应嘌呤核苷酸的过程称为嘌呤核苷酸补救合成。嘌呤核苷酸补救合成的生理意义:节省从头合成时能量和一些氨基酸的消耗;体内某些组织器官,例如脑、骨髓等由于缺乏从头合成嘌呤核苷酸的酶体系,而只能进行嘌呤核苷酸的补救合成。

2. 答题要点:①嘧啶类似物:例如,5-FU 是胸腺嘧啶的结构类似物,在体内转变为氟尿嘧啶脱氧核苷一磷酸(FdUMP)以及氟尿嘧啶核苷三磷酸(FUTP),FdUMP 与 dUMP 结构相似,抑制 TMP 合成酶,使 TMP 的合成受阻。FUTP 则作为 RNA 合成的原料,以 FUMP 形式掺入 RNA 分子,取代 UMP 而破坏 RNA 的结构和功能。②氨基酸类似物:氮杂丝氨酸、6-重氮-5-氧正亮氨酸等。结构与 Gln 类似,可以干扰 Gln 在嘧啶核苷酸合成中的作用、抑制 CTP 的合成。③叶酸类似物:氨蝶呤、氨甲蝶呤(MTX),都是叶酸类似物。竞争性抑制 FH_2 还原酶,使叶酸不能还原成 FH_2 和 FH_4,影响一碳单位代谢,使 dUMP 不能利用一碳单位甲基化成 TMP。④核苷类似物:阿糖胞苷抑制 CDP 还原成 dCDP,影响 DNA 的合成,具有抗癌作用。

3. 答题要点:嘌呤核苷酸从头合成的调节——反馈调节有以下方面:主要是合成产物对酶的反馈抑制,IMP、AMP、GMP、ADP、GDP 抑制 PRPP 合成酶;IMP、AMP、GMP 抑制 PRPP 酰胺转移酶。R-5-P 和 PRPP 则分别增强 PRPP 合成酶、PRPP 酰胺转移酶的活性。ATP 和 GTP 分别正反馈促进 GMP 和 AMP 的合成,ATP 促进 XMP→GMP;GTP 促进 IMP→腺苷酸代琥珀酸。AMP 抑制 IMP→腺苷酸代琥珀酸;GMP 抑制 IMP→XMP。

(六)论述题

1. 答题要点:见表 11-4。

表 11-4 嘌呤核苷酸和嘧啶核苷酸从头合成的异同点

		嘌呤核苷酸	嘧啶核苷酸
合成原料	相同点	磷酸核糖、天冬氨酸、谷氨酰胺、CO_2 及一碳单位	磷酸核糖、天冬氨酸、谷氨酰胺、CO_2 及一碳单位
	不同点	有甘氨酸	无甘氨酸
合成顺序	相同点	1. 以小分子物质为原料开始合成 2. 合成重要的中间产物,然后由此再转变成腺嘌呤核苷酸和鸟嘌呤核苷酸	1. 以小分子物质为原料开始合成 2. 合成重要的中间产物,然后由此再转变成鸟嘧啶核苷酸
	不同点	1. 重要的中间产物是 IMP 2. 以 5-磷酸核糖开始,加入其他原料合成嘌呤环	1. 重要的中间产物乳清酸核苷酸 2. 以氨基甲酰磷酸开始,加入其他原料形成嘧啶环
反馈调节	相同点	1. 代谢产物的反馈调节 2. 代谢产物可反馈抑制 PRPP 合成酶活性	1. 代谢产物的反馈调节 2. 代谢产物可反馈抑制 PRPP 合成酶活性
	不同点	嘌呤核苷酸合成的调节酶主要是 PRPP 合成酶,IMP、AMP 及 GMP 抑制	嘧啶核苷酸合成的调节酶主要是氨基甲酰磷酸合成酶 II,受 UMP 抑制

2. 答题要点:核苷酸主要参与构成核酸,许多单核苷酸也具有多种重要的生物学功能,如与能量代谢有关的三磷腺苷(ATP)、脱氢辅酶等。①核苷酸是合成生物大分子核糖核酸(RNA)及脱氧核糖核酸(DNA)的前身物。②三磷腺苷(ATP)在细胞能量代谢上起着极其重要的作用。③ATP 还可将高能磷酸键转移给 UDP、CDP 及 GDP 生成 UTP、CTP 及 GTP。④腺苷酸还是几种重要辅酶,如辅酶 I(烟酰胺腺嘌呤二核苷酸,NAD^+)、辅酶 II(磷酸烟酰胺腺嘌呤二核苷酸,$NADP^+$)、黄素腺嘌呤二核苷酸(FAD)及辅酶 A(CoA)的组成成分。NAD^+ 及 FAD 是生物氧化体系的重要组成成分,在传递氢原子或电子中有着重要作用。CoA 作为有些酶的辅酶成分,参与糖有氧氧化及脂肪酸氧化作用。⑤环核苷酸对于许多基本的生物学过程有一定的调节作用(见第二信使)。

(裴秀英 李 岩)

第十三章　物质代谢的联系与调节

第一部分　实验预习

生命体的存在离不开机体与外界环境之间不断进行的物质交换,即物质代谢。物质代谢是生命的一个基本特征,是生命活动的物质基础。体内各种物质代谢及代谢间的相互联系是在体内精细而又复杂的调节机制下进行的。

一、物质代谢的特点

1. 体内各种物质代谢的整体性　机体内各种物质的代谢不是彼此间孤立、各自为政,而是同时进行,彼此互相联系,或互相转换,或相互依存,或相互制约,从而构成统一整体。

2. 体内各种物质代谢的可调节性　物质代谢调节是生物的重要特征,它普遍存在于生物界。在机体存在着一套精细、完善而又复杂的调节机制,能够保证体内各种物质代谢有条不紊,使各种物质代谢的强度、方向和速度能适应内外环境的变化,保证机体各项生命活动的正常进行。

3. 体内各组织、器官的代谢特异性　体内各种组织、器官结构不同,所含酶类的种类和含量各有差异,因而各物质代谢途径及功能也各具特色,即代谢具有组织/器官特异性。

4. 体内各种代谢物具有共同的代谢池　机体内无论是从外界摄入的或是体内产生的各种代谢物,进行中间代谢时,不分彼此,参加到共同的物质代谢池中进行代谢。

5. ATP 是机体储存能量和消耗能量的共同形式　一切生命活动都需要能量的供给。ATP 作为机体内能量的"通用货币",在生命活动中发挥主要作用。

6. NADPH 提供合成代谢所需的还原当量　体内的合成代谢途径与分解代谢途径所需的酶及辅酶大多不同。参与合成代谢的还原酶则以 $NADP^+$ 为辅酶,提供还原当量。

此外,体内糖、脂类、氨基酸及核苷酸的代谢总是处于一种动态平衡状态。

二、物质代谢的相互关系

体内各代谢途径之间,可通过一些共同的中间代谢产物,相互联系和转变。所以,在体内糖、脂类、蛋白质代谢时,除了一些必需营养物质(如必需氨基酸、必需脂肪酸等)外,大多数可以相互转变。

1. 各种能源物质的代谢　生物体的能量来自糖、脂肪、蛋白质三大营物质在体内的分解氧化。三大营养物质的氧化供能,可分为三个阶段。首先,糖原、脂肪、蛋白质分解产生各自的基本组成单位(成分);其次,这些基本单位按各自不同的分解途径生成共同的中间产物——乙酰 CoA;最后,乙酰 CoA 进入三羧酸循环和氧化磷酸化彻底氧化成 CO_2 和 H_2O,以及能量的产生。

通常情况下,体内的供能物质以糖和脂类为主。人体所需能量的 50%~70% 由糖提供,作为体内的首要供能物质。脂肪作为次要供能物质,是机体储能的主要形式,储量大,含水少。蛋白质作为组织细胞的重要结构成分,在维持组织细胞的生长、更新、修补及执行各种生命活动发挥重要作用,通常并无多余储备,蛋白质分解氧化提供的能量可占总能量的 18%。

2. 糖、脂及蛋白质之间的代谢联系

(1) 糖代谢与脂代谢的相互关系:糖可转变为脂肪,脂肪是机体能量存储的主要形式。当人体摄取糖量超过机体能量消耗时,除合成少量糖原外,主要转变为脂肪。此外,糖也可以转变为胆固醇,可以为磷脂合成提供原料。反之,脂肪分解产生的甘油可在肝、肾、肠等组织中转变为糖;脂肪分解的另一主要产物脂肪酸不能转变为糖,原因是脂肪酸经 β-氧化生成的乙酰 CoA 不能逆转生成丙酮酸。

(2) 糖代谢与蛋白质代谢的相互关系:糖可以转变为非必需氨基酸。食物中的蛋白质不能由糖来代替,食物中蛋白质的摄入是维持机体正常功能所必需的。蛋白质在体内可以分解成氨基酸,转变成糖。体内 20 种氨基酸除了生酮氨基酸(亮氨酸和赖氨酸)外,均可经脱氨基作用后转变为丙酮酸、α-酮戊二酸、草酰乙酸等循糖异生途径转变成葡萄糖和糖原。

(3) 脂类代谢与蛋白质代谢的相互联系:脂类不能转变成氨基酸,仅有脂肪分解产生的甘油,可经代谢转变成丙酮酸,再转变为 α-酮戊二酸、草酰乙酸,接受氨基转变成丙氨酸、谷氨酸和天门冬氨酸等非必需氨基酸。高等动物体内,脂肪酸不能合成非必需氨基酸。蛋白质可以转变成脂肪。氨基酸分解后可生成乙酰 CoA,后者是脂肪酸合成的原料进而合成脂肪;乙酰 CoA 还可用于胆固醇的合成以满足机体的需要。此外,一些氨基酸还可作为磷脂合成的原料,如丝氨酸及其代谢产生的胆胺与胆碱是合成磷脂酰丝氨酸、脑磷脂及卵磷脂的原料。

(4) 核苷酸、氨基酸与糖代谢的相互联系:氨基酸还为体内核酸的合成提供原料,如嘌呤合成需要谷氨酰胺、甘氨酸、天冬氨酸和一碳单位(氨基酸代谢产生);嘧啶合成需要谷氨酰胺和天冬氨酸及一碳单位为原料。磷酸戊糖途径为核苷酸的合成提供的 5-磷酸核糖和 NADPH+H^+还原能量。

三、代谢调节的方式

代谢调节普遍存在于生物界,是生命的重要特征,是生物进化过程中逐步形成的一种适应能力。生物进化程度愈高,其代谢调节越精细、复杂。代谢调节的三级水平,即:细胞水平代谢调节、激素水平代谢调节及整体水平代谢调节。在这些水平代谢调节中,细胞水平代谢调节是基础,激素水平和整体水平的调节最终是通过细胞水平的代谢调节来实现。

1. 细胞水平的代谢调节 细胞水平的代谢调节的实质是酶的调节,主要通过细胞内区域化分布、酶的别构调节、酶的化学修饰及酶含量的改变等方面来调节。

(1) 酶在细胞内的分布:即酶的区域化(compartmentation)分布。参与同一代谢途径的酶类常可组成多酶体系,分布于细胞的某一区域或亚细胞结构中。如糖酵解、糖原合成、脂肪酸合成酶等酶系分布在细胞胞浆中,而三羧酸循环、脂肪酸 β-氧化和氧化磷酸化酶系分布于线粒体中,核酸合成则在细胞核内进行。代谢途径包含一系列酶催化的化学反应,其速率和方向是由其中一个或几个具有调节作用的酶活性决定的。这些能控制代谢途径中关键反应的酶称为关键酶(key enzymes)。这类酶催化的反应常为不可逆反应,而反应的速度取决于酶而不是作用物的浓度,这类反应称为限速反应,催化限速反应的酶就是关键酶,又称限速酶(rate-limited enzyme)。限速酶活性改变不但可以影响整个酶体系催化反应的总速度,甚至还可以改变代谢反应的方向。

(2) 变构调节:某些小分子物质可与酶蛋白的调节亚基或调节部位进行非共价键结合,引起酶构象(conformation)变化,由此改变其酶活性,这种调节方式称为变构调节(allosteric regulation)或别构调节,受变构调节的酶称为变构酶(allosteric enzyme)或别构酶。小分子调节物质称变构效应剂(allosteric effector),能增加酶活性的称变构激活剂,反之被称为变构抑制剂。变构效应剂可以是酶的底物,也可以是酶的产物或酶体系的终产物,或其他代谢物。变构酶常为多亚基组成的寡聚体,结构中包括催化亚基和调节亚基。变构效应剂通过非共价键与调节亚基结合,引起酶蛋白构象变化。变构调节的意义在于使代谢物的生成不致过多,通过调节使能量得以有效利用,防止过量生成多余产物的浪费和对机体可能的损害,促进不同代谢途径之间相互协调。

(3) 化学修饰:调节酶在另一种酶的催化下,发生共价修饰,从而引起酶活性变化,称化学修饰(chemical modification),又称共价修饰(covalent modification)。主要方式有磷酸化与脱磷酸,乙酰化与脱乙酰,甲基化与脱甲基,腺苷化与脱腺苷及—SH与—S—S—互变等,其中以磷酸化修饰最为常见。共价修饰调节主要特点:①大多数接受化学修饰调节的酶都有无活性或低活性和有活性或高活性两种形式,它们之间的互变由两种不同的酶催化。②共价修饰调节是由酶催化下的共价变化,由于是酶促反应,催化效率高,因此具有逐级放大的效应。③在调节过程中虽然需要消耗ATP,但由于是在酶催化下进行的,利用能量的效率很高,且专一性强。

(4) 酶量的调节:机体可通过调节细胞内酶的合成途径,使酶的含量发生相应变化,调节酶活性,此过程耗能,所需时间较长,因此酶含量的调节属迟缓调节。调节酶的合成主要有两种方式——酶的诱导(induction)和阻遏(repression)。

2. 激素水平的代谢调节　通过激素来调控物质代谢是高等生物体内代谢调节的重要方式。激素(hormone)是一类由特定细胞合成并分泌的化学物质,它随血液循环到全身,作用于特定的靶组织或靶细胞,引起某种物质代谢沿一定方向、强度进行而产生特定生物学效应。激素作用表现为高度的组织特异性和效应特异性。按激素受体在细胞的部位不同,将激素分为膜受体激素和胞内受体激素两大类。

3. 整体调节　人类在生活过程中,其所处的内外环境总是不断地变化,机体通过神经-体液途径对物质代谢进行调节,以保证机体的能量供求,维持机体正常的生理活动和内环境的相对恒定。

(1) 饥饿:①短期饥饿:饥饿的第1~3天后,肝糖原显著减少,血糖水平趋于下降,引起胰高血糖素分泌增加和胰岛素分泌减少。这两种激素的增减可引起体内发生"三增强一减弱"为主要特征的代谢变化。代谢特点:肌肉蛋白质分解增强,氨基酸释放增多;糖异生作用增强;脂肪动员增强,酮体生成增多;组织对葡萄糖利用降低。②长期饥饿:如特殊原因长期不能进食(饥饿1周以上)。代谢特点:组织蛋白质分解减少,以保证人体的基本生理功能;脂肪动员进一步增强,肝的生酮量进一步增多;肾皮质的糖异生作用明显增强;肌肉以氧化脂肪酸为主要能源,节省酮体以供脑组织利用。

(2) 应激:应激(stress)是机体受到一些异乎寻常的刺激(如创伤、剧痛、冻伤、缺氧、感染以及剧烈情绪激动等)后所做出的一系列反应的"紧张状态"。应激状态伴有神经-体液的变化,包括交感神经兴奋引起肾上腺髓质和皮质激素分泌增多,血浆胰高血糖素及生长激素水平增高,胰岛素水平降低。这些激素水平的变化,引起一系列代谢变化。

主要代谢特点:血糖升高;脂肪代谢变化主要表现为脂肪动员加速;蛋白质代谢变化主要表现为蛋白质分解加强。这些代谢变化的重要意义在于为机体应对"紧急情况"提供足够的能量来源。

第二部分　知识链接与拓展

甲状腺功能亢进症

简称甲亢,是由于甲状腺腺体本身功能亢进,合成与分泌甲状腺激素增加所导致的甲状腺毒症(thyrotoxicosis)。后者是指血液循环中甲状腺素过多,引起神经、消化及循环等多系统兴奋性增高和代谢亢进为主要表现的临床综合征。引起甲亢的病因主要有:Graves 病、甲状腺自主性高功能腺瘤、垂体性甲亢、毒性多结节性甲状腺肿、绒毛膜促性腺激素相关性甲亢等。以 Graves 病最为常见,占到 85% 左右。主要为循环系统中甲状腺素增多引起,严重程度与病史长短、激素升高程度及患者年龄等相关。症状:易激动、烦躁失眠、心悸、乏力、怕热、多汗、食欲增加、女性月经稀少等。体征表现:Graves 病患者大多有程度不等的甲状腺肿大,无压痛。心血管系统表现为心率加快、心脏扩大、心律失常、心房颤动、脉压增大等。眼部表现为单纯性突眼和浸润性突眼两种。单纯性突眼可表现为 Sellwag 征、Von Graefe 征、Joffroy 征等的阳性表现。实验室检查包括血清促甲状腺素(TSH)和甲状腺激素、甲状腺自身抗体、甲状腺摄^{131}I 功能试验等。

案例 13-1

患者,女,39 岁,主诉:全身乏力 1 年,食欲增加、手颤抖、易怒、出汗、心慌 2 个月余。患者于 1 年前因家庭纠纷及农忙而致劳累、生气,出现全身乏力,饮水增多,2500ml/天,1 年消瘦 6kg,双手颤抖,出汗增多,皮肤瘙痒,头发脱落,易怒,心慌,失眠,并有腹胀,畏寒肢冷。查体:病态面容,眼睛突起,心率 75 次/分,皮肤潮湿,双手震颤(++),四肢肌张力减低,甲状腺中度肿大,甲状腺功能化验异常,心电图正常。部分甲状腺功能检查结果:FT$_3$ 28.4pg/ml(9.0~21.6pg/ml);FT$_4$ 35.5pg/ml(10.3~24.5pg/ml);TSH 0.008U/ml(2~10mU/L)。初步诊断:甲状腺功能亢进症。

问题与思考:

(1) 甲亢患者的基础代谢率(basal metabolic rate, BMR)增高,说明了什么?

(2) 甲亢和甲减在临床表现上的区别是什么?

(3) 甲亢与碘元素、氟元素的关系是什么?

第三部分　复习与实践

(一) 单选题 A1 型题(最佳肯定型选择题)

1. 应激时需要调动的是机体哪一水平的调节(　　)

A. 细胞水平　　　　　B. 激素水平

C. 神经水平　　　　　D. 整体水平

E. 局部水平

2. 下列哪种激素作用于膜受体(　　)

A. 肾上腺素　　　　　B. 雌激素

C. 甲状腺素　　　　　D. 孕激素

E. 醛固酮

3. 情绪激动时,机体会出现(　　)

A. 血糖降低　　　　　　B. 脂肪动员减少

C. 蛋白质分解减少　　　D. 血糖升高

E. 血中 FFA 减少

4. 从营养学的角度看,下列叙述正确的是(　　)

A. 糖完全可以替代蛋白质

B. 脂肪完全可以替代蛋白质

C. 胆固醇完全可以替代蛋白质

D. 核酸完全可以替代蛋白质

E. 体内蛋白质需要从外界摄取

5. 下列在代谢途径中成为限速酶可能性最小的酶是(　　)

A. 在细胞内催化反应接近平衡状态的酶

B. 代谢途径的起始或分支点上的酶

C. 催化不可逆反应的酶

D. 具有高 K_m 值而活性低的酶

E. 反应速度很慢的酶

6. 饥饿时,造成血液中酮体增高的主要原因是(　　)

A. 葡萄糖氧化分解增高　B. 脂酸氧化分解增高

C. 氨基酸氧化分解增高　D. 核苷酸分解加速

E. 糖原分解增多

7. 酶的磷酸化修饰常发生在(　　)

A. 赖氨酸的 ε-氨基　　B. 含羧基的氨基酸残基

C. 组氨酸的咪唑基　　D. 含羟基的氨基酸残基

E. 半胱氨酸的巯基

8. 下列关于变构效应剂与酶结合的叙述中,正确的是(　　)

A. 与酶活性中心底物结合部位结合

B. 与酶活性中心催化部位结合

C. 与调节亚基或调节部位结合

D. 与酶活性中心外任何部位结合

E. 通过共价键与酶结合

9. 三羧酸循环所需草酰乙酸通常主要来自于(　　)

A. 食物直接提供　　　B. 天冬氨酸脱氨基

C. 苹果酸脱氢　　　　D. 糖代谢丙酮酸羧化

E. 以上都不是

10. 经酶促共价修饰磷酸化反应后,活性降低的是(　　)

A. 磷酸化酶 b　　　　B. 磷酸化酶 b 激酶

C. 糖原合酶　　　　　D. 脂肪组织脂肪酶

E. HMG-CoA 还原酶

11. 磷酸二羟丙酮是哪两种物质代谢之间的交叉点(　　)

A. 糖-氨基酸　　　　B. 糖-脂酸

C. 糖-甘油　　　　　D. 糖-胆固醇

E. 糖-核酸

12. 下列哪种酶属于化学修饰酶(　　)

A. 己糖激酶　　　　　B. 葡萄糖激酶

C. 丙酮酸激酶　　　　D. 糖原合酶

E. 柠檬酸合酶

13. 最直接联系核苷酸合成与糖代谢的物质是(　　)

A. 葡萄糖　　　　　　B. 6-磷酸葡萄糖

C. 1-磷酸葡萄糖　　　D. 1,6-二磷酸葡萄糖

E. 5-磷酸核糖

14. 长期使用糖皮质激素药物的病人表现出高血糖是因为(　　)

A. 底物诱导　　　　　B. 产物阻遏

C. 激素或药物诱导　　D. 变构调节

E. 化学修饰调节

15. 位于糖酵解、糖异生、磷酸戊糖途径、糖原合成及糖原分解各条代谢途径交叉点上的化合物是(　　)

A. 1-磷酸葡萄糖　　　B. 6-磷酸葡萄糖

C. 1,6-二磷酸果糖　　D. 3-磷酸甘油醛

E. 6-磷酸果糖

16. 糖异生、酮体生成及尿素合成都可发生于(　　)

A. 脑　　　　　　　　B. 肌肉

C. 肺　　　　　　　　D. 心

E. 肝

17. 饥饿可以使肝内哪种代谢途径增强(　　)

A. 脂肪合成　　　　　B. 糖原合成

C. 糖酵解　　　　　　D. 糖异生

E. 磷酸戊糖途径

18. 关于变构调节叙述正确的是(　　)

A. 所有变构酶都有一个调节亚基,一个催化亚基

B. 变构酶的动力学特点是酶促反应速度与底物浓度的关系呈 S 形而非矩形双曲线

C. 变构激活与酶被离子和激活剂激活的机制相同

D. 变构抑制与非竞争性抑制相同

E. 变构抑制与竞争性抑制相同

19. 糖、脂酸及氨基酸分解代谢的交叉点是(　　)

A. α-磷酸甘油　　　　B. 丙酮酸

C. α-酮戊二酸　　　　D. 琥珀酸

E. 乙酰 CoA

20. 通常生物体内物质代谢调节的基础是(　　)

A. 整体水平调节　　　B. 激素水平调节

C. 细胞水平调节　　　D. 代谢通路的调节

E. 以上都不是

21. 正常生理状况下大脑中的能量供应主要是(　　)

A. 葡萄糖　　　　　　B. 脂酸

C. 酮体　　　　　　　　　D. 氨基酸

E. 核苷酸

22. 静息状态时,体内耗氧量最多的器官是(　　)

A. 肝　　　　　　　　　　B. 心

C. 脑　　　　　　　　　　D. 骨骼肌

E. 红细胞

23. 生理情况下,胰岛素引起下列哪一种作用增加(　　)

A. 脂肪动员　　　　　　　B. 酮体生成

C. 糖原分解　　　　　　　D. 蛋白质分解

E. 蛋白质合成

(二) 单选题 A2 型题(最佳否定型选择题)

1. 不受酶变构作用影响的是(　　)

A. 酶促反应速度　　　　　B. 酶促反应平衡点

C. 酶与底物的亲和力　　　D. 酶的催化活性

E. K_m 值

2. 下列关于酶的磷酸化叙述错误的是(　　)

A. 磷酸化和去磷酸化都是酶促反应

B. 磷酸化或去磷酸化可伴有亚基的聚合和解聚

C. 磷酸化只能使酶变为有活性形式

D. 磷酸化反应消耗 ATP

E. 磷酸化发生在酶的特定部位

3. 关于短期饥饿时机体代谢改变的叙述,错误的是(　　)

A. 脂肪的动员增加　　　　B. 糖异生途径加强

C. 肝脏酮体生成增加　　　D. 增加肌组织蛋白分解

E. 组织利用葡萄糖增多

4. 下列代谢调节方式中不属于细胞水平调节的是(　　)

A. 酶蛋白降解的调节　　　B. 酶蛋白的化学修饰

C. 激素调节　　　　　　　D. 酶蛋白的诱导合成

E. 别构调节

5. 关于糖、脂、氨基酸三大营养物质代谢的错误叙述是(　　)

A. 乙酰 CoA 是糖、脂、氨基酸分解代谢共同的中间产物

B. 三羧酸循环是糖、脂、氨基酸彻底氧化的最终共同途径

C. 糖、脂不能转变为蛋白质

D. 过多摄入糖类化合物,可转变为脂肪

E. 脂类物质都可以转变为糖

6. 关于酶的化学修饰叙述错误的是(　　)

A. 酶以有活性(高活性)和无活性(低活性)两种形式存在

B. 变构调节是快速调节,化学修饰不是快速调节

C. 两种形式的转变由不同酶催化

D. 两种形式的转变有共价键变化

E. 有放大效应

7. 不通过第二信使 cAMP 发挥代谢调节作用的激素有(　　)

A. 儿茶酚胺类　　　　　　B. 性激素

C. 甲状旁腺素　　　　　　D. 促甲状腺素

E. 促性腺激素

8. 当肝细胞内 ATP 供应充分时,下列叙述哪一项是错误的(　　)

A. 丙酮酸激酶被抑制

B. 6-磷酸果糖激酶-1 活性受抑制

C. 丙酮酸羧化酶活性受抑制

D. 糖异生增强

E. 三羧酸循环减慢

(三) X 型题(多项选择题)

1. 关于酶共价修饰调节的叙述错误的是(　　)

A. 磷酸化后酶形成共价键过程是不可逆的

B. 是需其他酶参与的级联放大效应

C. 酶修饰需 ATP 供给磷酸基,所以不经济

D. 受共价修饰调节的酶不能被变构调节

E. 调节效率常较变构调节高

2. 下列关于酶化学修饰的叙述,正确的是(　　)

A. 引起酶蛋白发生共价变化

B. 使酶活性改变

C. 有放大效应

D. 磷酸化与脱磷酸化最常见

E. 属迟缓调节

3. 通过影响第二信使 cAMP 含量发挥代谢调节作用的激素有(　　)

A. 胰岛素　　　　　　　　B. 胰高血糖素

C. ACTH　　　　　　　　D. 性激素

E. 肾上腺皮质激素

4. 变构调节的特点是(　　)

A. 变构剂与酶分子上的非催化特定部位结合

B. 使酶蛋白构象发生改变,从而改变酶活性

C. 酶分子多有调节亚基和催化亚基

D. 都产生正效应,即加快反应速度

E. 具有放大效应

5. 饥饿时体内可能发生下列哪些代谢变化(　　)

A. 组织蛋白分解加强　　　B. 胰高血糖素分泌增加

C. 脂肪动员加强　　　　　D. 葡萄糖的摄取利用增多

E. 糖原分解增加

6. 下列作用于膜受体的激素有(　　)

A. 肾上腺素　　　　　B. 甲状腺素

C. 生长激素　　　　　D. 胰岛素

E. 糖皮质激素

7. 下列酶中,受化学修饰调节的酶有(　　)

A. 磷酸化酶激酶　　　B. 糖原合酶

C. 磷酸果糖激酶　　　D. 乙酰辅酶 A 羧化酶

E. 乳酸脱氢酶

8. 酶的变构调节(　　)

A. 无共价键变化

B. 有构型变化

C. 变构剂都是酶的底物或酶促反应的终产物

D. 酶动力学遵守米氏方程

E. 是生物体内快速调节酶活性的重要方式

9. 给动物以丙酮酸饲喂后,其可转变成下列哪些物质(　　)

A. 葡萄糖　　　　　　B. 甘油三酯

C. 胆固醇　　　　　　D. 乳酸

E. 丙氨酸

10. 既涉及胞液又涉及线粒体的代谢过程有(　　)

A. 尿素的合成　　　　B. 糖异生

C. 血红素合成　　　　D. 糖酵解

E. 胆汁酸合成

11. 存在于线粒体的酶系有(　　)

A. 联合脱氨基酶系　　B. 脂酸 β-氧化酶系

C. 呼吸链各种脱氢酶系 D. 三羧酸循环酶系

E. 糖酵解酶系

12. 关于酶共价修饰调节的叙述错误的是(　　)

A. 磷酸化后酶形成共价键过程是不可逆的

B. 是需其他酶参与的级联放大效应

C. 酶修饰需 ATP 供给磷酸基,所以不经济

D. 受共价修饰调节的酶不能被变构调节

E. 调节效率常较变构调节高

13. 能进行有氧氧化分解葡萄糖的组织或细胞是(　　)

A. 肝　　　　　　　　B. 脑

C. 心　　　　　　　　D. 红细胞

E. 肌肉

14. 关于变构酶结构及作用的叙述正确的是(　　)

A. 活性中心与调节部位都处于同一亚基

B. 调节酶活性的过程比较缓慢且持续

C. 变构效应抑制或激活酶作

D. 小分子物质与酶变构部位非价结合

E. 有的变构酶的调节部位和催化部位在同一亚基上

(四) 名词解释

1. chemical modification　　2. allosteric regulation

3. key enzymes　　4. allosteric enzyme

5. 整体水平代谢调节

(五) 简答题

1. 试述乙酰 CoA 在代谢中的作用。

2. 比较酶的变构调节与化学修饰调节的异同点。

3. 简述应激时血糖升高的机制。

4. 试述细胞内受体激素的作用机制。

5. 为何称三羧酸循环是物质代谢的中枢,有何生理意义?

6. 试述体内草酰乙酸在物质代谢中的作用。

(六) 论述题

1. 试述细胞水平代谢调节、激素水平代谢调节和整体水平代谢调节的特点。

2. 论述短期饥饿时,机体代谢发生的主要变化。

3. 体内糖、脂及氨基酸的代谢可通过哪些物质相互联系沟通?(举两例说明)

4. 给动物以丙酮酸,它在体内可转变为哪些物质?写出可转变的代谢途径名称。

参 考 答 案

(一) 单选题 A1 型题(最佳肯定型选择题)

1. D　2. A　3. D　4. E　5. A　6. B　7. D　8. C

9. D　10. C　11. C　12. D　13. E　14. C　15. B

16. E　17. D　18. B　19. E　20. C　21. A　22. D

23. E

(二) 单选题 A2 型题(最佳否定型选择题)

1. B　2. C　3. E　4. C　5. E　6. B　7. B　8. C

(三) X 型题(多项选择题)

1. ACD　2. ABCD　3. ABC　4. ABC　5. ABCE

6. ACD　7. ABCD　8. AE　9. ABCDE　10. ABC

11. BCD　12. ACD　13. ABCE　14. CDE

(四) 名词解释

(略)

(五) 简答题

1. 答题要点:乙酰 CoA 是能源物质代谢的重要中间代谢产物,在体内能源物质代谢中是一个枢纽性的物质。糖分解代谢产生的丙酮酸氧化脱羧产生乙酰 CoA,脂酸 β-氧化的产物是乙酰 CoA,多种氨基

酸最后分解产生乙酰 CoA。糖、脂肪、蛋白质三大营养物质通过乙酰 CoA 汇聚成一条共同的代谢通路——三羧酸循环和氧化磷酸化，经过这条通路彻底氧化生成二氧化碳和水，释放能量用以 ATP 的合成。乙酰辅酶 A 是合成脂肪酸、酮体等能源物质的前体物质，也是合成胆固醇及其衍生物等生理活性物质的前体物质。

2. 答题要点：①相同点：都属于细胞水平的调节，属酶活性的快速调节方式。②不同点：影响因素：变构调节是由细胞内变构效应剂浓度的改变而影响酶的活性；化学修饰调节是激素等信息分子通过酶的作用而引起共价修饰。酶分子改变：变构效应剂通过非共价键与酶的调节亚基或调节部位可逆结合，引起酶分子构象改变，常表现为变构酶亚基的聚合或解聚；化学修饰调节是酶蛋白的某些基团在其他酶的催化下发生共价修饰而改变酶活性。特点及生理意义：变构调节的动力学特征为 S 型曲线，在反馈调节中可防止产物堆积和能源的浪费；化学修饰调节耗能少，作用快，有放大效应，是经济有效的调节方式。

3. 答题要点：应激时，交感神经兴奋引起肾上腺素及胰高血糖素分泌增加，它们促进肝糖原分解，使血糖升高；肾上腺皮质激素和胰高血糖素等可使体内糖异生增加，亦使血糖升高；皮质激素和生长素能使周围组织对糖的利用降低，使血糖维持于较高水平。

4. 答题要点：脂溶性激素（如类固醇激素、甲状腺素、前列腺素等）的受体位于细胞质或细胞核内。激素进入细胞后，有些可与其胞核内的受体相结合形成激素-受体复合物，有些则先与其在胞浆内的受体结合，然后以激素-受体复合物的形式进入核内。当激素与受体结合后，受体构象发生变化，暴露出受体核内转移部位及 DNA 结合部位，从而激素受体复合物向内转移，并结合于 DNA 上特异基因邻近的激素反应元件上。结合于激素反应元件的激素-受体复合物再与位于启动子区域的基本转录因子及其他的转录调节分子作用，从而开放或关闭其下游基因，进一步加强或减弱有关酶基因的表达。

5. 答题要点：三羧酸循环是糖、脂、蛋白质分解代谢的最终共同途径，体内各种代谢产生的 ATP、CO_2、H_2O 主要来源于此循环。三羧酸循环是三大物质相互联系的枢纽，机体通过神经体液的调节，使三大物质代谢处于动态平衡之中，正常情况下，三羧酸循环原料-乙酰 CoA 主要来源于糖的分解代谢，

脂主要是储能；病理或饥饿状态时，则主要来源于脂肪的动员，蛋白质分解产生的氨基酸也可为三羧酸循环提供原料。

6. 答题要点：草酰乙酸在三羧酸循环中起着催化剂一样的作用，其量决定细胞内三羧酸循环的速度，草酰乙酸主要来源于糖代谢丙酮酸羧化，故糖代谢障碍时，三羧酸循环及脂的分解代谢将不能顺利进行；草酰乙酸是糖异生的重要代谢物；草酰乙酸与氨基酸代谢及核苷酸代谢有关；草酰乙酸参与了乙酰 CoA 从线粒体转运至胞浆的过程，这与糖转变为脂的过程密切相关；草酰乙酸参与了胞浆内 NADH 转运到线粒体的过程（苹果酸-天冬氨酸穿梭）；草酰乙酸可经转氨基作用合成天冬氨酸；草酰乙酸在胞浆中可生成丙酮酸，然后进入线粒体进一步氧化为 $CO_2 + H_2O + ATP$。

(六) 论述题

1. 答题要点：①细胞水平的调节，细胞水平的调节就是细胞内酶的调节，包括酶的含量、分布、活性等调节。酶在细胞内的分隔分布，在代谢调节中的作用点是通过限速酶、关键酶完成；对代谢途径中关键酶可以进行别构调节或化学修饰，对关键酶的活性进行别构调节，或通过化学修饰关键酶，体内以磷酸化和去磷酸化最多见与重要，对酶的活性进行调节；同工酶对代谢的调节；酶含量的调节：不同于以上的"快速调节"而是一类"迟缓调节"，不是细胞内现有酶活性的调节，而是通过酶蛋白合成的诱导增加为主，酶量的调节来影响酶催化总活性而发挥的调节，包括底物、激素、药物的诱导和产物的阻遏酶蛋白合成等。②激素水平的调节：激素水平的调节是人体内代谢调节的主要方式，具有微量高效、组织器官特异性等代谢调节作用特点。激素通过血液循环运输到全身，必须通过与靶细胞的受体蛋白识别特异结合才发挥对靶细胞代谢的代谢调节作用，调节作用点仍然是代谢中的关键酶、限速酶。③整体水平的综合调节：即机体神经体液的调节，包括多种激素的共同协调调节。饥饿时的代谢调节：以维持血糖浓度在一段时间内低水平的维持，保证生命活动正常进行是一组激素综合调节作用的结果，具有重要的生理与病理意义。应激时的代谢调节：更具有重要意义，确保机体在多种病理情况下调节以度过险情。

2. 答题要点：短期饥饿时（饥饿 1~3 天后），由于肝糖原显著减少，血糖趋向降低，引起胰岛素分泌减少而胰高血糖素分泌增加。这两种激素的增减可

引起一系列的代谢变化。①糖异生作用加强：由于胰岛素分泌的减少使肌肉的蛋白质分解加强，释放进入血液的氨基酸量增加（主要是丙氨酸和谷氨酸，饥饿3天，肌肉释放的丙氨酸占输出氨基酸总量的30%~40%），胰高血糖素可促进氨基酸经糖异生转变成糖。饥饿2天后，肝脏糖异生作用明显增强，其速度约为150g葡萄糖/天，其中10%来自甘油，30%来自乳酸，40%来自氨基酸。饥饿初期肝脏是糖异生的主要场所，约占体内糖异生总量的80%，小部分（约20%）在肾上腺皮质中进行。②脂肪动员加强和酮体生成增多：胰岛素与胰高血糖素分泌的变化可引起脂肪组织中cAMP增高，甘油三酯脂肪酶活性增高，脂肪动员加强，血中游离脂肪酸增加，肝脏脂肪酸氧化增强，酮体生成增多。此时心肌、骨骼肌以脂肪酸和酮体作为重要的能源，一部分酮体可被大脑利用。另外，脂肪分解时产生大量的脂酰CoA和乙酰CoA，通过变构调节抑制糖的氧化并促进糖异生作用。③组织对葡萄糖的利用降低：由于心肌、骨骼肌及肾皮质摄取和氧化脂肪酸及酮体增加，因而减少这些组织对葡萄糖的摄取及利用。饥饿时脑组织对葡萄糖的利用也有所减少，但饥饿初大脑仍以葡萄糖为主要能源。④肌蛋白分解增强：释放入血的氨基酸量增加，肌蛋白分解的氨基酸大部分转变为丙氨酸和谷氨酰胺释放入血循环。饥饿第3天，肌蛋白释放出的丙氨酸占输出总氨基酸的30%~40%。综上所述，饥饿时的能量主要来自储存的蛋白质和脂肪，其中脂肪约占能量来源的85%以上。

3. 答题要点：①乙酰CoA是三大物质互变的枢纽：糖→脂类、蛋白质：糖→乙酰CoA→进入线粒体→柠檬酸→穿出线粒体→乙酰CoA→作为合成脂肪酸、胆固醇的原料。脂肪酸→脂肪。糖→乙酰CoA→进入线粒体→柠檬酸→TAC（三羧酸循环）→α酮戊二酸、草酰乙酸→氨基化→非必需氨基酸（谷氨酸、天冬氨酸）→参与蛋白质的生物合成。②蛋白质→脂类：蛋白质→氨基酸→乙酰CoA→作为合成脂肪酸、胆固醇的原料。脂肪酸→脂肪。丝氨酸、蛋氨酸→胆胺、胆碱→作为合成磷脂酰胆碱、磷脂酰乙醇胺的原料之一。脂肪绝大部分不能在体内转变成糖：因为脂肪在体内分解生成的乙酰CoA不能转变为丙酮酸，即丙酮酸→乙酰CoA这步反应是不可逆的。脂肪分解产物之一甘油，在肝、肾、肠等组织中甘油激酶的作用下，可转变成磷酸甘油，进而转变成糖。但其量与脂肪中大量脂肪酸分解生成的乙酰CoA相比是微不足道的。脂类不能转变为氨基酸，仅脂肪的甘油部分可通过磷酸甘油醛，经糖酵解途径的逆过程生成糖，转变为某些非必需氨基酸。③联系糖、脂及氨基酸代谢的枢纽性中间代谢产物还有3-磷酸甘油醛、丙酮酸、草酰乙酸及α-酮戊二酸。如糖酵解、磷酸戊糖途径、生糖氨基酸及甘油通过各自的代谢途径→3-磷酸甘油醛，所以，通过3-磷酸甘油醛，可以联系糖、脂及氨基酸的代谢。

4. 答题要点：丙酮酸是动物体内可转变为：①变为乙酰辅酶A进入TCA，糖酵解途径；②转变为草酰乙酸，进一步生成葡萄糖，糖异生；③脱氢变为乳酸，糖酵解；④脱羧变为乙醛，然后成为乙醇。

（李建宁　李　燕）

第十四章 DNA 的生物合成

第一部分 实验预习

一、DNA 生物合成的概念及特点

1. 复制 DNA 作为遗传物质的基本特点就是在细胞分裂前进行准确的自我复制,由原来存在的分子为模板来合成新的链,使 DNA 成倍增加,这是细胞分裂的物质基础。

2. 半保留复制 DNA 复制时氢键断裂,两条链分开,然后以每一条链分别做模板各自合成一条新的 DNA 链,这样新合成的子代 DNA 分子中一条链来自亲代 DNA,另一条链是新合成的,这种复制方式为半保留复制。

二、参与 DNA 复制的酶类

1. 依赖 DNA 的 DNA 聚合酶(DNA dependent DNA polymerase, DDDP) DNA 聚合酶不能从头催化 DNA 的合成,需要 RNA 或 DNA 作为引物,催化 dNTP 加到引物/DNA 的 3′-OH 末端,因而 DNA 合成的方向是 5′→3′。

(1)原核生物 DDDP:①DNA 聚合酶 I:由一条多肽链组成,分子量为 109KD。该酶包括大片段(klenow 片段,76KD)和小片段(34KD)。具有 5′→3′聚合活性:按模板 DNA 上的核苷酸顺序,将互补的 dNTP 逐个加到引物 RNA 3′-OH 末端,促进 3′-OH 与 dNTP 的 5′端形成磷酸二酯键;3′→5′外切酶活性:从 3′→5′方向识别、切除 DNA 生长链末端错配的核苷酸,起校对功能,保证聚合作用的正确性,对于复制的保真性至关重要的;5′→3′外切核酸酶活性:从 5′端向 3′末端水解已配对的核苷酸,每次能切除 10 个的核苷酸,在 DNA 损伤修复中起重要作用以及水解完成的 DNA 片段 5′端 RNA 引物。②DNA 聚合酶 II:分子量为 120KD,具有 5′→3′聚合活性和 3′→5′外切活性,与 DNA 损伤修复有关。③DNA 聚合酶 III:在 DNA 复制过程中起主要作用的聚合酶。整个酶分子形成不对称的二聚体,同时负责先导链和随从链的复制,与引发体、解链酶等构成复制体(replisome)。

(2)真核生物 DNA 聚合酶:由 α、β、γ、δ 及 ε 五种,催化 dNTP 的 5′→3′聚合活性。在 DNA 复制中起主要作用的是 DNA pol α,负责染色体 DNA 的复制。DNA pol β 的模板为具有缺口的 DNA 分子,故与 DNA 修复有关。DNA pol γ 参与线粒体 DNA 的复制。DNA pol δ 不但具有 5′→3′聚合活性,还具有 3′→5′外切酶活性,真核生物 DNA 复制是在 DNA pol α 和 DNA pol δ 协同作用下进行,前导链合成由 DNA pol δ 催化,随从链合成由 DNA pol α 和引发酶配合完成。

2. 解链酶(helicase) DNA 开始复制时于起始点在解链酶的作用下,催化 DNA 双链间的氢键断裂,解开双链。解链酶需要 ATP 供给能量。

3. 拓扑异构酶(topoisomerase) 复制时,复制叉行进的前方 DNA 分子部分形成正超螺旋,拓扑酶可松弛超螺旋,有利于复制叉的前进及 DNA 的合成。复制完成后,拓扑酶又可将 DNA 分子引入超螺旋,使 DNA 缠绕、折叠,压缩以形成染色质。DNA 拓扑异构酶有 I 型和

Ⅱ型,TopoⅠ可将环状双链 DNA 的一条链切开,切口处链的末端按照松弛超螺旋的方向转动,然后再将切口封起来,能够缓解复制叉移动时前方 DNA 形成的正超螺旋,利于复制叉继续前行。TopoⅡ在 ATP 的催化下,可切开环状双链 DNA 的两条链,分子中的部分经切口穿过而旋转,然后封闭切口,使 DNA 分子从正超螺旋状态转变为负超螺旋。

4. 引物酶(primase) 是一种特殊的 RNA 聚合酶,可催化短片段引物 RNA 合成。这些引物 RNA 结合在 DNA 复制起始处,为后续脱氧核糖核苷酸的连接提供 3′-OH 末端。

5. 单链结合蛋白(single strand binding proteins, SSBP) 与解开的单链 DNA 结合,保持其稳定不再螺旋化,同时避免核酸内切酶水解单链 DNA,SSBP 可重复利用。

6. 连接酶(ligase) 由 ATP 提供能量,催化相邻的 DNA 片段以 3′,5′-磷酸二酯键相连接。

三、DNA 生物合成的过程

人为分成三个阶段,第一个阶段为起始阶段,括起始点、复制方向及引发体的形成;第二阶段为延长阶段,包括前导链及随从链的形成和切除 RNA 引物后填补空缺及连接冈崎片段;第三阶段为终止阶段。

1. DNA 复制的起始阶段

(1)复制起始点:复制是从 DNA 分子上的特定部位开始的,这一部位叫做复制起始点(origin of replication)。细胞中的 DNA 复制一经开始就会连续复制下去,直至完成细胞中全部基因组 DNA 的复制。DNA 复制从起始点开始直到终点为止,每个这样的 DNA 单位称为复制子或复制单元(replicon)。在原核细胞中,每个 DNA 分子只有一个复制起始点,因而只有一个复制子;而在真核生物中,DNA 的复制是从许多起始点同时开始的,所以每个 DNA 分子上有许多个复制子。DNA 复制起始点有结构上的特殊性(如含有反向重复序列或富含 A、T 的区段),这些特殊结构是复制起始过程中参与的酶和蛋白因子识别和结合所必须。

(2)复制的方向:①定点开始双向复制:原核和真核生物复制最主要的形式,从特定位点解链,沿相反的方向各合成两条链,形成一个复制泡。②定点开始单向复制:质粒的复制从一个起始点开始,向同一方向形成一个复制叉。③两点开始单向复制:腺病毒 DNA 复制从两个起点开始的,形成两个复制叉,各以一个单一方向复制出一条新链。

(3)引发体的形成:高度解链的模板 DNA 与多种蛋白质因子形成复合体促进引物酶结合,共同形成引发体。引发体主要在随从链上形成,它连续地与引物酶结合并解离,在不同部位引导引物酶催化合成 RNA 引物,成为随从链不连续合成的开始。

2. 延长阶段 以 DNA 为模板在 DNA 聚合酶作用下,将游离的四种脱氧单核苷酸 dNTP(dATP、dGTP、dCTP、dTTP)聚合成 DNA。复制开始时,双链打开,形成复制叉或复制泡,两条单链分别做模板,各自合成一条新的 DNA 链。以 3′→5′方向的母链为模板时,复制合成出 5′→3′方向的前导链(leading strand),前导链的前进方向与复制叉打开方向一致,因此合成连续进行;以 5′→3′方向母链为模板合成的新链叫随从链(lagging strand),随从链的前进方向是与复制叉打开方向相反,所以只能以片段的形式不连续合成,这些片段叫做冈崎片段。由于前导链的合成连续进行,而随从链的合成不连续,所以 DNA 的复制属于半不连续复制。

3. 终止阶段 复制过程中,前导链为一条连续的长链。随从链则是由合成出许多相邻的片段,在连接酶的催化下,连接成为一条长链。连接作用是在连接酶催化下进行的。

四、真核生物复制的特点

1. 有许多起始点　虽然真核生物复制速度比原核生物 DNA 复制的速度慢得多,但复制完全部基因组 DNA 也只要几分钟的时间。

2. 端粒与端粒酶　真核生物染色体属于线性 DNA,其两端由重复的寡核苷酸序列构成,称为端粒(telomeres)。由于 DNA 生物合成只能从 $5'→3'$ 方向进行,因此当复制叉到达线性染色体末端时,前导链可以连续合成到头,而随从链则不能完成线性染色体末端的复制。在真核生物体内存在一种特殊的逆转录酶称为端粒酶(telomerase),由蛋白质和 RNA 两部分组成。它以自身 RNA 为模板,在随从链模板 DNA 的 $3'$-OH 末端延长 DNA,再以这种延长的 DNA 为模板,继续合成随从链,在保证染色体复制的完整性有重要意义。

五、DNA 损失修复

DNA 复制过程中出现的错误导致突变发生。从物种进化的角度来看,突变有积极的意义。但突变也会引起很多遗传病、肿瘤等疾病的发生。突变的发生除了自发进行之外,还可在各种理化因素的作用下诱发。应对 DNA 的损伤,细胞具有修复功能。主要的修复方式有光修复、切除修复、重组修复和 SOS 修复。

逆转录是 RNA 病毒的复制形式。逆转录现象的发现,加深了人们对中心法则的认识。逆转录反应包括以 RNA 为模板合成 DNA,杂化双链上 RNA 的水解,以及再以单链 DNA 为模板合成双链 DNA 三步。在感染 RNA 病毒的细胞内,逆转录酶能催化上述反应。在基因工程操作中,逆转录酶能够用于制备 cDNA。

第二部分　知识链接与拓展

一、太　空　育　种

太空育种又称航天工程育种,是利用空间宇宙粒子、微重力、弱地磁等综合因素诱变农业生物遗传改良,即利用返回式卫星、飞船等手段,在空间环境对农业生物的诱变作用来产生有益的遗传变异,返回地面后,通过进一步选育,创造农业育种材料、培育新品种的农业生物高技术育种新方法。通常,经过此过程的蔬菜具有下列部分优点,比如太空蔬菜的维生素含量高于普通蔬菜 2 倍以上,铁、锌、铜含量分别由不同程度的提高;而且各种微量元素的增加会表现在口感上,比如太空甜椒可直接生吃,味道微甜,清脆爽口;太空紫红薯生食味甜,水分足,口感犹如优质水果等。

二、核　　泄　　漏

核能的应用一方面为人类的幸福提供了空前无限的能力和美好的前景,另一方面又可能破坏人类的生存环境,给人类的未来发展蒙上阴影,使人类的发展方向增加更多的不确定性。随着经济的发展、社会的进步和人口的增加,人类控制和驾取自然的能力逐步提高,随之而来的是人类活动对自然环境的严重破坏,点破坏会发展为面破坏,如果不加控制它甚至会逐渐威胁到整个地球生物圈。这种破坏常常是不可逆的,而且反过来还会影响人类及社会自身的发展。核泄漏事故可能污染大气、水源、土壤、植物和食品等。事故中人员受照射的方式和主要组织器官有射线对全身的外照射吸入或食入放射性核素对甲状腺、肺或其他组织器官的内照射,以及沉积于体表、衣服上的放射性核素对皮肤的照射。这三种照射方式以哪种所致的剂量大、损伤严重,取决于受照情况及不同核素的相对量。例如 2011 年 3 月 11 日日本东北部海域发生 9 级强烈地震,导致福岛第一核电站发生爆炸,继而引发核泄漏事故。此次事故等级已经被国际原子能机构设定为 4 级,其级别之高、影响范围之广、破坏力之大,使它有另一个"切尔诺贝利"之称。核泄漏事故不仅会造成巨大的经济损失,引起社会不安定,更会对生态环境产生严重的、无法逆转的污染和破坏。

三、着色性干皮病

着色性干皮病(xeroderma pigmentosum, XP)是一种常染色体隐性遗传病。其主要临床特征是患者皮肤对日光,特别是紫外线高度敏感,皮肤干燥脱屑,雀斑样色素沉着,皮肤易癌变等,是一种由 DNA 损伤修复缺陷而引起、直接与癌有关的遗传性疾病。本病为核苷酸切除修复(nucleotide excision repair,NER)系统功能缺陷所致。NER 系统通过活性转录基因优先修复和全基因组缓慢而低效修复来恢复 DNA 的正常结构,维持细胞的遗传稳定性。通常在基因转录过程中,紫外线(波长为 280~310nm)照射导致 DNA 损伤,RNA 聚合酶Ⅱ(RNAPⅡ)在损伤位点受阻。而人类转录因子 TFⅡH 则被迅速吸引到损伤部位,并取代 RNAPⅡ结合到 DNA 损伤位点,召集有关的 DNA 修复蛋白。待形成稳定的 DNA-蛋白质复合物后,自身解离下来,启动 NER 完成修复。而 XP 由于 NER 系统 DNA 切除修复基因缺陷导致细胞死亡或畸变。这类畸变细胞的克隆,将发展成癌瘤。

皮肤早期表现为红斑、色素斑点及脱屑,组织学改变为基底细胞层黑色素不规则增多,真皮层有慢性炎性细胞浸润,表面过度角化。中期损害类似慢性射线皮炎,表现为皮肤萎缩斑块、毛细血管扩张,有些部位的棘细胞层肥厚及角化过度,表皮细胞杂乱。色素沉着处基底细胞层及真皮均有大量黑色素。疣状损害处呈网钉状伸展,真皮浅部胶原及弹力纤维变性。晚期发生癌变,包括基底或鳞状细胞癌、纤维肉瘤或恶性黑色素瘤。

案例 14-1

患儿,女,1 岁 8 个月,出生 20 天后右下眼睑处出现片状红斑,4 个月时颜面出现多发水肿性红斑,起水疱,破溃,结痂。眼流泪,分泌物增多。5 个月时面部、肩部、前臂内侧出现多数黑褐色斑点。近 10 天上述症状进行性加重。患儿 1 岁 6 个月会走路,智力发育较晚,现只能说个别简单词。足月顺产。体格检查:T 36.8℃,R 25 次/分。一般情况尚可,发育与同龄儿童相仿,未发现其他明显的耳、眼及神经系统症状。步态不稳,面、肩和前臂内侧可见深浅不一的黑褐色斑片及色素脱失斑,无萎缩性瘢痕。下唇可见少数米粒大小黑斑。初步诊断:着色性干皮病。

问题与思考:

(1) 确诊为着色性干皮病,实验室还需要哪些检查?

(2) 着色性干皮病的发病机制是什么?

第三部分　复习与实践

(一) 单选题 A1 型题(最佳肯定型选择题)

1. 中心法则阐明的遗传信息传递方式是指(　　)

A. 蛋白质-RNA-DNA　　　B. RNA-DNA-蛋白质

C. RNA-蛋白质-DNA　　　D. DNA-RNA-蛋白质

E. DNA-蛋白质-RNA

2. 证实 DNA 复制是半保留复制的是(　　)

A. M Meselson 和 F W Stahl　　B. Watson 和 Crick

C. Okazaki 和 Lesch　　　D. Korn 和 Temin

E. Waston 和 Mizufani

3. 冈崎片段产生的原因是(　　)

A. DNA 复制速度太快

B. 双向复制

C. 有 RNA 引物就有冈崎片段

D. 复制与解链方向不同

E. 复制中 DNA 有缠绕打结现象

4. DNA 连接酶(　　)

A. 使 DNA 形成超螺旋结构

B. 使双螺旋 DNA 链缺口的两个末端连接

C. 合成 RNA 引物

D. 将双螺旋解链

E. 去除引物,填补空缺

5. DNA 复制的主要方式是(　　)

A. 半保留复制　　　B. 全保留复制

C. 弥散式复制　　　D. 不均一复制

E. 以上都不是

6. 原核生物中具有辨认复制起始点功能的蛋白是(　　)

A. DnaA 蛋白　　　B. DnaB 蛋白

C. DnaC 蛋白　　　D. DnaG 蛋白

E. DnaD 蛋白

7. 具有解螺旋酶活性的蛋白是(　　)

A. DnaA 蛋白　　　B. DnaB 蛋白

C. DnaC 蛋白　　　D. DnaG 蛋白

E. DnaD 蛋白

8. 参与复制起始过程的酶中,下列哪一组是正确的(　　)

A. DNA-polⅠ、DNA 内切酶　　B. DNA 外切酶、连接酶

C. DNA 酶、解螺旋酶　　　D. Dna 蛋白、SSB

E. DNA 拓扑异构酶、DNA-polⅡ

9. RNA 引物在 DNA 复制过程中的作用是(　　)

A. 提供起始模板

B. 激活引物酶

C. 提供复制所需的 5′-磷酸

D. 提供复制所需的 3′-羟基

E. 激活 DNA-pol Ⅲ

10. 逆转录过程需要的酶是(　　)

A. DDDP　　　　　　B. RDRP

C. RDDP　　　　　　D. DDRP

E. 以上都不是

11. 端粒酶是一种(　　)

A. DNA 聚合酶　　　B. RNA 聚合酶

C. DNA 水解酶　　　D. 逆转录酶

E. 连接酶

12. 点突变引起的后果是(　　)

A. DNA 降解　　　B. DNA 复制停顿

C. 转录终止　　　D. 氨基酸读码可改变

E. 氨基酸缺失

13. 下列哪种突变可以引起框移突变(　　)

A. 转换　　　　　　B. 颠换

C. 点突变　　　　　D. 缺失

E. 插入 3 个或 3 的倍数个核苷酸

14. 紫外线辐射可引起 DNA 分子一条链上相邻嘧啶碱基之间形成二聚体,其中最容易形成二聚体的是(　　)

A. C-C　　　　　　B. C-T

C. T-T　　　　　　D. T-U

E. T-G

15. 参与原核生物 DNA 损伤修复的酶是(　　)

A. DNA 聚合酶Ⅰ　　　B. DNA 聚合酶Ⅱ

C. DNA 聚合酶Ⅲ　　　D. 拓扑异构酶Ⅰ

E. 拓扑异构酶Ⅱ

16. DNA 以半保留复制方式进行复制,一完全被同位素标记的 DNA 分子置于无放射性标记的溶液中复制两代,其放射性状况如何(　　)

A. 4 个分子的 DNA 均有放射性

B. 仅 2 个分子的 DNA 有放射性

C. 4 个分子的 DNA 均无放射性

D. 4 个分子的 DNA 双链中仅其一条链有放射性

E. 以上都不是

17. 真细胞 DNA 前导链合成的主要复制酶是(　　)

A. DNA 聚合酶 δ　　　B. DNA 聚合酶 β

C. DNA 聚合酶 γ　　　D. DNA 聚合酶 α

E. DNA 聚合酶 ε

18. 哺乳动物细胞中 DNA 损伤后最主要的修复酶是( )

A. DNA 聚合酶 α B. DNA 聚合酶 β

C. DNA 聚合酶 γ D. DNA 聚合酶 δ

E. DNA 聚合酶 ε

19. 催化以 RNA 为模板合成 DNA 的酶是( )

A. 逆转录酶 B. 引物酶

C. DNA 聚合酶 D. RNA 聚合酶

E. 拓扑异构酶

20. 关于真核细胞 DNA 聚合酶 α 活性的叙述,下列哪项是正确的( )

A. 合成前导链

B. 具有核酸酶活性

C. 具有引物酶活性,它能合成 10 个核苷酸左右的 RNA

D. 底物是 NTP

E. 是线粒体内 DNA 复制的主要酶

21. 最可能的致死性突变为缺失或插入一个核苷酸,其机制为( )

A. 碱基转换 B. 碱基颠换

C. 移码突变 D. 无义突变

E. 自发性转换突变

22. 下列哪种疾病与 DNA 修复过程缺陷有关( )

A. 痛风 B. 黄疸

C. 蚕豆病 D. 着色性干皮病

E. 卟啉病

23. 镰刀形贫血是因为血红蛋白 β 链基因上哪种突变引起的( )

A. 点突变 B. 插入

C. 缺失 D. 倒位

E. 移码突变

24. 利用电子显微镜观察原核生物和真核生物 DNA 复制过程,都能看到伸展成叉状的复制现象,其可能的原因是( )

A. DNA 双链被解链酶解开

B. 拓扑酶发挥作用形成中间体

C. 有多个复制起始点

D. 冈崎片段连接时的中间体

E. 单向复制所致

25. DNA 复制需要:①DNA 聚合酶Ⅲ;②SSB;③DNA 聚合酶Ⅰ;④解链酶;⑤DNA 连接酶参加。其作用的顺序是( )

A. ④③①②⑤ B. ④②①③⑤

C. ②③④①⑤ D. ②④①③⑤

E. ①②③④⑤

26. 需要以 RNA 为引物的过程是( )

A. 复制 B. 转录

C. 逆转录 D. 翻译

E. 重组 DNA 技术

27. DNA 复制时,子链的合成是( )

A. 一条链 5′→3′,另一条链 3′→5′

B. 两条链均为 3′→5′

C. 两条链均为 5′→3′

D. 两条链均为连续合成

E. 两条链均为不连续合成

28. 下列关于逆转录酶的叙述,正确的是( )

A. 以 mRNA 为模板催化合成 RNA 的酶

B. 其催化合成的方向是 3′→5′

C. 催化合成时需要先合成冈崎片段

D. 此酶具有 RNase 活性

E. 此酶催化 RNA 合成

(二) 单选题 A2 型题(最佳否定型选择题)

1. 关于 RNA 引物错误的是( )

A. 以游离 NTP 为原料聚合而成

B. 以 DNA 为模板合成

C. 在复制结束前被切除

D. 由 DNA 聚合酶催化生成

E. 为 DNA 复制提供 3′-OH

2. 参与 DNA 复制的物质不包括( )

A. DNA 聚合酶 B. 解链酶、拓扑酶

C. 模板、引物 D. 光修复酶

E. 单链 DNA 结合蛋白

3. 关于真核生物染色体 DNA 复制特点描述错误的是( )

A. 冈崎片段较短 B. 复制呈半不连续性

C. 需 DNA 聚合酶 α、γ 参与 D. 可有多个复制起始点

E. 为半保留复制

4. 下列关于 DNA 复制特点的描述,不正确的是( )

A. 以 DNA 为模板

B. 所产生的新链,核苷酸之间的连接键为磷酸二酯键

C. 所用的酶为依赖 DNA 的 DNA 聚合酶

D. 可同时连续合成两条互补链

E. 遵循碱基配对的原则

5. DNA 损伤的修复方式不包括( )

A. 切除修复 B. 光修复

C. SOS 修复 D. 重组修复

E. 互补修复

6. DNA 复制时,下列哪一种酶是不需要的(　　)

A. DDDP　　　　　　　B. DDRP

C. 连接酶　　　　　　D. RDDP

E. 拓扑异构酶

7. 关于真核生物染色体 DNA 复制特征,不正确的是(　　)

A. 为半保留复制　　　B. 复制呈半不连续性

C. 需 DNA 聚合酶 I、II 参与　　D. 可有多个复制起点

E. 冈崎片段较短

8. 下列不属于 DNA 分子一级结构改变的是(　　)

A. 点突变　　　　　　B. DNA 重排

C. DNA 甲基化　　　　D. 碱基缺失

E. 碱基插入

9. 下面关于单链 DNA 结合蛋白(SSB)的描述哪个是不正确的(　　)

A. 与单链 DNA 结合,防止碱基重新配对

B. 在复制中保护单链 DNA 不被核酸酶降解

C. 与单链区结合增加双链 DNA 的稳定性

D. SSB 与 DNA 解离后可重复利用

E. SSB 与 DNA 结合具有协同效应

10. 下列关于原核生物 DNA 聚合酶 III 的叙述,错误的是(　　)

A. 是复制延长中真正起作用的聚合酶

B. 由多亚基组成的不对称二聚体

C. 具有 5′→3′聚合酶活性

D. 具有 5′→3′核酸外切酶活性

E. 具有 3′→5′核酸外切酶活性

(三) X 型题(多项选择题)

1. DNA 复制的特点是(　　)

A. 半不连续复制

B. 半保留复制

C. 是在同一点开始,两条链均连续复制

D. 有 DNA 指导的 DNA 聚合酶参加

E. 双向复制

2. DNA 复制需要下列哪些成分(　　)

A. DNA 模板　　　　　B. 拓扑异构酶

C. DNA 聚合酶　　　　D. 解链酶

E. dNTP

3. DNA 聚合酶 I 的作用有(　　)

A. 修复 DNA 的损伤　　B. 切除引物

C. 填补引物切除后的空隙　　D. 连接片段间的缺口

E. 是 DNA 复制的主要酶

4. 点突变包括(　　)

A. 转换　　　　　　　B. 颠换

C. 倒位　　　　　　　D. 框移

E. 插入

5. 逆转录酶的生物学意义有(　　)

A. 补充了中心法则

B. 进行基因操作制备 cDNA

C. 细菌 DNA 复制所必需的酶

D. 加深了对 RNA 病毒致癌致病的认识

E. 修复 DNA 的损伤

6. 在原核生物中,参与 DNA 复制起始的有(　　)

A. Dna 蛋白　　　　　B. SSB

C. 解螺旋酶　　　　　D. RNA 酶

E. 引物酶

7. DNA 复制中具有催化 3′,5′-磷酸二酯键生成的酶有(　　)

A. 引物酶　　　　　　B. DNA 聚合酶

C. 拓扑异构酶　　　　D. 解螺旋酶

E. DNA 连接酶

8. DNA 复制过程中,参与 DNA 片段之间连接的酶有(　　)

A. RNA 酶　　　　　　B. DNA-pol III

C. DnaA 蛋白　　　　　D. 连接酶

E. 拓扑异构酶

9. 下列有关 DNA 聚合酶 III 的叙述正确的有(　　)

A. 在复制延长中起主要催化作用的酶

B. 5′-3′聚合酶活性

C. 3′-5′外切酶活性

D. 5′-3′外切酶活性

E. 解开 DNA 双螺旋

10. 拓扑异构酶对 DNA 分子的作用有(　　)

A. 解开 DNA 超螺旋　　B. 切断单链 DNA

C. 辨认复制起始点　　D. 连接 3′,5′-磷酸二酯键

E. 解开 DNA 双螺旋

(四) 名词解释

1. gene　　　　　　　　**2.** replication

3. semiconservative replication

4. bidirectional replication

5. leading strand　　　　**6.** lagging strand

7. Okazaki fragment　　　**8.** replicon

9. 引发体　　　　　　　**10.** telomere

11. reverse transcription

(五) 简答题

1. 试述生物体遗传信息传递的基本规律。

2. 参与 DNA 复制的主要酶类和蛋白因子有哪些?

各有何主要生理功能?

3. DNA 复制的条件是什么?

4. DNA 半保留复制的意义是什么? 如何保证复制的高保真性?

5. 原核生物 DNA 复制的基本过程是什么?

6. 解释在 DNA 复制过程中,随从链是怎样合成的。

7. 何谓逆转录作用? 试述其逆转录的基本反应过程及生物学意义? 逆转录酶活性包括哪些方面?

(六) 论述题

1. 阐述基因突变的概念、意义及引起突变的可能途径

2. PCR(聚合酶链式反应)和细胞内 DNA 复制两者有哪些主要的相同点和不同点?

3. 设计一个实验证明 DNA 的复制是半保留复制。

参考答案

(一) 单选题 A1 型题(最佳肯定型选择题)

1. D　2. A　3. D　4. B　5. A　6. A　7. B　8. D

9. D　10. C　11. D　12. D　13. D　14. C　15. A

16. B　17. A　18. E　19. A　20. C　21. C　22. D

23. A　24. A　25. B　26. A　27. C　28. D

(二) 单选题 A2 型题(最佳否定型选择题)

1. D　2. D　3. C　4. D　5. E　6. B　7. C　8. C

9. C　10. D

(三) X 型题(多项选择题)

1. ABDE　2. ABCDE　3. ABC　4. AB　5. ABD

6. ABCE　7. ABCE　8. CD　9. ABC　10. ABD

(四) 名词解释

(略)

(五) 简答题

1. 答题要点:在细胞分裂过程中通过 DNA 的复制把遗传信息由亲代传递给子代,在子代的个体发育过程中遗传信息由 DNA 传递到 RNA,最后翻译成特异的蛋白质;在 RNA 病毒中 RNA 具有自我复制的能力,并同时作为 mRNA,指导病毒蛋白质的生物合成;在致癌 RNA 病毒中,RNA 还以逆转录的方式将遗传信息传递给 DNA 分子。

2. 答题要点:参与 DNA 复制的主要酶类和蛋白因子有:①DNA 聚合酶:原核生物的 DNA 聚合酶有 DNA-pol Ⅰ、DNA-pol Ⅱ、DNA-pol Ⅲ 三种。真核生物的 DNA 聚合酶有 DNA-pol α、DNA-pol β、DNA-pol γ、DNA-pol ε、DNA-pol δ 五种。DNA 聚合酶具有沿 5′向 3′方向延长脱氧核苷酸链的聚合活性,有些具有核酸外切酶活性。②解螺旋酶(helicase):解开 DNA 双链。③引物酶(primase):催化 RNA 引物生成。④单链 DNA 结合蛋白(single stranded DNA binding protein,SSB):稳定解开的单链。⑤拓扑异构酶:理顺 DNA 链。⑥DNA 连接酶:在复制中起最后接合缺口的作用。

3. 答题要点:DNA 复制需要:①底物即 dNTP;②DNA 聚合酶;③模板,即解开成单链的 DNA 母链;④引物,即提供 3′-OH 末端使 dNTP 可以依次聚合;⑤其他酶和蛋白质因子如解螺旋酶、拓扑异构酶、SSB 和连接酶等。

4. 答题要点:半保留复制的意义是将 DNA 中储存的遗传信息准确无误的传递给子代,体现了遗传的保守性,是物种稳定性的分子基础。确保 DNA 复制的高保真性,至少需要依赖 3 种机制:①遵守严格的碱基配对规律;②聚合酶在复制延长中对碱基的选择功能;③复制出错时有即时校读功能。

5. 答题要点:DNA 复制过程分为三个步骤:复制起始、延长和终止。复制起始是在复制起始点,在 DNA 拓扑异构酶、解螺旋酶等的作用下,将 DNA 双链解开成复制叉,然后形成引发体,合成引物。复制延长是在复制叉处,DNA 聚合酶Ⅲ按照碱基配对规律催化底物 dNTP 以 dNMP 的方式逐个加入引物或延长中子链的 3′-OH 上,其化学本质是 3′,5′-磷酸二酯键的不断生成,延长方向是 5′→3′。复制终止是复制在终止点处汇合,DNA 聚合酶Ⅰ切除引物并填补空隙,DNA 连接酶连接缺口生成子代 DNA。

6. 答题要点:DNA 聚合酶只能朝 5′→3′方向合成 DNA,随从链不能像前导链一样连续进行合成。随从链是以大量独立片段(冈崎片段)合成的,每个片段都以 5′→3′方向合成,这些片段先将 RNA 引物水解,由聚合酶催化填补空缺,最后由连接酶连接在一起。每个片段独立引发、聚合、连接。

7. 答题要点:逆转录是以 RNA 为模板合成 DNA 的过程。其过程包括:①RNA 为模板合成 RNA-DNA 杂化双链。催化 RNA-DNA 杂化双链形成的酶称为逆转录酶。②逆转录酶具有 RNase H 的活性,能水解杂化双链中的 RNA 链,留下 DNA 链。③逆转录酶以新合成的 DNA 链为模板,合成 DNA 双链。生

成的 DNA 称为 cDNA。逆转录的生物学意义是加深了人们对中心法则的认识,拓宽对 RNA 病毒致癌、致病的研究。另外在实验室还可用逆转录酶制备 cDNA。逆转录酶的活性包括 RNA 为模板的 5′→3′ 的聚合酶活性,DNA-RNA 为底物的 RNase 活性,和 DNA 为模板的 DNA 聚合酶活性。

(六)论述题

1. 答题要点:基因突变属分子水平上的变异,是指染色体上个别基因所发生的分子结构的变化,基因突变在自然界普遍存在。基因突变的方式很多,主要有:①化学诱变,基因突变可以由某些化学物质所引起,这些化学物质称为化学诱变剂。②物理诱变,利用物理因素引起基因突变的称物理诱变,如 X 射线、紫外线、电离辐射等物理因素可造成。③T-DNA 插入,改变读码或变成假基因。④移码突变:基因中插入或者缺失一个或几个碱基对,会使 DNA 的阅读框架(读码框)发生改变,导致插入或缺失部位之后的所有密码子都跟着发生变化,结果产生一种异常的多肽链。⑤无意突变,由于一对或几对碱基对的改变而使决定某一氨基酸的密码子变成一个终止密码子的基因突变。

　　基因突变的特点为:第一,基因突变在生物界中是普遍存在的。第二,基因突变是随机发生的。第三,在自然状态下,对一种生物来说,基因突变的频率是很低的。第四,大多数基因突变对生物体是有害的,由于任何一种生物都是长期进化过程的产物,它们与环境条件已经取得了高度的协调。第五,基因突变是不定向的。

2. 答题要点:PCR 和细胞内 DNA 复制的相同点:

(1) 两者都符合半保留复制模型,即两条链都可作为模板,子代链中一条链来自于亲代链,另一条链是新合成的。

(2) 两者都需要引物。

(3) 两者都需要依赖 DNA 的 DNA 聚合酶。

(4) 两者的底物都是 dNTP。

(5) 都是在 DNA 聚合酶作用下按碱基配对原则往 3′-OH 上加 dNTP,形成 3′,5′-磷酸二酯键。

(6) 两者新合成链延伸的方向都是 5′→3′。

(7) 两者 DNA 合成的保真度(精确性)都较高。

PCR 和细胞内 DNA 复制的不同点:

(1) 复制为半不连续复制,而 PCR 两条链的合成都是连续的。

(2) 复制时引物是由引发酶或引发体合成的,而 PCR 引物是在反应前加到反应体系中,一般多为 DNA 片段。

(3) 复制需要在特定的复制原点起始,并且有终止点,而 PCR 是在设计的特异引物存在下,合成预期片段,在任何序列都可通过引物设计而被扩增。

(4) 复制时两条模板链在解旋酶的作用下局部打开双链,而 PCR 两条模板链通过变性完全打开双链。

(5) 复制时两条链的合成是同步进行的,而 PCR 两条链的合成可能不同步。

(6) PCR 的 DNA 聚合酶为耐热的 DNA 聚合酶,而复制的聚合酶一般不耐热。

(7) 复制一般为双向复制,而 PCR 反应中 DNA 合成是单向的。

(8) 复制时由多种蛋白因子参与,而 PCR 只有 DNA 聚合酶参与。

(9) 复制的引物为 RNA。PCR 是人工合成的 DNA 片段(由上游、下游一对引物组成)。

3. 答题要点:先将大肠杆菌放在 $^{15}NH_4Cl$ 培养基中生长多代,使几乎所有的 DNA 都被 ^{15}N 标记后,再将细菌移到只含有 $^{14}NH_4Cl$ 的培养基中培养。随后,在不同的时间取出样品,用十二烷硫酸钠(SDS)裂解细胞后,将裂解液放在 CsCl 溶液中进行密度梯度离心(140000r/min,20h)。离心结束后,从管底到管口,溶液密度分布从高到低形成密度梯度。DNA 分子就停留在与其相当的 CsCl 密度处,在紫外光下可以看到形成的区带。^{14}N-DNA 分子密度较轻(1.7g/cm³),停留在离管口这较近的位置;^{15}N-DNA 密度较大停留在较低的位置上。当含有 ^{15}N-DNA 的细胞在 $^{14}NH_4Cl$ 培养液中培养一代后,只有一条区带介于 ^{14}N-DNA 与 ^{15}N-DNA 之间,这时在 ^{15}N-DNA 区已没有吸收带,说明这时的 DNA 一条链来自 ^{15}N-DNA,另一条链为新合成的含有 ^{14}N 的新链。培养两代后则在 ^{14}N-DNA 区又出现一条带。在 $^{14}NH_4Cl$ 中培养的时间愈久,^{14}N-DNA 区带愈强,而 ^{14}N-^{15}N DNA 区带逐渐减弱,但始终未出现其他新的区带。按照半保留复制方式培养两代,只能出现 ^{14}N-^{15}N DNA 两种分子,而且随着代数的增加 ^{14}N-DNA 逐渐增加。

(杨　怡　孙玉宁)

第十五章　RNA 的生物合成

第一部分　实验预习

一、概　　述

执行生命功能、表现生命特征的主要物质是蛋白质。DNA 储存着决定生物特征的遗传信息,但必须通过蛋白质才能表达出它的意义。因此,直接决定蛋白质合成及特征的遗传物质是 DNA。

以 DNA 为模板合成 RNA 的过程称为转录(transcription)。转录是生物界 RNA 合成的主要方式,是遗传信息从 DNA 向 RNA 传递的过程,也是基因表达的开始。转录也是一种酶促的核苷酸聚合过程,所需的酶叫做依赖 DNA 的 RNA 聚合酶(DNA-dependent RNA polynerase, DDRP)。初级转录产物 RNA 前体(RNA precursor)必须经过加工修饰为成熟RNA,才具有生物活性。

RNA 的生物合成过程中,多核苷酸链的合成也是从 $5'{\rightarrow}3'$ 方向进行的,在 3'-OH 末端与加入的核苷酸形成磷酸二酯键,但由于复制和转录的目的不同,转录又具有其特点:①对于一个基因组而言,转录只发生在一部分基因,而且每个基因的转录都受到相对独立的控制;②转录是不对称的;③转录时不需要引物,而且 RNA 链的合成是连续的。

二、依赖 DNA 的 RNA 聚合酶

1. DDRP 的特点　①以 DNA 为模板。在 DNA 的两条多苷酸链中只有一条链作为模板,即为模板链(template strand)(无意义链),另一条不作为模板的链叫做编码链(有意义链),编码链的序列与转录本 RNA 序列相同,只是编码链上的 T 在转录本 RNA 为 U。由于RNA 的转录合成是以 DNA 的一条链为模板而进行,且模板链常常不在同一条 DNA 链上,所以这种转录方式称为不对称转录;②以四种三磷酸核糖核苷(ATP、CTP、UTP 和 GTP)为底物;③遵循碱基配对规则,A = U、T = A、C = G,合成与模板 DNA 序列互补的 RNA 链;④RNA 链的延长方向是 $5'{\rightarrow}3'$ 连续合成;⑤需要 Mg^{2+} 或 Mn^{2+} 参与维系酶的活性;⑥不需要引物;⑦RNA 聚合酶缺乏 $3'{\rightarrow}5'$ 外切酶活性,没有校正功能。

2. 原核生物 RNA 聚合酶　全酶由 α2、β、β'和 σ 五个亚基组成,去掉 σ 亚基的部分称为核心酶,核心酶本身就能催化苷酸间磷酸二酸键形成。β 亚基是酶和核苷酸底物结合的部位。细胞内转录在 DNA 特定的起始点上开始,σ 亚基能辨认转录起始点。β'亚基是酶与DNA 模板结合的主要成分。α 亚基可能与转录基因的类型和种类有关。

3. 真核生物 RNA 聚合酶　聚合酶Ⅰ、Ⅱ、Ⅲ和线粒体 RNA 聚合酶,它们专一性地转录不同的基因,转录产物也各不相同。RNA 聚合酶Ⅰ负责转录 rRNA 的合成;RNA 聚合酶Ⅱ指导 mRNA 的前体形式——核内不匀一 RNA(hnRNA)的合成;RNA 聚合酶Ⅲ催化 tRNA 和小的核内 RNA 的合成。

三、RNA 的转录过程

1. 转录起始与延长阶段

（1）识别：转录从 DNA 分子的特定部位、即 RNA 聚合酶全酶结合的部位——启动子开始。原核生物在 RNA 转录起始点上游有两处保守的序列：①-10bp 附近的 5′-TATAATpu 序列（Pribnow box），RNA 聚合酶的结合部位；②-35bp 附近 5′-TTGACG-序列，是 RNA 聚合酶 σ 亚基识别并结合的部位，与转录起始辨认有关，决定启动子的强度。真核生物针对三种 RNA 聚合酶，有其对应的启动子类型。除启动子外，真核生物转录起始点上游还有增强序列，能极大地增强启动子活性，其位置不固定，可存在于启动子上游或下游，对启动子来说正向排列和反向排列均有效，对异源的基因也起到增强作用，但仍有组织特异性。

（2）转录起始：原核生物中，RNA 聚合酶 σ 亚基识别转录起始点时，全酶与启动子的-35 区序列结合形成启动子闭合复合物，向-10 序列转移并与之牢固结合，在此处局部解链形成全酶和启动子的开放性复合物。在开放性启动子复合物中起始位点和延长位点被相应的核苷酸前体充满，β 亚基催化形成 RNA 的第一个磷酸二酯键。RNA 的第一个核苷酸总有 GTP 或 ATP，以 GTP 常见，此时 σ 因子从全酶解离下来，靠核心酶在 DNA 链上向下游滑动，而脱落的 σ 因子与另一个核心酶结合成全酶反复利用。真核生物多种转录因子与 RNA 聚合酶 Ⅱ 形成起始复合物，共同参与转录起始的过程。整个转录过程由同一个 RNA 聚合酶来完成，转录本 RNA 生成后，与 DNA 模板链以 DNA-RNA 杂交体的形式形成转录泡。同一 DNA 基因上可以有很多 RNA 聚合酶同时催化转录，转录过程未完全终止，即已开始进行翻译。

2. 转录的终止　一类是不依赖于蛋白质因子而实现的终止作用，另一类是依赖蛋白质因子（ρ 因子）才能实现终止。两类终止信号有共同的序列特征，即转录终止前有一段回文结构，不依赖 ρ 因子的终止序列中富含 G-C 碱基对，其下游 6~8 个 A；而依赖 ρ 因子的终止序列中 G-C 碱基对含量较少，其下游也无固定特征，其转录生成的 RNA 可形成二级结构即发夹结构，能与 RNA 聚合酶某种特定的空间结构相嵌合，阻碍 RNA 聚合酶发挥作用。

四、RNA 转录后的加工与修饰

1. mRNA 的加工修饰　原核生物转录生成的 mRNA 没有特殊的转录后加工修饰过程。真核生物转录生成 hnRNA 需要进行加工修饰，才能成为成熟的 mRNA。

（1）5′端加帽：真核生物 mRNA，其结构的 5′端都有一个 $m^7G_{PPP}NmN$ 结构（甲基鸟苷）的帽子。帽子结构是 mRNA 作为翻译起始的必要结构，为核糖体对 mRNA 的识别提供了信号，还可能增加 mRNA 稳定性，保护 mRNA 免遭 5′外切核酸酶的水解。

（2）3′端加尾：大多数真核 mRNA 都有 3′端的多聚尾巴（poly A），其不由 DNA 编码，而是转录后在核内加上去的。

（3）mRNA 前体（hnRNA）的拼接：原核生物结构基因是连续编码序列，而真核生物基因是断裂基因，即编码一个蛋白质分子的核苷酸序列被多个插入片断所隔开，所以需要切去内含子，将有编码意义的核苷酸片段（外显子）连接起来。

2. rRNA 转录后加工　真核生物 rRNA 转录后的初级转录产物为 45S RNA，经剪切后先产生 18S rRNA，余下部分再剪切产生 5.8S 和 28S rRNA。同时 rRNA 的成熟过程包括核苷酸的甲基化修饰。

3. tRNA 转录后的加工修饰　包括 ①剪切和拼接,RNA 分子具有酶的催化活性,经过剪切后的 tRNA 分子在拼接酶作用下,将成熟 tRNA 分子所需的片段拼起来;②碱基修饰,在甲基转移酶催化下,嘌呤生成甲基嘌呤,尿嘧啶还原为双氢尿嘧啶,尿嘧啶核苷转变为假尿嘧啶核苷以及腺苷酸脱氨基成为次黄嘌呤核苷酸;③ 3′末端加上 CCA:在核苷酸转移酶作用下,3′-末端除去个别碱基,换上 CCA-OH 末端,形成 tRNA 分子中的氨基酸连接臂。

第二部分　知识链接与拓展

基因异常与恶性肿瘤

恶性肿瘤是影响人类健康的一种顽疾,目前我们对恶性肿瘤的发生发展规律还缺乏全面的认识。人类从过去单一的物理致癌、化学致癌、病毒致癌、突变致癌学说上升到多步骤、多因素综合致癌的研究,并且随着研究的深入,近年来人们逐渐认识到,肿瘤可能是一类遗传与环境互相作用的系统性疾病,并形成以下多种可能与理论,肿瘤形成牵涉到基因突变、染色体易位、表观遗传改变、干细胞起源和肿瘤干细胞与肿瘤的复发转移潜能,肿瘤是一类慢性炎症或代谢性炎症,肿瘤是一个难以愈合的创面,肿瘤是局部表现为异常增殖的全身代谢障碍综合征,肿瘤是一种组织、器官或进化的新物种等。只有系统全面揭示细胞癌变成因、肿瘤发生发展规律和分子调控机制,发展先进的诊疗方法,通过建立和发展科学合理的个体化诊疗策略、方案和技术,才可能达到对肿瘤的早期预防,诊断和治疗的目的。

比如宫颈癌的发病机制中,人乳头状瘤样病毒感染是其发生最主要的危险因素。宫颈癌发生的中心环节是人乳头状瘤样病毒 E6、E7 蛋白与细胞癌基因和抑癌基因相互作用导致相关癌基因激活、抑癌基因失活、端粒酶活性高表达和机体免疫调节机制失衡等一系列病理改变引起细胞永生化而癌变。即一系列内在机制异常导致宫颈癌的发生发展。又如在结肠癌的研究中,美国霍普金斯大学 Vogelstein 实验室在研究中发现:结肠癌发生发展所经历的增生、良性肿瘤、原位癌变和浸润癌多步骤过程中,贯穿一系列分子事件变化,包括 APC 基因的遗传突变、Ras、P53、DCC 和 DNA 损伤修复的后天突变及 DNA 甲基化状态的改变等,从而构成一个可能由遗传因素、理化因素和感染因素组成的、促使一系列基因发生突变的多因素发病模型。

第三部分　实　　验

组织总 RNA 提取(Trizol 法)及鉴定

【实验目的】

掌握 RNA 提取和鉴定的基本原理和方法。

【实验原理】

RNA 是一类极易降解的分子,要得到完整的 RNA,必须最大限度地抑制提取过程中内源性及外源性核糖核酸酶对 RNA 的降解。Trizol 溶液是一种混合试剂,包括:苯酚、异硫氰酸胍、8-羟基喹啉和 β-巯基乙醇。其中强变性剂苯酚是裂解细胞的主要成分,能够引起蛋白质变性,破坏细胞结构,促使核蛋白与核酸分离。异硫氰酸胍属于解偶剂,对蛋白有强力变性的效果。RNA 与核蛋白分离后很容易受到内源性及外源性核糖核酸酶的水解,异硫氰酸胍除了能够协同苯酚促使蛋白质变性外,还能够与 8-羟基喹啉(羟基喹啉与氯仿联合可增强对 RNA 酶的抑制作用)和 β-巯基乙醇(破坏 RNase 蛋白质中的二硫键)等成分一起抑制内源和外源 RNase,保护 RNA 不被降解。细胞裂解后,除了 RNA 外,还有 DNA、蛋白质和细胞碎片,氯仿和异丙醇等有机溶剂可对 RNA 进行纯化。Trizol 裂解后离心去沉淀,加入氯仿,溶液即分为水相和有机相,RNA 在水相中。收集水相,用异丙醇可沉淀回收 RNA。

【主要仪器及器材】

玻璃匀浆器;低温高速离心机;紫外分光光度计;1.5ml 离心管;1000μl、200μl 和 10μl 的移液器;琼脂糖凝胶电泳系统;高压灭菌锅;一次性手套。

【试剂】

0.1% 焦碳酸二乙酯(DEPC)溶液;氯仿;异丙醇;无水乙醇;NaOH;琼脂糖;溴化乙锭(EB);TAE 电泳缓冲液;5× DNA loading buffer。

配制方法如下:

1. 0.1%焦碳酸二乙酯(DEPC)溶液 DEPC 是一种油状液体,难溶于水。

(1)配试剂的 DEPC 水的配制(0.1%):100ml 双蒸水中加入 100μl DEPC 溶液,通风橱内搅拌过夜后,高压灭菌处理。

(2)浸泡实验器具的 DEPC 溶液的配制(0.1%):1000ml 双蒸水中加入 1ml DEPC 溶液,室温通风橱中过夜备用。保存方法:封闭冷藏备用,不需高压。最好分装小瓶来用,尽量避免污染。

2. 75%乙醇 7.5ml 无水乙醇加入 0.1% DEPC 水至总体积为 10ml(现用现配)。

3. 1% NaOH 100ml 双蒸水中加入 1g NaOH。

4. 1.2%琼脂糖 100ml 双蒸水中 1.2g 琼脂糖。

5. 1μg/μl 溴化乙锭(EB) 在 100ml 双蒸水中加入 0.1g 溴化乙锭,磁力搅拌数小时以确保其完全溶解,然后用铝箔包裹容器或转移至棕色瓶中,保存于室温。使用时可将 EB 加在融化的 1.5% 的琼脂糖中,使其终浓度为 0.5μg/ml。

6. TAE 电泳缓冲液

(1)50×TAE 的配制:Tris 242g,Na$_2$EDTA·H$_2$O 37.2g,加入 800ml 的双蒸水,充分搅拌溶解,加入 57.1ml 的乙酸,充分混匀,最后加双蒸水定容至 1L,室温保存。

(2)使用时,将 50×TAE 稀释为 1×TAE。

【操作】

1. RNA 的提取

(1)称取组织约 100mg 置于预冷的离心管,立即加入 1ml Trizol 于冰上充分匀浆后,转入预冷的 1.5ml 离心管中。

(2)室温放置 5min。

(3)加入 200μl 氯仿,剧烈振荡 15s。

(4)室温放置 10min。

（5）4 ℃ 12000r/min 离心 15min。

（6）将最上层上清液小心移入另一离心管中,加入等体积异丙醇,充分混匀。

（7）室温放置 10min。

（8）4 ℃ 12000r/min 离心 10min。

（9）弃上清,沉淀中加入 75% 乙醇 1ml,静置 10min。

（10）4℃ 12000r/min 离心 10min;可见 RNA 沉淀在 EP 管底部。

（11）弃上清,倒置于滤纸上,室温放置 5~10min,使乙醇挥发。

（12）30~60μl 0.1% DEPC 水溶解 RNA 沉淀。储藏于−80℃冰箱备用。

2. RNA 的完整性鉴定

（1）配制 1.2% 琼脂糖凝胶（40ml）,用 0.1% DEPC 水配制。加热至琼脂糖完全溶解后加入 EB,使其终浓度为 0.5μg/ml,将凝胶倒入凝胶槽中制胶。

（2）将制备好的凝胶放入电泳槽(电泳槽用前先用 1% NaOH 溶液浸泡过夜,之后再用 DEPC 溶液浸泡冲洗)。加入 1×TAE 使液面淹没过胶 1~2mm。

（3）8μl 样品加入 2μl 的 5×DNA loading buffer 混匀后样品加到凝胶点样孔中。同时将 4μl DNA Marker 单独样品加到凝胶点样孔中作为电泳指示剂。

（4）电泳电压 4V/cm 胶,待溴酚蓝移至凝胶的 2/3 距离时,约 30min,关闭电源,取出凝胶置紫外透射反射分析仪上观察并进行拍照记录。

【注意事项】

（1）在研磨过程中使组织保持冰冻状态。

（2）RNA 酶是一类生物活性非常稳定的酶类,除了细胞内源 RNA 酶外,外界环境中均存在 RNA 酶,所以操作时应戴手套,并注意时刻换新手套。

（3）EB 是强致癌性,而且易挥发,挥发至空气中,危害很大。

（4）DEPC 气味芳香浓烈,强挥发性,有毒,因此,配制时需在通风橱中操作。

【预习报告】

请回答下列问题:

（1）Trizol 提取 RNA 的原理?

（2）RNA 提取时应注意哪些问题?

（3）RNA 提取时为什么要用 DEPC 水而不是双蒸水?

第四部分　复习与实践

（一）单选题 A1 型题(最佳肯定型选择题)

1. 模板 DNA 的碱基序列是 3′-TGCAGT-5′,其转录出 RNA 碱基序列是（　　）

A. 5′-AGGUCA-3′　　　B. 5′-ACGUCA-3′

C. 5′-ACGTCA-3′　　　D. 5′-UCGUCU-3′

E. 5′-ACGUGT-3′

2. 不对称转录是指（　　）

A. 双向复制后的转录

B. 转录经翻译生成氨基酸,氨基酸含有不对称碳

原子

C. 同一单链 DNA,转录时可以交替作为编码链和模板链

D. 同一 DNA 模板转录可以是从 5′ 至 3′ 延长和从 3′ 至 5′ 延长

E. 没有规律的转录

3. 下列关于转录作用的叙述,正确的是（　　）

A. 以 RNA 为模板合成 cDNA

B. 需要 4 种 dNTP 为原料

C. 转录生成的 RNA 都是翻译模板

D. 转录起始不需要引物参与

E. 合成反应的方向为 3′→5′

4. 真核细胞 RNA 聚合酶Ⅱ催化合成的 RNA 是( )

A. 18SRNA　　　　　　B. mRNA

C. tRNA　　　　　　　D. 5SRNA

E. rRNA

5. 识别 RNA 转录终止的因子是( )

A. α 因子　　　　　　B. β 因子

C. σ 因子　　　　　　D. ρ 因子

E. γ 因子

6. DNA 指导的 RNA 聚合酶由数个亚基组成,其核心酶的组成是( )

A. ααββ′　　　　　　B. ααββ′σ

C. ααβ′　　　　　　D. ααβ

E. αββ′

7. 识别转录起始点的是( )

A. ρ 因子

B. 核心酶

C. RNA 聚合酶的 σ 因子　D. RNA 聚合酶的 α 亚基

E. RNA 聚合酶的 β 亚基

8. 下列关于 σ 因子的描述哪一项是正确的( )

A. RNA 聚合酶的亚基,负责识别 DNA 模板上转录 RNA 的特殊起始点

B. DNA 聚合酶的亚基,能沿 5′→3′ 及 3′→5′ 方向双向合成 RNA

C. 可识别 DNA 模板上的终止信号

D. 是一种小分子的有机化合物

E. 参与逆转录过程

9. RNA 聚合酶催化转录,其底物是( )

A. ATP、GTP、TTP、CTP

B. AMP、GMP、TMP、CMP

C. dATP、dGTP、dUTP、dCTP

D. ATP、GTP、UTP、CTP

E. ddATP、ddGTP、ddTTP、ddCTP

10. 原核生物中决定转录基因类型的亚基是( )

A. RNA 聚合酶的 α 亚基　B. RNA 聚合酶的 σ 因子

C. RNA 聚合酶的 β 亚基　D. RNA 聚合酶的 β′亚基

E. RNA 聚合酶的 ρ 因子

11. 真核生物中 tRNA 和 5S rRNA 的转录由下列哪一种酶催化( )

A. RNA 聚合酶Ⅰ　　　B. 逆转录酶

C. RNA 聚合酶Ⅱ　　　D. RNA 聚合酶Ⅰ和Ⅱ

E. RNA 聚合酶Ⅲ

12. hnRNA 转变成 mRNA 的过程是( )

A. 转录起始　　　　　B. 转录终止

C. 转录后加工　　　　D. 翻译起始

E. 翻译终止

13. RNA 聚合酶Ⅱ所识别的 DNA 结构是( )

A. 内含子　　　　　　B. 外显子

C. 启动子　　　　　　D. 增强子

E. 断裂基因

14. TFIID 的结合位点是( )

A. TATA 盒　　　　　B. GC 盒

C. CAAT 盒　　　　　D. CCAAT 盒

E. GGGCGG 盒

15. 在转录延长中,RNA 聚合酶与 DNA 模板的结合是( )

A. 全酶与模板结合

B. 核心酶与模板特定位点结合

C. 结合状态相对牢固稳定

D. 结合状态松弛而有利于 RNA 聚合酶向前移动

E. 和转录起始时的结合状态没有区别

16. 外显子是( )

A. 基因突变的表现　　B. DNA 被水解断裂片段

C. 转录模板链　　　　D. 真核生物的编码序列

E. 真核生物的非编码序列

17. 核酶是指( )

A. 从细胞核中分离出的具有酶活性的蛋白质

B. 具有酶活性的蛋白质

C. 具有酶活性的 RNA

D. 具有酶活性的 DNA

E. 可分解 DNA 和 RNA 的酶

18. 关于启动子正确的描述是( )

A. mRNA 开始被翻译的那段 DNA 序列

B. 开始转录生成 mRNA 的那段 DNA 序列

C. RNA 聚合酶最初与 DNA 结合并启动转录的那段 DNA 序列

D. 阻抑蛋白结合的 DNA 部位

E. 调节基因结合的部位

19. 成熟的真核生物 mRNA 5′末端具有( )

A. Poly-A 帽子　　　　B. $m^7UpppNmp$

C. $m^7CpppNmp$　　　　D. $m^7ApppNmp$

E. $m^7GpppNmp$

20. 下列关于 TATA 盒的叙述,正确的是( )

A. 是与 RNA-pol 稳定结合的序列

B. 是蛋白质翻译的起始点

C. 是 DNA 复制的起始点

D. 是与核蛋白体稳定结合的序列

E. 是远离转录起始点,增强转录活性的序列

(二) 单选题 A2 型题(最佳否定型选择题)

1. DNA 复制与转录过程有许多异同点,描述错误的是(　　)

A. 两过程均需聚合酶和多种蛋白因子

B. 在复制和转录中合成方向都为 5′→3′

C. 复制的产物通常大于转录产物

D. 两过程均需 RNA 引物

E. 转录是只有一条 DNA 链作为模板,而复制时两条 DNA 链均可作为模板

2. 关于 mRNA 错误的描述是(　　)

A. 原核细胞的 mRNA 在翻译开始前需加多聚 A "尾巴"

B. 原核细胞中许多 mRNA 携带着几个肽链的结构信息

C. 真核细胞中 mRNA 在 5′端携有特殊的"帽子"结构

D. 真核细胞中转录生成的 mRNA 经常被加工

E. 真核细胞中 mRNA 是由 RNA 聚合酶Ⅱ催化的

3. mRNA 转录后加工不包括(　　)

A. 5′端加帽子结构　　B. 3′端加 polA 尾

C. 切除内含子　　D. 连接外显子

E. 3′端加 CCA 尾

4. 下列关于核不均一 RNA(hnRNA)论述不正确的是(　　)

A. 它们的寿命比大多数 RNA 短

B. 在其 3′端可有一个多聚腺苷酸尾巴

C. 在其 5′端可有一个特殊帽子结构

D. 存在于细胞质中

E. 由内含子和外显子组成

5. 对 RNA 聚合酶的叙述不正确的是(　　)

A. 由核心酶与 σ 因子构成

B. 核心酶由 $\alpha_2\beta\beta'$组成

C. 全酶与核心酶的差别在于 β 亚单位的存在

D. 全酶包括 σ 因子

E. σ 因子仅与转录启动有关

(三) X 型题(多项选择题)

1. 复制是全套基因(基因组)都复制,转录只少部分转录,这是因为(　　)

A. 复制有保真性,转录没有保真性

B. 复制是保证遗传信息能够代代相传

C. 不是每时每刻每个基因的产物都是有用的

D. 复制后,DNA 变短

E. RNA 聚合酶只有一种;DNA 聚合酶在原核生物有 3 种,真核生物有 5 种

2. 原核生物和真核生物的转录相同之处在(　　)

A. 都需数种不同的 RNA 聚合酶

B. 都以 DNA 为模板,都需要依赖 DNA 的聚合酶

C. 转录起始点不是翻译起始点

D. 都可被利福平抑制

E. 底物都是 NTP

3. 参与真核生物 hnRNA 转录前起始复合物形成的因子有(　　)

A. TFⅡD　　　B. TFⅡA

C. TBP　　　D. TFⅢ

E. TCP

4. 下列选项中,含有 RNA 的酶有(　　)

A. 核酶　　　B. 端粒酶

C. 逆转录酶　　D. RNase

E. 限制性核酸内切酶

5. tRNA 的前体加工包括(　　)

A. 剪切 5′和 3′末端的多余核苷酸

B. 去除内含子

C. 3′末端加 CCA

D. 化学修饰

E. 5′末端加帽

6. 下列关于转录因子Ⅱ(TFⅡ)的叙述,正确的(　　)

A. 属于基本转录因子

B. 参与真核生物 mRNA 的转录

C. 在真核生物进化中高度保守

D. 是原核生物转录调节的重要物质

E. 转录因子Ⅱ中的 TBP 是唯一一个与 DNA 特异结合的基础转录因子

7. 内含子是指(　　)

A. 合成蛋白质的模板　　B. hnRNA

C. 成熟 mRNA　　D. 非编码序列

E. 剪接中被除去的 RNA 序列

8. 在 HbS(镰状红细胞贫血)患者哪些核酸会出现异常(　　)

A. hnRNA　　　B. mRNA

C. DNA　　　D. rRNA

E. snRNA

(四) 名词解释

1. asymmetric transcription　2. coding strand

3. template strand　4. translation

5. Pribnow box　6. transcription bubble

7. TATA box　8. split gene

9. intron　10. extron

11. mRNA splicing
12. spliceosome
13. mRNA cleavage

（五）简答题

1. 原核与真核生物 mRNA 的区别。
2. 转录可生成哪几种 RNA？各有何功用？
3. 简述原核生物转录终止的方式。
4. 何谓 mRNA 的帽子结构？意义何在？

5. 简述真核生物 tRNA 前体的转录后加工方式。
6. 试比较原核生物和真核生物 RNA 聚合酶的异同。

（六）论述题

1. 论述转录与复制的相同点和不同点。
2. 何谓断裂基因？试述 mRNA 的剪接过程。
3. 真核生物由 hnRNA 转变为 mRNA，包括哪些加工过程？

参 考 答 案

（一）单选题 A1 型题（最佳肯定型选择题）

1. B　2. C　3. D　4. B　5. D　6. A　7. C　8. A
9. D　10. A　11. E　12. C　13. C　14. A　15. D
16. D　17. C　18. C　19. E　20. A

（二）单选题 A2 型题（最佳否定型选择题）

1. D　2. A　3. E　4. D　5. C

（三）X 型题（多项选择题）

1. BC　2. ABCE　3. ABC　4. AB　5. ABCD
6. ABCE　7. DE　8. ABC

（四）名词解释

（略）

（五）简答题

1. 答题要点：原核：①往往是多顺反子的，即每分子 mRNA 带有几种蛋白质的遗传信息（来自几个结构基因）；②5′端无帽子结构，3′端一般无多聚 A 尾巴；③一般没有修饰碱基，即这类 mRNA 分子链完全不被修饰；④mRNA 在被转录过程中就具有翻译活性，一般边转录边翻译。

真核：①5′端有帽子结构；②3′端绝大多数均带有多聚腺苷酸尾巴，其长度为 20~200 个腺苷酸；③分子中可能有修饰碱基，主要有甲基化；④分子中有编码区与非编码区，基因属于断裂基因，转录后的初级产物为 hnRNA，需加工修饰，成熟后才能作为翻译模板。

2. 答题要点：转录产物为 RNA，主要分为三类即 mRNA、tRNA、rRNA。①mRNA 以核苷酸序列的方式携带遗传信息，通过这些信息来指导合成多肽链中的氨基酸的序列。在 mRNA 信息区内，相邻 3 个核苷酸组成 1 个三联体的遗传密码，编码一种氨基酸。②核蛋白体是完成由氨基酸合成多肽链的复杂超分子生物装置，每个亚基都由多种蛋白质和 rRNA 组成。③tRNA 是氨基酸的搬运工具，在蛋白质合成过程中具有搬用氨基酸到核糖体上的作用。

3. 答题要点：RNA 聚合酶在 DNA 模板上停顿下来不再前进，转录产物 RNA 链从转录复合物上脱落下来，这就是转录终止。原核生物转录终止分为依赖 ρ 因子和非依赖 ρ 因子两大类：①依赖 ρ 因子的转录终止。ρ 因子有 ATP 酶活性和解螺旋酶活性，在与 RNA 转录产物结合后，ρ 因子和 RNA 聚合酶都发生构象变化，从而使 RNA 聚合酶停顿，解螺旋酶的活性使 DNA/RNA 杂化双链拆离，利于产物从转录复合物中释放。②非依赖 ρ 因子的转录终止。DNA 模板上靠近终止处特殊的碱基序列形成茎环或发夹形式的二级结构及靠近 3′端一串寡聚 U 是关键结构。茎环结构在转录产物 RNA 分子上形成，可能改变 RNA 聚合酶的构象，进而导致酶-模板结合方式的改变，使酶不再向下游移动，于是转录停止；寡聚 U 是使 RNA 链从模板上脱落的促进因素，因为所有的碱基配对中，rU/dA 配对最为不稳定。转录复合物上局部形成的 RNA/DNA 杂化短链，因为 RNA 分子要形成自己的局部双链，DNA 也要复原为双链，这样使本来不稳定的杂化双链更不稳定，转录复合物趋于解体。

4. 答题要点：帽子结构是真核生物 mRNA5′-末端的 m^7GpppN 结构。RNA 聚合酶 Ⅱ 催化合成新生 RNA 链长度达 25~30 个核苷酸时，在加帽酶和甲基转移酶的作用下其 5′-末端的核苷酸就与 7-甲基鸟嘌呤核苷酸通过不常见的 5′，5′-三磷酸连接键相连转变成 $5'-m^7GpppN$，即把一个甲基化的鸟嘌呤帽加到转录产物的 5′端，此过程有磷酸解、磷酸化和碱基的甲基化。

意义：①5′帽子结构可以使 mRNA 免遭核酸酶的攻击，维持 mRNA 作为翻译模板的完整性。②与帽结合蛋白复合体结合，并参与 mRNA 和核糖体的结合，启动蛋白质的生物合成。

5. 答题要点：真核生物 tRNA 前体的转录后加工有

四方面:①5′端的 16 个核苷酸序列由 RNaseP 切除;②3′端的 2 个核苷酸由 RNaseD 切除,再由核苷酸转移酶加上 CCA;③柄-环结构的一些核苷酸的碱基经化学修饰为稀有碱基,包括某些嘌呤甲基化生成甲基嘌呤、某些尿嘧啶还原为二氢尿嘧啶(DHU)、尿嘧啶核苷转变为假尿嘧啶核苷(ψ)、某些腺苷酸脱氨成为次黄嘌呤核苷酸(I);④通过剪接切除内含子。

6. 答题要点:原核生物 RNA 聚合酶通常只有一种,催化合成所有类别的 RNA,该酶由多亚基组成,全酶是 α2ββ′σ(ω),核心酶是 α2ββ′(ω),专一抑制剂是利福平。真核生物 RNA 聚合酶有三种,RNA 聚合酶Ⅰ、Ⅱ、Ⅲ,RNA 聚合酶Ⅰ位于核仁,合成 rRNA 前体;RNA 聚合酶Ⅱ位于细胞核,合成 mRNA 前体(hnRNA);RNA 聚合酶Ⅲ位于核仁外,合成 tRNA、5S-rRNA、snRNA,它们的专一抑制剂是鹅膏蕈碱。

(六) 论述题

1. 答题要点:相同点:①都以 DNA 为模板;②均以核苷酸为原料;③合成方向都是 5′→3′;④都需要依赖 DNA 的聚合酶;⑤都遵循碱基配对规律;⑥产物都是多核苷酸链。

不同点:见表 15-1。

表 15-1　转录与复制的不同点

	转录	复制
模板	以某一条链为模板	两条链均为模板
原料	NTP	dNTP
配对	A-U、T-A、G-C	A-T、G-C
引物	不需要	需要 RNA 为引物
聚合酶	RNA 聚合酶	DNA 聚合酶
产物	mRNA、tRNA、rRNA	子代双链 DNA
方式	不对称转录	半保留复制

2. 答题要点:真核生物结构基因由若干个编码区和非编码区互相隔开但又连续镶嵌而成,去除非编码区再连接后,可翻译出由连续氨基酸组成的完整的蛋白质,这些基因称为断裂基因。非编码区的序列称为内含子,是隔断基因的线性表达而在剪接过程中被除去的核酸序列。编码区的序列称为外显子,是在断裂基因及其初级转录产物上出现,并表达为成熟 RNA 的核酸序列。

mRNA 剪接是去除初级转录产物上的内含子,把外显子连接为成熟 RNA 的过程。剪接体是 mRNA 剪接的场所。通过二次转酯反应完成剪接过程。剪接体由 U1、U2、U4、U5、U6 共 5 种 snRNA 和大约 50 种蛋白质装配而成,可结合内含子 3′和 5′端的边界序列,从而使两个外显子相互靠近。细胞核内含鸟苷酸的辅酶以 3′-OH 对 E1(第一个外显子)和 I(内含子)之间的磷酸二酯键作亲电子攻击,使 E1/I 之间的共价键断开。第二次转酯反应由 E1 的 3′-OH 对 I/E2(第二个外显子)之间的磷酸二酯键作亲电子攻击,使 I 与 E2 断开,由 E1 取代了 I,这样使内含子去除而两外显子连接。

3. 答题要点:真核生物 mRNA 的加工包括首、尾修饰、剪接、剪切和 mRNA 编辑。真核生物 mRNA 转录的初级产物 hnRNA,需要进行 5′-末端和 3′-末端(首、尾部)的修饰以及对 mRNA 进行剪接、剪切和编辑,才能成为成熟的 mRNA,被转运到核糖体,指导蛋白质翻译。①前体 mRNA 在 5′-末端加“帽子”结构。由加帽酶和甲基转移酶催化。5′帽子结构可以使 mRNA 免遭核酸酶的攻击,并参与蛋白质生物合成的起始过程。②前体 mRNA 在 3′-末端加 poly(A)尾。前体 mRNA 在转录终止修饰点被切开后,由多聚(A)聚合酶催化,以 ATP 为底物,在 mRNA 的 3′端加上 100~200 个腺苷酸残基的尾部。poly(A)尾的有无与长短是维持 mRNA 作为翻译模板的活性以及增加 mRNA 本身稳定性的因素。③前体 mRNA 的剪接和剪切。真核生物的基因是不连续的即断裂基因,由外显子和内含子相互间隔但又连续镶嵌而成。真核生物 mRNA 的剪接是去除内含子后将相邻外显子连接起来,然后进行多聚腺苷酸化,剪接体是 mRNA 剪接的场所,通过二次转酯反应将前体 mRNA 加工为成熟的 mRNA;剪切是剪去某些内含子,然后在上游的外显子 3′端直接进行多聚腺苷酸化,不进行相邻外显子之间的连接反应。通过这两种加工模式,一个前体 mRNA 分子可被加工成多个 mRNA 分子。④mRNA 编辑。转录产生的 mRNA 分子中,由于核苷酸的缺失、插入或置换,基因转录物的序列不与基因编码序列互补,使翻译生成的蛋白质的氨基酸组成不同于基因序列中的编码信息,这种现象称为 mRNA 编辑。mRNA 编辑、剪接或剪切都可使一个基因有可能产生几种不同的蛋白质。

(孙玉宁　李建宁)

第十六章　蛋白质的生物合成

第一部分　实 验 预 习

mRNA 生成后,遗传信息由 mRNA 传递给新合成的蛋白质,即由核苷酸序列转换为蛋白质的氨基酸序列,这一过程称为翻译(translation)。mRNA 含有来自 DNA 的遗传信息,是合成蛋白质的"模板",各种蛋白质就是以其相应的 mRNA 为"模板",用各种氨基酸为原料合成的。mRNA 不同,所合成的蛋白质也就各异。

参与蛋白质合成的物质,除氨基酸外,还有 mRNA("模板")、tRNA("特异的搬运工具")、核糖体("装配机")、有关的酶(氨基酰 tRNA 合成酶与某些蛋白质因子),以及 ATP、GTP 等供能物质与必要的无机离子等。在 DNA 或 mRNA 分子内,每 3 个相邻核苷酸按其排列序列可体现一种氨基酸或体现蛋白质合成终止信号的,统称为遗传密码(genetic code)。64 个密码子中,61 个代表氨基酸。3 个密码子(UAA、UAG、UGA)为肽链的终止密码子(terminator codon)不代表任何氨基酸,为终止信号。密码子 AUG 具有特殊性,不仅代表甲硫氨酸,如果位于 mRNA 起始部位,它还代表肽链合成的起始密码子(initiator codon)。密码子通常有五种性质:方向性、简并性、连续性、摆动性、通用性。

体内的 20 种氨基酸都各有其特定的 tRNA,而且一种氨基酸常有数种 tRNA,在 ATP 和酶的存在下,它可与特定的氨基酸结合。每个 tRNA 都有 1 个由 3 个核苷酸编成的特殊的反密码子(anticodon)。此反密码子可以根据碱基配对的原则,与 mRNA 上对应的密码子相配合。tRNA 上的反密码子,只有与 mRNA 上的密码子相对应时,才能结合。因此,在翻译时,带着不同氨基酸的各个 tRNA 就能准确地在核糖体上与 mRNA 的密码子对号入座。核糖体由大小不同的两个亚基所组成,这两个亚基分别由不同的 RNA 分子(称为 rRNA)与多种蛋白质分子共同构成的。

蛋白质生物合成的具体步骤包括:①氨基酸的活化与活化氨基酸的搬运;②活化氨基酸在核糖体上的缩合。tRNA 所携带的氨基酸,是通过"核糖体循环"在核糖体上缩合成肽,完成翻译过程的,现以原核生物中蛋白质生物合成为例,将核糖体循环人为地分为起始(inition)、肽链延长(elongation)和终止(termination)三个阶段。在蛋白质生物合成的起始阶段,核糖体的大、小亚基,mRNA 与甲酰甲硫氨酰 tRNAimet 共同构成 70S 起始复合体。这一过程需要一些称为起始因子(initiation factor,简称 IF)的蛋白质以及 GTP 与镁离子的参与。肽链延长阶段,与 mRNA 上的密码子相适应,新的氨基酸不断被相应特异的 tRNA 运至核糖体的受位,形成肽链。同时,核糖体从 mRNA 的 5'端向 3'端不断移位以推进翻译过程。肽链延长阶段需要称为延长因子(elongation factors)的蛋白质,GTP、Mg^{2+} 与 K^+ 的参与。通常进行"进位-转肽-移位"三个重复循环过程。以后肽链上每增加一个氨基酸残基,就需要进位(新的氨基酰 tRNA 进入"受位"),转肽(形成新的肽键),移位(核糖体挪动的同时,原在"受位"带有肽链的 tRNA 转到"给位")和脱落(失去氨基酰的 tRNA 在"出位"上脱落)。如此一遍一遍地重复,直到肽链增长到必要的长度。当肽链合成到一定长度时,在肽链脱甲酰基酶(peptide deformylase)和一种对蛋氨酸残基比较特异的氨基肽酶的依次作用下,氨基端的甲酰甲硫氨酸残基即从肽链上水解脱落。当多肽链合成已经完成,并且"受位"上已出现终止信号(如 UAA),此后即转入终止阶段。终止阶段包括已合成完毕的肽链被水解释放,以及核糖体与 tRNA 从 mRNA 上脱落的过程。这一阶段需要 GTP 与一种起终止作用的蛋白质因子——释放因子(release factor,RF,或称终止因子)的参与。在一条 mRNA 上可以同时附着多个核糖体,合成多条同样的多肽链,而脱落下来的亚基又可重新投入核糖体循环。多核糖体合成肽链的效率高。

真核生物翻译的特点:①真核生物的蛋白质合成与 mRNA 转录生成不偶联,mRNA 在细胞核内以前体形式合成,合成后需经加工修饰才成熟为 mRNA,从细胞核内输往胞浆,投入蛋白质合成过程,转录和翻译的间隔约 15min;而原核生物的 mRNA 常在其自身合成尚未结束时,已被用来翻译,因而转录与翻译几乎同时进行;②真核细胞蛋白质合成机制比原核生物复杂;③真核生物的合成起始过程与原核生物有所不同;④真核生物蛋白质合成的调控更为复杂;⑤真核生物与原核生物的蛋白质合成可为不同的抑制剂所抑制。

肽链合成的结束,并不一定意味着具有正常生理功能的蛋白质分子已经生成。已知很多蛋白质在肽链合成后还需经过一定的加工(processing)或修饰,由几条肽链构成的蛋白质和带有辅基的蛋白质,其各个亚单位必须互相聚合才能成为完整的蛋白质分子。有以下几种修饰:①肽链的合成后加工与修饰,有些蛋白质在其肽链合成结束后,还需要进一步加工,修饰才能转变为具有正常生理功能的蛋白质。②二硫键的形成,二硫键由两个半胱氨酸残基形成,对维持蛋白质立体结构起重要作用。③个别氨基酸残基的化学修饰,有些蛋白质前体需经一定的化学修饰才能成为成品而参与正常的生理活动。有些酶的活性中心含有磷酸化的丝氨酸、苏氨酸或酪氨酸残基。这些磷酸化的氨基酸残基都是在肽链合成后相应残基的-OH 被磷酸化而形成的。除磷酸化外,有时蛋白质前体需要乙酰化(如组蛋白)、甲基化、ADP-核糖化、羟化等。④蛋白质前体中不必要肽段的切除,无活性的酶原转变为有活性的酶,常需要去掉一部分肽链。现知其他蛋白质也存在类似过程,虽然转变的场所不同;酶原多是在细胞外转变为酶,而蛋白质前体中不必要肽段的切除是在细胞内进行的。

分子病(molecular diseases)常用以称呼蛋白质分子氨基酸序列异常的遗传病。如镰刀形红细胞性贫血。DNA 分子上的遗传信息的异常,最终造成蛋白质分子组成的改变。

蛋白质生物合成的阻断剂很多,其作用部位也各有不同,或作用于翻译过程,直接影响蛋白质生物合成(如多数抗生素),或作用于转录过程,对蛋白质的生物合成间接产生影响。此外也有作用于复制过程的(如多数抗肿瘤药物)。它们由于能影响细胞分裂而间接影响蛋白质的生物合成。白喉毒素、干扰素等,都在抑制蛋白质生物合成上有特异性的作用靶点。通常分为以下几类:①作为蛋白质合成阻断剂的毒素,比如细菌毒素、植物毒蛋白;②作为蛋白质合成阻断剂的其他蛋白质类物质,典型代表是:干扰素(interferon)是细胞感染病毒后产生的一类蛋白质。干扰素可抑制病毒繁殖,保护宿主,现知其原理之一是它在双股 RNA(如某些病毒 RNA)存在时,可抑制细胞的蛋白质生物合成,使病毒无法繁殖。

第二部分　知识链接与拓展

白喉毒素的结构和作用机制

白喉毒素相对分子质量为 6.1×10^4,由 A、B 两个亚基组成。A 亚基起催化作用,B 亚基帮助 A 亚基进入细胞。B 亚基可与细胞表面的特异受体结合,结合后使毒素 A、B 两链之间的二硫键还原,A 链即释出进入细胞。进入胞质的 A 链可使辅酶Ⅰ(NAD⁺)与真核生物延长因子 eEF-2 产生反应,造成 eEF-2 失活,抑制蛋白质的合成。eEF-2 通过其分子中组氨酸衍生物咪唑基的 N 与 NAD⁺ 中核糖的 1′C 相互作用生成 eEF-2-核糖-ADP,此组氨酸衍生物称为白喉酰胺(diphthamide)。结合后的 eEF-2-核糖-ADP,仍可附着于核糖体,并与 GTP 结合,但不能促进转位,因而抑制了蛋白质的合成。白喉毒素在 eEF-2 与 NAD⁺ 的反应中起着催化剂的作用,所以只需极少量,即可终止细胞所有蛋白质的合成。蛋白质合成被抑制后,影响细胞的其他代谢过程,继而引起坏死。因此白喉毒素的毒性甚大,有实验证明一只豚鼠注入 0.05μg,即足以致命。除白喉毒素外,现知铜绿假单胞杆菌的外毒素 A 也与白喉毒素一样,以相似机制起作用。

第三部分 复习与实践

(一) 单选题 A1 型题(最佳肯定型选择题)

1. 蛋白质生物合成是指(　　)

A. 蛋白质分解代谢的逆过程

B. 由氨基酸自发聚合成多肽

C. 氨基酸在氨基酸聚合酶催化下连接成肽

D. 由 mRNA 上的密码子翻译成多肽链的过程

E. 以 mRNA 为模板合成 cDNA 的过程

2. 真核生物蛋白质合成的特点是(　　)

A. 先转录,后翻译

B. 边转录,边翻译

C. 边复制,边翻译

D. 核蛋白体大亚基先与小亚基结合

E. mRNA 先与 tRNA 结合

3. 蛋白质分子中氨基酸的排列顺序决定因素是(　　)

A. 氨基酸的种类

B. tRNA

C. 转肽酶

D. mRNA 分子中单核苷酸的排列顺序

E. 核蛋白体

4. 遗传密码的简并性是指(　　)

A. 蛋氨酸密码可作起始密码

B. 一个密码子可代表多个氨基酸

C. 多个密码子可代表同一氨基酸

D. 密码子与反密码子之间不严格配对

E. 所有生物可使用同一套密码

5. 一个 tRNA 的反密码为 5′UGC3′,它可识别的密码是(　　)

A. 5′GCA3′

B. 5′ACG3′

C. 5′GCU3′

D. 5′GGC3′

E. 5′GAC3′

6. 终止密码有 3 个,它们是(　　)

A. AAA CCC GGG

B. AUG UGA GAU

C. UAA CAA GAA

D. UUU UUC UUG

E. UAA UAG UGA

7. 遗传密码的通用性是指(　　)

A. 不同氨基酸的密码子可以相互使用

B. 病毒、细菌和人类使用相同的一套遗传密码

C. 一个氨基酸可以有多个密码子

D. 一个密码子可代表两个以上的氨基酸

E. 各个三联体密码连续阅读,密码间既无间断也无交叉

8. 下列氨基酸中,无相应遗传密码的是(　　)

A. 异亮氨酸

B. 天冬酰胺

C. 脯氨酸

D. 胱氨酸

E. 甲硫氨酸

9. UGC、UGU 可编码半胱氨酸属于密码的(　　)

A. 摆动性

B. 通用性

C. 连续性

D. 简并性

E. 特异性

10. tRNA 反密码第 1 位上的 I 与 mRNA 密码第 3 位上的 A、C、U 均可配对,属于(　　)

A. 摆动性

B. 通用性

C. 连续性

D. 简并性

E. 特异性

11. mRNA 碱基插入或缺失可造成框移突变由于密码的(　　)

A. 摆动性

B. 通用性

C. 连续性

D. 简并性

E. 特异性

12. 核蛋白体是( )

A. tRNA 的三级结构形式

B. 参与转录终止,因为翻译紧接着转录之后

C. 有转运氨基酸的作用

D. 遗传密码的携带者

E. 由 rRNA 和蛋白质构成

13. 蛋白质生物合成的方向是( )

A. 从 C 端到 N 端   B. 从 N 端到 C 端

C. 定点双向进行   D. 从 5′端到 3′端

E. 从 3′端到 5′端

14. 原核生物起始 tRNA 是( )

A. 甲硫氨酰-tRNA   B. 缬氨酰-tRNA

C. 甲酰甲硫氨酰-tRNA   D. 任何氨酰-tRNA

E. 丝氨酰-tRNA

15. 原核生物多肽合成的延长阶段需要将氨基酰-tRNA 带入核蛋白体 A 位,与 mRNA 密码识别,参与这一作用的延长因子成分应为( )

A. EFTu-GTP   B. EFTs

C. EFTu-GDP   D. EFTG

E. EFTs-GTP

16. 原核细胞翻译中需要四氢叶酸参与的过程是( )

A. 起始氨基酰-tRNA 生成   B. 大小亚基结合

C. 肽链终止阶段   D. mRNA 与小亚基结合

E. 肽键形成

17. 氨基酰-tRNA 合成酶的特点正确的是( )

A. 存在于细胞核中

B. 催化反应需 GTP

C. 对氨基酸-tRNA 都有专一性

D. 直接生成甲酰蛋氨酰-tRNA

E. 只对氨基酸有绝对专一性

18. 蛋白质生物合成过程中,能在核蛋白体 E 位上发生的反应是( )

A. 氨基酰 tRNA 进位   B. 转肽酶催化反应

C. 卸载 tRNA   D. 与释放因子结合

E. 催化肽键形成

19. 信号肽位于( )

A. 分泌蛋白新生链的中段

B. 成熟的分泌蛋白 N 端

C. 分泌蛋白新生链的 C 端

D. 成熟的分泌蛋白 C 端

E. 分泌蛋白新生链的 N 端

20. 肽链合成后经羟化生成的是( )

A. 丝氨酸   B. 羟脯氨酸

C. 胱氨酸   D. 蛋氨酸

E. 苏氨酸

21. 由两个半胱氨酸的-SH 基氧化生成的是( )

A. 丝氨酸   B. 羟脯氨酸

C. 胱氨酸   D. 蛋氨酸

E. 苏氨酸

22. 参与新生多肽链正确折叠的蛋白质是( )

A. 分子伴侣   B. G 蛋白

C. 转录因子   D. 释放因子

E. 起始因子

23. 对真核和原核生物反应过程均有干扰作用,故难用作抗菌药物的是( )

A. 四环素   B. 链霉素

C. 卡那霉素   D. 嘌呤霉素

E. 青霉素

(二) 单选题 A2 型题(最佳否定型选择题)

1. 关于 mRNA,错误的叙述是( )

A. 一个 mRNA 分子只能指导一种肽链生成

B. 通过转录生成的 mRNA 与核蛋白体结合才能起作用

C. mRNA 极易降解

D. 不同种类的 mRNA 分子量差异很大

E. 真核生物的一个 mRNA 分子只能指导一种多肽链生成

2. 下列关于遗传密码的描述哪一项是错误的( )

A. 密码阅读有方向性,5′端开始,3′端终止

B. 密码第 3 位(即 3′端)碱基与反密码子的第 1 位(即 5′端)碱基配对具有一定自由度,有时会出现多对一的情况

C. 一种氨基酸只能有一种密码子

D. 一种密码子只代表一种氨基酸

E. 遗传密码之间没有标点符号,没有间隔

3. 关于翻译的叙述,不正确的是( )

A. 原料是 20 种基本氨基酸

B. 需要 mRNA、tRNA、rRNA 参与

C. mRNA 是翻译的直接模板

D. 有多种蛋白质因子参与

E. tRNA 是多肽链合成的场所(装配机)

4. 关于核蛋白体的叙述,错误的是( )

A. 核蛋白体由 rRNA 与两种蛋白质组成

B. 每个核蛋白体均由一个大亚基与一个小亚基组成

C. 小亚基的功能是结合模板 mRNA

D. 大亚基上有转肽酶活性,可催化肽键生成

E. 核蛋白体中大亚基所含的 rRNA 种类多于小亚基的

5. 关于 tRNA 功能的叙述,错误的是( )

A. tRNA 上有反密码环,与 mRNA 上密码子对应

B. tRNA 既可识别氨基酸,又可识别氨基酰-tRNA 合成酶

C. 已发现有 60 多种 tRNA,每种氨基酸可有不止一种 tRNA

D. tRNA 是活化及转运氨基酸的工具

E. 逆转录病毒的逆转录过程以 tRNA 作为引物

6. 原核细胞中参与蛋白质生物合成的多种蛋白质因子不包括( )

A. 起始因子 IF   B. 延长因子 EF

C. 核糖体蛋白质   D. 释放因子 RF

E. ρ 因子

7. 原核生物多肽链翻译阶段有释放因子 RF 识别结合终止密码,释放因子诱导以下作用中错误的是( )

A. 转肽酶发挥肽链水解酶作用

B. 促进核蛋白体上 tRNA 脱落

C. 促进合成肽链折叠成空间构象

D. 促进合成肽链脱落

E. mRNA 与核蛋白体分离

8. 蛋白质生物合成中不需要能量的步骤是( )

A. 氨基酰-tRNA 的合成   B. 蛋白质合成起始

C. 多肽链延长过程   D. 转肽作用

E. 终止阶段

9. 蛋白质生物合成的肽链延长阶段不需要( )

A. mRNA   B. 甲酰蛋氨酰-tRNA

C. 转肽酶   D. GTP

E. EFTu 与 EFTs

10. 关于多聚核蛋白体的叙述,错误的是( )

A. 由多个核蛋白体串联于同一 mRNA 上形成

B. 是串珠状结构

C. 在 mRNA 上每隔 2~3 个密码即可串联一个核蛋白体

D. 多聚核蛋白体所合成的多肽链相同

E. 其意义在于使 mRNA 充分利用,加速蛋白质合成

(三) X 型题(多项选择题)

1. 下列关于遗传密码的说法正确的是( )

A. 20 种氨基酸共有 64 个密码子

B. 碱基缺失、插入可致框移突变

C. 具有起始信号的 AUG 是起始密码

D. UUU 是终止密码

E. 一个氨基酸可有多达 6 个密码子

2. 关于 RNA,下列说法正确的是( )

A. mRNA 带有遗传密码

B. tRNA 是分子量较小的 RNA

C. rRNA 是蛋白质合成的场所

D. 胞浆中只有 mRNA

E. SnRNA 是 mRNA 的前身

3. 参与蛋白质生物合成的有( )

A. mRNA   B. 核蛋白体

C. 转位酶   D. 连接酶

E. 转氨酶

4. DNA 模板可直接用于( )

A. 转录   B. 翻译

C. 复制   D. 单核苷酸合成

E. 引物合成

5. 一个 tRNA 上的反密码子为 IAC,其可识别的密码子是( )

A. GUA   B. GUC

C. GUG   D. GUU

D. GUT

6. 翻译过程需要消耗能量(ATP 或 GTP)的反应有( )

A. 氨基酸和 tRNA 结合

B. 密码子辨认反密码子

C. 氨基酸-tRNA 进入核蛋白体

D. 核蛋白体大、小亚基结合

E. 肽键生成

7. 蛋白质生物合成的延长反应包括哪些反应( )

A. 起始   B. 终止

C. 转位   D. 成肽

E. 转化

8. 下列哪些因子参与蛋白质翻译延长( )

A. IF   B. EFG

C. EFT   D. RF

E. eIF

9. 蛋白质多肽链生物合成后的加工过程有( )

A. 二硫键形成   B. 氨基端修饰

C. 多肽链折叠   D. 辅基的结合

E. 个别氨基酸的羟化

10. 干扰素的作用( )

A. 诱导 eIF2 磷酸化的蛋白激酶

B. 间接诱导核酸内切酶

C. 抗病毒

D. 激活免疫系统

E. 抑制转肽酶

11. 能促使蛋白质多肽链折叠成天然构象的蛋白质有( )

A. 伴侣蛋白

B. 拓扑酶

C. 热休克蛋白 70

D. 解螺旋酶

E. 热激蛋白 60

（四）名词解释

1. translation

2. codon

3. ORF

4. ribosomal cycle

5. molecular chaperon

6. signal peptide

7. S-D sequence

8. polysome

9. SRP

（五）简答题

1. 简述各种 RNA 在蛋白质生物合成中的功能。

2. 干扰素干扰蛋白质生物合成的机制是什么？

3. 为什么嘌呤霉素可抑制蛋白质的生物合成？

（六）论述题

1. 试述蛋白质生物合成的过程。

2. 试述遗传密码及其特点。

参 考 答 案

（一）单选题 A1 型题（最佳肯定型选择题）

1. D　2. A　3. D　4. C　5. A　6. E　7. B　8. D

9. D　10. A　11. C　12. E　13. B　14. C　15. A

16. A　17. C　18. C　19. E　20. B　21. C　22. A

23. D

（二）单选题 A2 型题（最佳否定型选择题）

1. A　2. C　3. E　4. A　5. E　6. E　7. C　8. D

9. B　10. C

（三）X 型题（多项选择题）

1. BCE　2. AB　3. ABC　4. ACE　5. ABD　6. ACE

7. CD　8. BC　9. ABCDE　10. ABCD　11. ACE

（四）名词解释

（略）

（五）简答题

1. 答题要点：mRNA 是蛋白质生物合成的直接模板，以三联体密码的方式将遗传信息从核酸传递给蛋白质，转变为蛋白质一级结构信息。tRNA 是氨基酸的运载工具，以氨基酰-tRNA 的形式将底物氨基酸搬运至核糖体上生成肽链。rRNA 与核内蛋白质结合组成核糖体，作为蛋白质生物合成的场所。

2. 答题要点：干扰素是真核细胞感染病毒后分泌的一类具有抗病毒作用的蛋白质，可抑制病毒的繁殖。机制是：①干扰素在某些病毒 dsRNA 存在下，诱导特异蛋白激酶活化，此活化的蛋白激酶使真核 eIF-2 磷酸化而失活，从而抑制病毒蛋白质合成。②与 dsRNA 共同活化特殊的 2′-5′ 寡聚腺苷酸合成酶，以 ATP 为原料合成 2′-5′ 寡聚腺苷酸（2′-5′ A），2′-5′ A 可活化 RNaseL，后者使病毒 mRNA 发生降解从而阻断病毒蛋白质合成。

3. 答题要点：嘌呤霉素结构与酪氨酰-tRNA 相似，在翻译中可取代某些氨基酰-tRNA 而进入核糖体的

A 位，但延长中的肽酰-嘌呤霉素容易从核糖体脱落，中断肽链合成。

（六）论述题

1. 答题要点：蛋白质生物合成自多肽链的 N-端氨基酸开始，然后按顺序逐个加上，直至 C-端的最后一个氨基酸为止。合成过程大体可分成以下 4 个阶段：

（1）氨基酸的活化与转运：氨基酸必须经过活化才能参加蛋白质合成。活化反应在氨基酸的羧基上进行，由氨基酰 tRNA 合成酶催化，利用 ATP 供能，生成氨基酰-tRNA，进行特异转运。

（2）肽链的起始：所有真核生物蛋白质在合成时的起始氨基酸均为甲硫氨酸。此阶段是由核蛋白体大小亚基、模板 mRNA 以及具有起始作用的甲硫氨酰-tRNA（原核细胞中是甲酰甲硫氨酰-tRNA）结合成起始复合物的过程。这一过程还需要 Mg^{2+}、GTP、ATP 及几种蛋白质因子参加。

（3）肽链的延长：又称核蛋白体循环。分为三个步骤：注册、成肽与转位。注册是指氨基酰-tRNA 根据遗传密码的指引，进入核蛋白体的受位。成肽是指两个氨基酸在转肽酶的催化下形成肽链的过程。转位是指成肽后，核蛋白体在延长因子 EF-G 的作用下，向 mRNA 的 3′ 侧移动，使起始二肽酰-tRNA-mRNA 相对位移进入核蛋白体 P 位，而卸载的 tRNA 则移入 E 位。A 位空留对应下一组三联体密码，准备适当氨基酰-tRNA 进位开始下一核蛋白体循环。核蛋白体阅读 mRNA 密码是从 5′ 至 3′ 方向进行，肽链合成从 N-端向 C-端方向进行，每一次核蛋白体循环，肽链延长一个氨基酸。

（4）肽链的终止：依靠终止密码的辨认和释放因子识别共同完成的。

2. 答题要点：遗传密码是存在于 mRNA 开放阅读框架区的三联体形式的核苷酸序列。由 A、G、C、U 四种碱基组成 64 个三联体密码子，其中 AUG 编码甲硫氨酸和作为多肽链合成的起始信号；UAA、UAG、UGA 作为多肽链合成的终止信号；其余 61 个密码分别编码不同的氨基酸。

遗传密码具有以下特点：①方向性。密码子及组成密码子的各碱基在 mRNA 序列中的排列具有方向性，翻译时的阅读方向是 5′→3′，即读码从 mRNA 的起始密码子 AUG 开始，按 5′→3′的方向逐一阅读，直至终止密码子。mRNA 开放阅读框架中 5′→3′的核苷酸排列顺序决定了蛋白质多肽链氨基酸从 N 端到 C 端的排列顺序。②连续性。mRNA 序列上的各密码子及密码子的各碱基是连续排列的，密码子及密码子的各碱基之间没有间隔，即具有无标点性。翻译时从起始密码子 AUG 开始向 3′端连续读码，每次读码时每个碱基只读一次，不重叠阅读。③简并性。一种氨基酸具有两个或两个以上的密码子为其编码的特性称为遗传密码的简并性。64 个密码子中，除甲硫氨酸和色氨酸只对应 1 个密码子外，其他氨基酸都有 2、3、4 或 6 个密码子为之编码。为同一种氨基酸编码的各密码子称为简并密码子或同义密码子。多数情况下，同义密码子的头两位碱基相同，仅第三位碱基有差别。④通用性。除动物细胞的线粒体和植物细胞的叶绿体外，几乎生物界所有物种都使用同一套遗传密码即通用密码。⑤摆动性。mRNA 密码子的第 3 位碱基和 tRNA 反密码子的第 1 位碱基之间不严格遵守碱基互补配对规律的现象称为摆动配对。如 tRNA 反密码子的第 1 位碱基若是 I，可以和 mRNA 密码子的第 3 位的 A、U 或 C 配对等。

（赵　薇　姚　青）

第十七章　基因表达调控

第一部分　实验预习

一、基因表达调控基本概念与原理

(一) 基因表达调控基本概念

从遗传学角度讲,基因就是遗传的基本单位或单元。从分子生物学角度讲,基因是负载特定遗传信息的 DNA 片段,其结构包括由 DNA 编码序列、非编码调节序列和内含子组成的 DNA 区域。

一个细胞或病毒携带的全部遗传信息或整套基因,称为基因组。不同生物基因组所含的基因多少不同。对原核细胞和噬菌体而言,它们的基因组就是单个的环状染色体所含的全部基因;对真核生物而言,基因组就是指一个生物体的染色体所包含的全部 DNA,通常称为染色体基因组。

基因表达就是基因转录及翻译过程。在一定调节机制控制下,大多数基因经历基因激活、转录及翻译过程,产生具有特异生物学功能的蛋白质分子,赋予细胞或个体一定的功能或形态表型。但并非所有基因表达的过程都产生蛋白质,rRNA、tRNA 编码基因转录生成 RNA 的过程也属于基因表达。

基因表达表现为严格的规律性,即时间特异性(temporal specificity)、空间特异性(special specificity)。

1. 时间特异性　某一特定基因的表达严格按特定的时间顺序发生。在多细胞生物从受精卵到组织、器官形成的各个不同发育阶段,相应基因严格按一定时间顺序开启或关闭,表现为与分化、发育阶段一致的时间性。

2. 空间特异性　在多细胞生物个体某一发育、生长阶段,同一基因产物在不同的组织器官表达多少是不一样的;在同一生长阶段,不同的基因表达产物在不同的组织、器官分布也不完全相同。在个体生长全过程,某种基因产物在个体按不同组织空间顺序出现,这就是基因表达的空间特异性。

不同种类的生物遗传背景不同,同种生物不同个体生活环境的差异,可导致不同的基因功能和性质也不相同。因此不同基因的表达方式或调节类型存在很大差异。主要有两种表达:

1. 组成性表达(constitutive gene expression)　某些基因产物对生命全过程都是必需的或必不可少的,这类基因在一个生物个体的几乎所有细胞中持续表达,通常被称为管家基因(housekeeping gene)。管家基因较少受环境因素影响,它在个体各个生长阶段以及几乎全部组织中持续表达,变化很小。

2. 诱导和阻遏　与管家基因不同,另有一些基因表达极易受环境变化影响。因外界信号的变化,这类基因表达水平可呈现升高或降低的现象。在特定环境信号刺激下,相应的基因被激活,基因表达产物增加,这种基因是可诱导(induction)的。可诱导基因在特定环境中表达增强的过程称为诱导。相反,如果基因对环境信号应答时被抑制,这种基因是可阻遏(repression)的。可阻遏基因表达产物水平降低的过程称为阻遏。

基因表达调控的意义:①适应环境、维持生长和增殖:生物体赖以生存的外环境是在不断变化的。从低等生物到高等生物,都必须对外环境的变化作出适当反应,调节代谢,使生物体能更好地适应变化的外环境。这种适应调节的能力与某些蛋白质分子的功能有关。②维持个体发育与分化:在多细胞个体生长、发育的不同阶段,细胞中的蛋白质分子种类和含量差异很大;即使在同一生长发育阶段,不同组织器官内蛋白质分子分布也存在很大差异,这些差异是调节细胞表型的关键。

(二) 基因表达调控基本原理

基因表达可在转录水平、转录后水平、翻译水平和翻译后水平等多级调控,但发生在转录水平,尤其是转录起始水平的调节,对基因表达起着至关重要的作用,即转录起始是基因表达调控的基本控制点。基因转录激活调节基本要素涉及特异的 DNA 序列、调节蛋白、DNA-蛋白质/蛋白质-蛋白质的相互作用以及这些因素对 RNA 聚合酶活性的影响。

1. 特异 DNA 序列　主要指具有调节功能的 DNA 序列。原核生物大多数基因表达调控是通过操纵子机制实现的。操纵子是一个转录单位,由一组串联的结构基因与启动序列、操纵序列及其他调节序列串联组成。启动序列是 RNA 聚合酶结合并启动转录的特异 DNA 序列,操纵序列是原核阻遏蛋白的结合位点。操纵序列与阻遏蛋白结合时阻遏转录,介导负性调节。调节序列中特异的 DNA 序列可与分解代谢物基因激活蛋白(catabolite gene activation protein,CAP)结合,激活转录,介导正性调节。真核生物基因调控机制,与顺式作用元件有关,顺式作用元件是指可影响自身基因表达活性的 DNA 序列,包括启动子、增强子和沉默子。

2. 调节蛋白　原核生物基因调节蛋白分为三大类:特异因子、阻遏蛋白和激活蛋白。特异因子决定 RNA 聚合酶对启动序列的识别和结合能力。阻遏蛋白结合操纵序列,阻遏基因表达。激活蛋白结合启动序列邻近的 DNA 序列,促进 RNA 聚合酶与启动序列的结合,从而增强转录活性。真核基因调节蛋白又称转录因子。绝大多数真核转录因子通过与特异的顺式作用元件识别、结合,反式激活另一基因的转录,故称为反式作用因子。但也有些基因产物可特异识别、结合自身基因的调节序列,即调控自身基因的表达,称之为顺式作用蛋白。

3. DNA-蛋白质、蛋白质-蛋白质相互作用　DNA-蛋白质相互作用指反式作用因子与顺式作用元件之间的特异识别及结合。绝大多数调节蛋白结合 DNA 前需要通过蛋白质-蛋白质相互作用形成二聚体或多聚体。所谓二聚化就是指二个分子单体通过一定结构域结合成二聚体,它是调节蛋白结合 DNA 最常见的形式。除二聚化或多聚化反应,还有一些调节蛋白不能直接结合 DNA,而是通过蛋白质-蛋白质相互作用间接结合 DNA,调节基因转录。

4. RNA 聚合酶　RNA 聚合酶的活性,直接影响着转录频率,原核生物只有一种 RNA 聚合酶,催化所有 RNA 生成的转录过程,σ 因子决定聚合酶识别的特异性。真核生物 RNA 聚合酶有多种,分别催化不同种类 RNA 的生成。

二、原核基因表达调节

(一) 原核基因转录调节特点

(1) σ 因子决定 RNA 聚合酶识别的特异性。

(2) 操纵子模型的普遍性。原核基因一般不含内含子,基因是连续的,几个功能相关的结构基因串联排列在一起,组成一个转录单位即操纵子。一个操纵子只含有一个启动序列及数个可转录的编码基因,通常转录出一段较长的 mRNA,作为一种或多种蛋白质翻译模板,称多顺反子。所以原核基因调节时,结构基因一开俱开,一关俱关。

(3) 阻遏蛋白与阻遏机制的普遍性。

(二) 原核生物转录起始调节

1. 乳糖操纵子的结构 E. coli 的乳糖操纵子含 Z、Y、A 三个结构基因,分别编码 β-半乳糖苷酶、透酶和乙酰基转移酶,此外还有一个操纵序列 O,一个启动序列 P 和一个调节基因 I,I 基因编码阻遏蛋白。在启动序列 P 上游还有一个分解代谢物基因激活蛋白(CAP)结合位点。

2. 乳糖操纵子的调节机制

(1) 阻遏蛋白的负性调节:没有乳糖存在时,I 基因编码的阻遏蛋白结合于操纵序列 O 处,Lac 操纵子处于阻遏状态,不能合成分解乳糖的三种酶;有乳糖存在时,乳糖作为诱导物诱导阻遏蛋白变构,不能结合于操纵序列,Lac 操纵子被诱导开放合成分解乳糖的三种酶。Lac 操纵子的这种调控机制为可诱导的负调控。

(2) CAP 的正性调节:当大肠杆菌从以葡萄糖为碳源的环境转变为以乳糖为碳源的环境时,cAMP 浓度升高,与 CAP 结合,使 CAP 发生变构,CAP 结合于 Lac 操纵子启动序列附近的 CAP 结合位点,激活 RNA 聚合酶活性,促进结构基因转录,加速合成分解乳糖的三种酶。

(3) 协调调节:Lac 操纵子中,I 基因编码的阻遏蛋白的负调控与 CAP 的正调控两种机制相辅相成,互相协调、互相制约。

3. 原核生物转录终止调节 大肠杆菌存在两种主要转录终止机制:一种是依赖 Rho 因子的转录终止,另一种是不依赖 Rho 因子的转录终止。转录终止也可在距离转录起始点较近的位置发生,这种过早终止在大肠杆菌也有两种调节方式,一是衰减调节,二是抗终止。

原核生物还有另一种操纵子色氨酸操纵子属于这种类型的调控机制,一方面通过阻遏物进行负调控,另一方面通过衰减作用进行终止调节。

三、真核基因表达调节

(一) 真核基因组结构特点

1. 结构庞大 真核基因组结构庞大且分散在各染色体上,功能相似的基因有的相距甚远。

2. 单顺反子 一个编码基因转录生成一个 mRNA 分子,翻译生成一条多肽链。

3. 重复序列 根据重复频率分为高度重复序列、中度重复序列和单拷贝序列。

4. 基因不连续性 内含子和外显子相间排列,同时被转录。

（二）真核基因表达调控特点

1. RNA 聚合酶　有三种，即 RNA pol I、II 及 III，分别负责三种 RNA 的合成。它们为了结合启动子通常需要一系列的转录因子，其转录水平受启动子序列和 RNA 聚合酶之间亲和力的影响。

2. 活性染色体结构变化　①对核酸酶敏感；②DNA 拓扑结构变化；③DNA 碱基修饰变化，甲基化范围与基因表达程度呈反比；④组蛋白变化。

3. 正性调节占主导　绝大部分真核基因组使用正性调节机制，其原因是：①采用正性调节机制更精确；②采用负性调节不经济。

4. 转录与翻译分隔进行

5. 转录后修饰、加工

（三）真核生物 RNA pol II 转录起始的调节

RNA pol II 转录产物为所有 mRNA 前体及大部分 snRNA。

1. 顺式作用元件　指影响自身基因表达活性的 DNA 序列，按功能特性分为启动子、增强子和沉默子。

（1）启动子：真核基因启动子由 RNA 聚合酶结合位点及周围的一组转录控制组件构成。包括至少一个转录起始点和一个以上的功能组件。在这些功能组件中最具有典型意义的就是 TATA 盒。典型的启动子由 TATA 盒及上游的 CAAT 盒或/和 GC 盒组成。

（2）增强子：就是远离转录起始点、决定基因的时间和空间特异性表达、增强启动子转录活性的 DNA 序列，其发挥作用的方式通常与方向、距离无关。增强子也由若干功能组件组成。

（3）沉默子：是某些基因含有的负性调控元件，对基因表达起阻遏作用。

2. 反式作用因子　是指与特异的顺式作用元件识别、结合，反式激活另一基因转录的 DNA 结合蛋白，又称转录调节因子或转录因子（TF）。

（1）转录调节因子的分类：按功能分两类：基本转录因子和特异转录因子。基本转录因子是 RNA 聚合酶结合启动子所必需的一组蛋白质因子，决定三种 RNA 转录的类别。特异转录因子为个别基因转录所必需，决定该基因的时间、空间特异性表达。

（2）转录调节因子的结构：所有转录因子至少包括两个不同的结构域：DNA 结合域和转录激活域；此外很多转录因子还包含一个介导蛋白质-蛋白质相互作用的结构域，最常见的是二聚化结构域。①DNA 结合域：通常由 $60 \sim 100$ 个氨基酸残基组成。常见的 DNA 结合域结构形式是锌指、亮氨酸拉链和螺旋-环-螺旋。②转录激活域：由 $30 \sim 100$ 个氨基酸残基组成。③二聚化结构域：二聚化作用与亮氨酸拉链和螺旋-环-螺旋结构有关。

3. mRNA 转录激活及其调节　mRNA 基因转录激活过程就是形成稳定的转录起始复合物的过程。RNA pol II 不能单独识别、结合启动子。转录起始复合物的形成过程有三步：①TFIID 结合 TATA 盒；②TFIIE 识别并结合 TFIID-DNA 复合物，此时 DNA 双链还没有打开，尚不能启动转录；③其他转录因子与 RNA 聚合酶 II 结合，转录起始部位的 DNA 解链，形成转录起始复合物，又称开放的复合物，启动 mRNA 转录。

第二部分　知识链接与拓展

β珠蛋白的阶段特异性表达

人血红蛋白中珠蛋白基因的表达就表现为严格的阶段特异性。成人血红蛋白是由两条 α 链和两条 β 链聚合而成的四聚体($\alpha_2\beta_2$)。人的一生中,血红蛋白的多肽链组成要经历多次变化,其中至少涉及 6 种明显不同,相互类似的多肽链包括 α、β、γ、δ、ε 和 ζ。这6种多肽链的编码基因分别位于两个不同基因簇。多肽链 α 和 ζ 编码基因位于同一基因簇,而多肽链 β、γ、δ 和 ε 编码基因位于另一个基因簇。人类胚胎早期,多肽链 ζ 和 ε 编码基因表达,故 Hb 组成型为 $\zeta_2\varepsilon_2$。在人类 1~3 个月的胎儿期,多肽链 ζ 编码基因逐渐关闭,多肽链 α 编码基因逐渐开启,同时,多肽链 ε 编码基因依然表达,故 Hb 组成型为 $\alpha_2\varepsilon_2$。人类 4~6 个月的胎儿期,多肽链 α 编码基因依然表达,而同时,多肽链 ε 编码基因逐渐关闭,代之以多肽链 γ 编码基因开启表达,故 Hb 组成型为 $\alpha_2\gamma_2$。从人类胎儿后期到出生,多肽链 γ 编码基因活性逐渐下降,但并未完全关闭,多肽链 β 编码基因表达活性急剧上升,同时多肽链 δ 编码基因也开始表达,这样在多肽链 α 依然表达的情况下,多肽链 γ 合成减少,代之以多肽链 β 和 δ,故 Hb 主要组成型为 $\alpha_2\beta_2$,次要组成型为 $\alpha_2\gamma_2$ 和 $\alpha_2\delta_2$。在人类婴儿出生后约 12 周,多肽链 γ 编码基因关闭,而多肽链 α、β 和 δ 编码基因依然表达,故婴儿出生后 12 周到成人期,Hb 主要组成型为 $\alpha_2\beta_2$,次要组成型为 $\alpha_2\delta_2$。

第三部分　复习与实践

(一) 单选题 A1 型题(最佳肯定型选择题)

1. 基因表达调控的基本控制点是(　　)

A. mRNA 从细胞核转移到细胞质

B. 转录的起始

C. 转录后加工

D. 蛋白质翻译

E. 翻译后加工

2. 有些基因在一个生物个体的几乎所有细胞中持续表达,这类基因称为(　　)

A. 可诱导基因　　　　B. 可阻遏基因

C. 操纵基因　　　　　D. 启动基因

E. 管家基因

3. 组成性基因表达的正确含义是(　　)

A. 在大多数细胞中持续恒定表达

B. 受多种机制调节的基因表达

C. 可诱导基因表达

D. 空间特异性基因表达

E. 可阻遏基因表达

4. 基因表达的细胞特异性是指(　　)

A. 基因表达按一定的时间顺序发生

B. 同一基因在不同细胞表达不同

C. 基因表达因环境不同而改变

D. 基因在所有细胞中持续表达

E. 在大多数细胞中持续恒定表达

5. 对操纵子学说的正确说法是(　　)

A. 操纵子是由结构基因,操纵序列和调节基因组成的

B. 操纵子是由启动序列,操纵序列和结构基因组成的

C. 调节基因是 RNA 聚合酶结合部位

D. mRNA 的合成是以操纵基因为模板

E. 当操纵基因与阻遏蛋白结合时,才能进行转录生成 mRNA

6. 关于乳糖操纵子的叙述,下列哪项是正确的(　　)

A. 属于可诱导型调控

B. 属于可阻遏型调控

C. 结构基因产物抑制分解代谢

D. 结构基因产物与分解代谢无关

E. 受代谢终产物抑制

7. cAMP 与 CAP 结合,CAP 介导正性调节发生在(　　)

A. 有葡萄糖及 cAMP 较高时

B. 有葡萄糖及 cAMP 较低时

C. 没有葡萄糖及 cAMP 较高时

D. 没有葡萄糖及 cAMP 较低时

E. 葡萄糖及 cAMP 浓度极高时

8. 关于操纵基因的叙述,下列哪项是正确的 ( )

A. 与阻遏蛋白结合的部位

B. 与 RNA 聚合酶结合的部位

C. 属于结构基因的一部分

D. 具有转录活性

E. 是结构基因的转录

9. cAMP 对转录进行调控,必须先与( )

A. CAP 结合,形成 cAMP-CAP 复合物

B. RNA 聚合酶结合,从而促进该酶与启动子结合

C. G 蛋白结合

D. 受体结合

E. 操纵基因结合

10. 启动子是指( )

A. DNA 分子中能转录的序列

B. 与 RNA 聚合酶结合的 DNA 序列

C. 与阻遏蛋白结合的 DNA 序列

D. 有转录终止信号的序列

E. 与顺式作用元件结合的序列

11. 基因表达中的诱导现象是指( )

A. 阻遏物的生成

B. 细菌利用葡萄糖作碳源

C. 细菌不用乳糖作碳源

D. 由底物的存在引起代谢底物的酶的合成

E. 低等生物可以无限制地利用营养物

12. 下列哪项乳糖操纵子序列能与 RNA 聚合酶结合( )

A. P 序列   B. O 序列

C. CAP 结合位点   D. I 基因

E. Z 基因

13. 阻遏蛋白在 DNA 的结合部位是( )

A. CAP 结合位点   B. 启动序列

C. 操纵序列   D. 结构基因编码序列

E. 调节序列

14. 衰减子的作用是( )

A. 促进转录   B. 抑制翻译

C. 终止转录   D. 使转录速度减慢

E. 减弱复制速度

15. 反式作用因子是指( )

A. 具有激活功能的调节蛋白

B. 具有抑制功能的调节蛋白

C. 对自身基因具有激活功能的调节蛋白

D. 对另一基因具有激活功能的调节蛋白

E. 对另一基因具有调节功能的调节蛋白

16. 以 TATA 为核心的 TATA 盒,最常见于( )

A. 原核生物的启动子中   B. 真核生物的启动子中

C. 原核生物的操纵基因区   D. 增强子中

E. 原核生物的结构基因区

17. 增强子的作用是( )

A. 促进结构基因转录   B. 抑制结构基因转录

C. 抑制阻遏蛋白   D. 抑制操纵基因表达

E. 抑制启动子

18. 增强子的序列是( )

A. 含两组 72bp 串联(顺向)重复序列,核心部分为 TGTGGAATTAG

B. 含回文结构

C. 含八聚体结构

D. 高度重复序列

E. GC 及 TATA 结构

19. 增强子的作用特点是( )

A. 只作用于真核细胞中

B. 有固定的部位,必须在启动子上游

C. 有严格的专一性

D. 无需与蛋白质因子结合就能增强转录作用

E. 作用无方向性

20. 关于 TFⅡD 的叙述,下列哪项是正确的( )

A. 是唯一能与 TATA 盒结合的转录因子

B. 能抑制 RNApol Ⅱ 与启动子结合

C. 具有 ATP 酶活性

D. 能解开 DNA 双链

E. 抑制 DNA 基因转录

21. 反式作用因子是指( )

A. DNA 的某段序列

B. RNA 的某段序列

C. mRNA 的表达产物

D. 作用于转录调控的蛋白质因子

E. 组蛋白及非组蛋白

22. 参与操纵子正调控的蛋白质因子( )

A. 辅阻遏蛋白   B. TFⅡB

C. CAP   D. 乳糖

E. 抑制基因

23. 表达阻遏蛋白的基因是( )

A. 结构基因   B. 操纵基因

C. 抑癌基因   D. 调节基因

E. 癌基因

24. 在亮氨酸拉链中,每隔多少个氨基酸出现一个亮氨酸( )

A. 7个　　　　　　　　B. 3.6个

C. 9个　　　　　　　　D. 12个

E. 7.2个

25. 增强子属于( )

A. 顺式作用元件　　　B. 反式作用因子

C. 操纵子　　　　　　D. 调节蛋白

E. 传感器

26. 能调控多个操纵子( )

A. 顺式作用元件　　　B. 反式作用因子

C. 操纵子　　　　　　D. 调节蛋白

E. 传感器

27. 与结构基因串联的特定DNA顺序是( )

A. 顺式作用元件　　　B. 反式作用因子

C. 操纵子　　　　　　D. 调节基因

E. 结构基因

28. 由位于不同或相同染色体上基因所编码的蛋白质并调节转录的是( )

A. 顺式作用元件　　　B. 反式作用因子

C. 操纵子　　　　　　D. 调节基因

E. 结构基因

29. 一类能促进基因转录活性的顺式作用元件是( )

A. 增强子　　　　　　B. 启动子

C. 操纵子　　　　　　D. 衰减子

E. 转座子

30. 常见的参与真核生物基因转录调控的DNA结构是( )

A. 终止子　　　　　　B. 外显子

C. TATA盒　　　　　　D. 操纵基因

E. 启动子

(二) 单选项A2型题(最佳否定型选择题)

1. 关于"基因表达"的概念叙述错误的是( )

A. 其过程总是经历基因转录及翻译两个过程

B. 某些基因表达产物是蛋白质分子

C. 某些基因表达经历基因转录及翻译等过程

D. 某些基因表达产物是RNA分子

E. 某些基因表达产物不是蛋白质分子

2. 关于管家基因叙述错误的是( )

A. 在生物个体的几乎各生长阶段持续表达

B. 在生物个体的几乎所有细胞中持续表达

C. 在生物个体全生命过程的几乎所有细胞中表达

D. 在生物个体的某一生长阶段持续表达

E. 在一个物种的几乎所有个体中持续表达

3. 下列关于真核基因结构特点的叙述,错误的是( )

A. 基因不连续　　　　B. 基因组结构庞大

C. 含大量重复序列　　D. 转录产物为多顺反子

E. 一个启动序列后接有一个编码基因

4. 以下关于增强子的叙述错误是( )

A. 增强子可决定基因表达的组织特异性

B. 增强子是远离启动子的顺式作用元件

C. 增强子作用无方向性

D. 增强子在基因的上游或下游均对基因的转录有增强作用

E. 增强子只在个别真核生物中存在,无普遍性

5. 关于TFⅡD的叙述不正确的是( )

A. 为PolⅠ、Ⅱ和Ⅲ三种转录过程所必需

B. TFⅡD通过TBP识别、结合TATA盒

C. TFⅡD是一种由多亚基组成的复合物

D. 由TATA组成的最简单的启动子可只需TFⅡD参考

E. 与原核基因转录无关

6. 关于转录调节因子叙述错误的是( )

A. 所有转录因子结构均含有DNA结合域和转录激活域

B. 转录因子调节作用是DNA依赖的或DNA非依赖的

C. 通过DNA-蛋白质或蛋白质-蛋白质相互作用发挥作用

D. 有些转录因子结构可能只含有DNA结合域或转录激活域

E. 大多数转录因子的调节作用属反式调节

(三) X型题(多项选择题)

1. 基因表达是指( )

A. DNA复制将遗传给下一代

B. 细胞内遗传信息指导蛋白质的合成

C. 包括转录和翻译过程

D. 以RNA为模板合成DNA的过程

E. 以DNA为模板合成RNA和以RNA为模板合成蛋白质的过程

2. 属于基因表达终产物的是( )

A. tRNA　　　　　　　B. mRNA

C. rRNA　　　　　　　D. 蛋白质

E. 多肽链

3. 基因表达调控的意义是( )

A. 适应环境、维持生存　　B. 维持细胞生长、分裂

C. 调节细胞发育、分化　　D. 维持个体生长、发育

E. 调节组织、器官的形成

4. 共同参与构成乳糖操纵子的组分有(　　)

A. 三个结构基因　　　B. 一个操纵序列

C. 一个启动序列　　　D. 一个调节基因

E. 一个增强子

5. 真核基因的结构特点有(　　)

A. 基因不连续性

B. 单顺反子

C. 含重复序列

D. 一个启动基因后接有几个编码基因

E. 基因组结构庞大

6. 通常组成最简单的启动子的元件有(　　)

A. TATA 盒　　　　　B. GC 盒

C. CAAT 盒　　　　　D. 转录起始点

E. UAS 序列

7. 顺式作用元件(　　)

A. 是 DNA 上的序列

B. 又称为分子内作用元件

C. 不和 RNA 聚合酶直接结合

D. 增强子不是顺式作用元件

E. 即 RNA 引物

8. 真核生物顺式作用元件包括(　　)

A. 启动子　　　　　B. 增强子

C. 沉默子　　　　　D. 转录因子

E. 锌指

9. 内含子是指(　　)

A. 合成蛋白质的模板　　B. hnRNA

C. 成熟后 mRNA　　　D. 非编码序列

E. 剪接中被除去的 RNA 序列

(四) 名词解释

1. genome　　　　2. gene expression

3. regulation of gene expression

4. housekeeping gene

5. constitutive gene expression

6. operon　　　　7. cis-acting element

8. trans-acting factors　　9. promoter

10. enhancer　　　11. miRNA

12. siRNA

(五) 简答题

1. 简述基因表达调控的基本原理。

2. 简述原核生物基因转录调节的特点。

3. 什么是顺式调节作用、顺式作用元件? 顺式作用元件包括哪些?

(六) 论述题

1. 简述基因表达在转录水平调控的主要要素。

2. 以乳糖操纵子为例简述原核细胞基因表达调控原理。

3. 比较原核生物和真核生物转录调控的异同。

参 考 答 案

(一) 单选题 A1 型题(最佳肯定型选择题)

1. B　2. E　3. A　4. B　5. B　6. A　7. C　8. A

9. A　10. B　11. D　12. A　13. C　14. C　15. E

16. B　17. A　18. A　19. E　20. A　21. D　22. C

23. D　24. A　25. A　26. D　27. A　28. B　29. A

30. C

(二) 单选题 A2 型题(最佳否定型选择题)

1. A　2. D　3. D　4. E　5. A　6. D

(三) X 型题(多项选择题)

1. BCE　2. ACDE　3. ABCDE　4. ABCD

5. ABCE　6. AD　7. ABC　8. ABC　9. DE

(四) 名词解释

(略)

(五) 简答题

1. 答题要点:基因表达调控具有多层次性和复杂性;改变遗传信息传递过程中的任何环节均会导致基因表达的变化。基因表达可在复制、转录、翻译

等多级水平上进行调控,但发生在转录水平,尤其是转录起始水平的调节,对基因表达起着至关重要的作用,即转录起始是基因表达的基本控制点。基因转录激活受到转录调节蛋白与启动子相互作用的调节。基因表达的调节与基因的结构、性质、生物个体或细胞所处内、外环境,以及细胞内存在的转录调节蛋白均有关。与转录调节有关的:一是特异 DNA 序列,即具有调节功能的 DNA 序列。原核生物大多数基因表达调控是通过操纵子机制实现的,包括启动序列、操纵序列及其他调节序列;真核生物的特异 DNA 序列比原核更为复杂,普遍涉及编码基因两侧的顺式作用元件,包括启动子、增强子及沉默子等。二是转录调节蛋白:原核生物基因转录调节蛋白分为三类:特异因子、阻遏蛋白和激活蛋白;真核生物的转录调节蛋白又称转录调节因子或转录因子,绝大多数是反式作用蛋白,有些是顺式作用蛋白。三是转录调节蛋白通过与 DNA 或与

蛋白质相互作用对转录起始进行调节。四是 DNA 元件与调节蛋白对转录的调节最终由 RNA 聚合酶活性来体现。

2. 答题要点:原核特异基因的表达受多级调控,但调控的关键机制主要发生在转录起始。概括原核基因转录调节有以下特点。①σ 因子决定 RNA 聚合酶识别特异性:原核生物细胞仅含有一种 RNA 聚合酶,核心酶参与转录延长,全酶司转录起始。在转录起始阶段,σ 亚基(又称 σ 因子)识别特异启动序列;不同的 σ 因子决定特异基因的转录激活,决定 mRNA、rRNA 和 tRNA 基因的转录。②操纵子模型在原核基因表达调控中具有普遍性:除个别基因外,原核生物绝大多数基因按功能相关性成簇地串联、密集于染色体上,共同组成一个转录单位——操纵子。如乳糖操纵子、阿拉伯糖操纵子及色氨酸操纵子等。因此,操纵子机制在原核基因调控中具有较普遍的意义。一个操作子只含一个启动序列及数个可转录的编码基因。这些编码基因在同一启动序列控制下,可转录出多顺反子 mRNA。原核基因的协调表达就是通过调控单个启动基因的活性来完成的。③原核操纵子受到阻遏蛋白的负性调节:在很多原核操纵子系统,特异的阻遏蛋白是调控原核启动序列活性的重要因素。当阻遏蛋白与操纵序列结合或解聚时,就会发生特异基因的阻遏与去阻遏。原核基因调控普遍涉及特异阻遏蛋白参与的开、关调节机制。

3. 答题要点:有些真核转录调节蛋白可特异识别、结合自身基因的调节序列,调节自身基因的开启或关闭,这就是顺式调节作用。顺式作用元件是位于编码基因两侧的、可影响自身基因表达活性的特异 DNA 序列,通常是非编码序列。不同基因具有各自特异的顺式作用元件。与原核基因类似,在不同真核基因的顺式作用元件中也会发现一些共有序列,如 TATA 盒、CAAT 盒等。这些共有序列就是顺式作用元件的核心序列,它们是真核 RNA 聚合酶或特异转录因子的结合位点。根据顺式作用元件在基因中的位置、转录激活作用的性质及发挥作用的方式,可将顺式作用元件分为启动子、增强子及沉默子等。

(六)论述题

1. 答题要点:基因表达的调节是由基因的结构及性质、细胞内所存在的转录调节蛋白以及生物个体或细胞所处的内、外界环境共同决定。转录激活调节的基本要素包括:①特异 DNA 序列:是调节基因转录的 DNA 片段,如原核生物操纵子调控区中的启动序列、操纵序列、CAP 蛋白结合位点和真核基因的启动子、增强子和沉默子等。一些共有序列是 RNA 聚合酶或特异转录因子的结合位点,决定启动序列的转录活性大小。②调节蛋白:是调节基因转录的蛋白因子,如原核生物的阻遏蛋白和 CAP 蛋白、真核生物的基本转录因子和特异转录因子等。与共有序列或顺式作用因子作用,决定 RNA 聚合酶对一个或一套启动序列或启动基因的特异性识别和结合能力。原核生物的阻遏蛋白和激活蛋白还可与操纵序列结合而影响 RNA 聚合酶与特异 DNA 序列的结合。③DNA-蛋白质、蛋白质-蛋白质的相互作用:指的是反式作用因子与顺式作用元件之间的特异识别及结合,结合方式多为非共价结合。被识别的 DNA 结合位点通常呈对称或不完全对称结构,绝大多数调节蛋白质结合 DNA 前,需通过蛋白质-蛋白质相互作用,形成二聚体(dimer)或多聚体(polymer)。④RNA 聚合酶:是催化基因转录最主要的酶。原核生物只有一种 RNA 聚合酶,催化所有 RNA 的转录。真核生物有三种 RNA 聚合酶,催化不同 RNA 的转录。DNA 调节元件和调节蛋白可以通过影响 RNA 聚合酶的活性来调接基因转录激活。RNA 聚合酶与原核生物启动序列/真核启动子的亲和力影响转录活性。一些特异调节蛋白在适当环境信号刺激下表达,然后通过 DNA-蛋白质、蛋白质-蛋白质相互作用影响 RNA 聚合酶活性。

2. 答题要点:乳糖操纵子的结构:含有一个操纵序列(O)一个启动序列(P),在 P 序列上游有 CAP 结合位点。三个编码乳糖代谢酶的结构基因(Z、Y、A)和一个调节基因(I)。O、P、CAP 结合位点共同构成乳糖操纵子的调控区,三个结构基因构成乳糖操纵子的信息区。I 基因转录、翻译生成阻遏蛋白。

乳糖操纵子的调节机制:没有乳糖,阻遏蛋白与 O 结合,阻碍 RNA 聚合酶与 P 序列结合,抑制转录的启动。当出现乳糖时,乳糖被转运进入细胞,被半乳糖苷酶分解成半乳糖,它与阻遏蛋白结合,使其构象变化,与 O 序列分离,不能阻止 RNA 聚合酶 P 序列的结合。RNA 聚合酶与 P 序列结合并进入转录区进行转录。当没有葡萄糖时,细菌体内 cAMP 浓度升高,与 CAP 结合,使其构象变化,与 CAP 结合位点结合,刺激 RAN 聚合酶的转录。当没有葡萄糖存在时,细菌体内 cAMP 浓度降低,与 CAP 结合受阻,RNA 聚合酶的转录抑制。

协调调节:当阻遏蛋白封闭转录时,CAP 对乳糖操纵子不能发挥作用;如果没有 CAP,即使阻遏蛋白与操纵序列分离,转录活性仍然很低,可见阻遏蛋白和 CAP 两者的作用是相辅相成的。

3. 答题要点:原核生物与真核生物基因表达调控有下列相似之处:①受多级调控。②转录起始是基因表达的基本控制点。③基因转录激活调节基本要素都是特异 DNA 序列、转录调节蛋白、DNA-蛋白质或蛋白质-蛋白质相互作用及 RNA 聚合酶与特异 DNA 序列相互作用。④调节方式都存在正调节、负调节及协同调节。

二者在相似之中又有区别:①基本要素。特异 DNA 序列:原核生物大多数基因表达调控是通过操纵子机制实现的,包括启动序列、操纵序列及其他调节序列;真核生物比原核更为复杂,普遍涉及编码基因两侧的顺式作用元件,包括启动子、增强子及沉默子等。转录调节蛋白:原核生物分为三类,特异因子、阻遏蛋白和激活蛋白,都是 DNA 结合蛋白;真核生物的转录调节蛋白又称转录调节因子或转录因子,绝大多数是反式作用蛋白,有些是顺式作用蛋白。大多数反式作用因子是 DNA 结合蛋白,少数不能直接结合 DNA,而是通过蛋白质-蛋白质相互作用间接结合 DNA,调节基因转录。RNA-pol 与基因的结合方式:原核生物的 RNA pol 可直接结合启动序列;真核生物的 RNA pol 与启动子亲和力极低或无亲和力,必须与基本转录因子形成复合物才能与启动子结合。②调节特点。RNA 聚合酶识别特异性:原核生物 σ 因子决定 RNA 聚合酶识别特异性;真核生物 RNA-pol 本身具有特异性(细胞内含有 RNA-pol Ⅰ、Ⅱ、Ⅲ,分别起始不同 RNA 的转录)。调控模式:原核生物操纵子模型具有普遍性;真核生物处于转录激活状态的染色质结构发生明显变化具有普遍性。调控方式:原核生物操纵子受到阻遏蛋白的负性调节;真核生物以正性调节占主导。调控的细胞定位:原核生物在细胞质;真核生物转录在细胞质,翻译在细胞核。转录后加工的调控:原核生物 mRNA 无转录后加工,tRNA、rRNA 有;真核生物 mRNA、tRNA 和 rRNA 都有转录后加工,且复杂。

(李 燕 张 茜)

第十八章　细胞信号转导

第一部分　实验预习

一、信息物质的分类及组成

细胞信号转导是多细胞生物对环境应答引起生物学效应的重要过程。许多化学物质的主要功能就是在细胞间和细胞内传递信息。根据溶解度及其受体在细胞中的分布不同,将信息分子分为细胞间信息物质和细胞内信息物质两大类。

(一) 细胞间信息物质

细胞间信息物质又称为第一信使,主要作用是在细胞间传递分泌细胞对细胞活动的调节信号。根据化学信号的理化性质可分为可溶性和膜结合型两种形式。根据信息分子到达靶细胞的距离及作用方式可分为局部化学介质、内分泌激素、神经递质和气体信号分子四大类。

(二) 细胞内信息物质

细胞内信息物质主要作用是在细胞内传递细胞调控信号。细胞内信息物质种类:①无机离子,如 Ca^{2+};②脂类衍生物,如甘油二酯,N-脂酰鞘氨醇;③糖类衍生物,如三磷酸肌醇;④核苷酸类,如 cAMP,cGMP;⑤信号蛋白分子,如 Ras 蛋白和底物酶,底物酶本身属于酪氨酸蛋白激酶或丝氨酸/苏氨酸蛋白激酶,即具有酶的催化特征,又作为其他酶的底物,这些酶往往与级联反应有关。第二信使:在细胞内传递信息的小分子化合物称为第二信使,包括 Ca^{2+}、三磷酸肌醇(IP_3)、二酯酰甘油(DAG)、N-脂酰鞘氨醇(Cer)、环腺苷酸(cAMP)、环鸟苷酸(cGMP)。第三信使:负责细胞核内外信息传递的物质称为第三信使,是一类可与靶基因特异序列结合的核蛋白,能调节基因的转录,又称为 DNA 结合蛋白。

二、受　　体

(一) 受体的概念

受体是位于细胞膜或细胞内的具有对信息分子(包括内分泌激素、神经递质、毒素、药物、抗原和细胞黏附分子等)特异识别和结合功能,而引起生物学效应的一类生物大分子。其化学本质大多数是蛋白质,个别为糖脂。能与受体结合的信息分子称为配体。

(二) 受体的分类、一般结构及功能

根据受体的效应分类:以激动剂为主,通常将受体分为乙酰胆碱受体、肾上腺素受体、多巴胺受体、阿片肽受体等。

根据受体的亚细胞定位分类:分为膜受体和胞内受体。膜受体大多数位于细胞膜上,

主要包括神经受体和大部分激素的受体,其主要功能是实现跨膜信息传递。胞内受体可分成细胞质受体和细胞核受体,均为 DNA 结合蛋白。

膜受体:这类受体大都属于跨膜糖蛋白,又分为四类:

1. 环状受体　又称配体依赖性离子通道,主要受神经递质类信息物质调节。

2. G 蛋白偶联受体　又称七次跨膜 α 螺旋受体。这类受体 N 端在细胞外侧,C 端在内侧,中段形成七个跨膜的 α 螺旋结构、三个细胞外环和三个细胞内环。胞内第二和第三个环能与 G 蛋白偶联,影响腺苷酸环化酶或磷脂酶 C,产生第二信使。这类受体信息传递途径可归纳为:激素→受体→G 蛋白→效应酶→第二信使→蛋白激酶→酶或功能蛋白→生物学效应。值得提及的是 G 蛋白,为胞内信息传递蛋白,有两种形式。无活性 G 蛋白呈 αβγ 三聚体形式,并与 GDP 结合。当 G 蛋白 α 亚基与 GTP 结合时,α 亚基与 βγ 亚基分离,此型为活化型 G 蛋白。

3. 单个跨膜 α 螺旋受体　这类受体全部为糖蛋白且只有一个跨膜螺旋结构,又分酪氨酸蛋白激酶受体型和非酪氨酸蛋白激酶受体型。前者为催化型受体,当配体和受体结合后,受体既有酪氨酸蛋白激酶活性,即可导致受体自身磷酸化,又可催化底物蛋白的特定酪氨酸残基磷酸化,如胰岛素受体、表皮生长因子受体。后者则无酪氨酸蛋白激酶活性,但可与胞浆内酪氨酸蛋白激酶相偶联而表现出酶活性,如生长激素受体、干扰素受体属于这一类。

4. 具有鸟氨酸环化酶活性的受体　该类受体分为膜受体和可溶性受体。膜受体由同源的三聚体或四聚体组成,其配体为心钠素和鸟苷蛋白;胞液可溶性受体是由 α、β 两个亚基组成的杂二聚体,配体为 NO 和 CO。

胞内受体:胞内受体多为反式作用因子,当与相应配体结合后,能与 DNA 的顺式作用元件结合,调节基因转录。甲状腺激素和类固醇激素的受体属于这一类。

(三) 受体作用的特点

受体与配体结合有以下特点:

1. 高度专一性　受体对配体的选择,具有高度特异性。

2. 高度亲和力　受体与配体亲和力极强,体内信息物质浓度非常低却有显著的生物学活性。

3. 可饱和性　增加配体浓度,可使受体饱和。

4. 可逆性　受体与配体以非共价键结合,可逆。

5. 特定的作用模式　受体在细胞内的分布,从数量到种类均有组织特异性,并出现特定的作用模式,引起特定的生理效应。

(四) 受体活性的调节

许多因素对受体数目或受体与配体的亲和力有调节作用。若受体的数目减少或二者亲和力下降,称之为受体下调;反之则称为受体上调。

三、信息的转导途径

(一) 膜受体介导的信息转导

1. cAMP-蛋白激酶途径　该途径的第二信使为 cAMP,激活蛋白激酶 A(PKA)。该途的传递顺序为:激素+受体→形成复合物→G 蛋白介导→活化腺苷酸环化酶→生成 cAMP→激活蛋白激酶 A 系统→产生生物学效应。

（1）cAMP 合成和分解:cAMP 由腺苷酸环化酶催化 ATP 生成。腺苷酸环化酶由激素+受体→生成复合物→激活 G 蛋白→激活腺苷酸环化酶。cAMP 含量下降一方面由于胰岛素、生长激素抑制素等使腺苷酸环化酶活性降低;另一方面是因为胰岛素还能激活磷酸二酯酶加速 cAMP 降解。cAMP 的作用就是别构激活蛋白激酶 A。

（2）PKA 的作用:一是对代谢的调节作用,PKA 属催化丝氨酸/苏氨酸残基磷酸化的蛋白激酶,在调节糖、脂和蛋白质代谢中起重要作用。二是对基因表达的调节作用,基因的调控区有一类 cAMP 应答元件(CRE),它可与 cAMP 应答元件结合蛋白(CREB)相互作用而调节此基因的转录。PKA 催化亚基进入细胞核后,可使 CREB 磷酸化形成同源二聚体,后者与 CRE 结合,激活受 CRE 调控的基因转录。

2. Ca^{2+}-依赖性蛋白激酶途径　这条信息途径为激素+受体→生成复合物→G 蛋白介导→激活磷脂酶 C→水解膜组分磷脂酰肌醇 4,5 二磷酸(PIP$_2$)→产生二酰甘油(DAG)和三磷酸肌醇(IP$_3$)→激活相应蛋白激酶→磷酸化特定蛋白质→发挥生物学效应。

（1）Ca^{2+}-磷脂依赖性蛋白激酶途径:第二信使为 Ca^{2+}、IP$_3$ 和 DAG,激活蛋白激酶 C(PKC,属丝氨酸/苏氨酸蛋白激酶),对代谢和基因表达有调节作用。值得提及的是 PKC 对基因的活化过程分早期反应和晚期反应两个阶段。PKC 可磷酸化立早基因的反式作用因子,加速立早基因的表达,最终促进细胞的增殖。促癌剂-佛波酯与 DAG 结构相似,因此可使 PKC 激活导致细胞持续增殖,诱导癌变。

（2）Ca^{2+}-钙调蛋白依赖性蛋白激酶途径(Ca^{2+}-CaM 途径):IP$_3$ 生成后,从膜上扩散至胞浆,可使胞内 Ca^{2+} 浓度增加,除激活 PKC 之外,还激活 Ca^{2+}-CaM 激酶系统。CaM 为钙结合蛋白,当胞浆内 Ca^{2+} 浓度升高到 2~10mmol/L 时,Ca^{2+} 与 CaM 结合,使之激活磷酸化特定蛋白质,产生效应。

3. cGMP-蛋白激酶系统　该途径第二信使为 cGMP,激活蛋白激酶 G(PKG)。传递顺序为:配体与受体结合→激活鸟苷酸环化酶→生成 cGMP→激活 PKG→催化丝氨酸/苏氨酸残基磷酸化→产生生物学效应。心钠素、NO 和 CO 等通过此途径发挥作用,松弛血管平滑肌,扩张血管。

4. 酪氨酸蛋白激酶体系　酪氨酸蛋白激酶(TPK)在细胞生长、增殖和分化中起重要作用。TPK 可分受体型 TPK 和非受体型 TPK 两大类。

5. 核因子 κB 途径　核因子 κB(NF-κB)体系主要涉及机体防御反应、组织损伤和应激、细胞分化和凋亡以及肿瘤生长抑制过程的信息传递。

6. TGF-β 途径　转化生长因子家族包括 TGF-β、活化素和骨形态发生蛋白等信号分子。转化生长因子家族能调节增殖、分化、迁移和凋亡等多种细胞反应。

(二) 胞内受体介导的信息转导

通过胞内受体调节的激素有甲状腺激素和类固醇激素,受体位于胞内或核内。类固醇激素与其核受体结合,可使受体构象发生改变,暴露出 DNA 结合区。在胞浆中形成的类固醇激素-受体复合物以二聚体形式进入核内,并作为反式作用因子与 DNA 特异基因的激素反应元件结合,调节基因的表达,发挥生物学效应。

四、信息转导途径的相互交互关系

（1）一条信息途径的成员可参与激活另一条信息途径。

（2）两种不同的信息途径可共同作用于同一种效应蛋白，或同一基因调控区而协同发挥作用。

（3）一种信息分子可作用于几条信息转导途径。

第二部分　细胞信号转导相关知识链接与拓展

一、霍　乱

霍乱弧菌能产生霍乱毒素，造成分泌性腹泻，即使不再进食也会不断腹泻。临床上以起病急骤、剧烈泻吐、排泄大量米泔水样肠内容物、脱水、肌痉挛、少尿和无尿为特征。严重者可因休克、尿毒症或酸中毒而死亡。

当感染霍乱时，霍乱弧菌黏附并定居于小肠中，分泌霍乱毒素。这些毒素进入细胞后与分布在小肠黏膜上皮细胞刷状缘上的霍乱毒素受体迅速紧密地进行不可逆的结合，当霍乱毒素亚单位 B 与霍乱毒素受体结合后，亚单位 A 得以穿入细胞膜。霍乱毒素作为第一信使，引起前列腺素（第二信使）的合成与释放增加。前列腺素使腺苷酸环化酶活性增高并持续活化，从而使细胞膜内 cAMP 大量增加聚集，改变细胞膜蛋白构象，促使细胞分泌功能增强，细胞内水及电解质大量分泌，导致肠道液体量增加 10~15 倍，引起腹泻，严重的出现循环衰竭。

霍乱的传染性极强，易导致疾病大流行。一旦发生大流行，短时间出现的大量患者很快会摧毁我们的防治体系，严重危害社会安全，因此国家一直将其作为甲类传染病重点防控。通过有效切断传染途径（尤其是水源的治理）、积极管理传染源（特别是潜在传染源即带菌者）、逐渐提高人群免疫水平可以有效控制霍乱。

二、G 蛋白偶联受体——细胞表面的"聪明"受体（2012 年诺贝尔化学奖）

细胞如何感知周围环境？我们每时每刻都在感知外部世界，能看到美丽的景色、闻到美好的气味、尝到美味的食物，用触觉感受世界，都是因为人体内的细胞每时每刻都在与外部世界进行信息交换，而这种信息交换与 G 蛋白偶联受体的作用是密不可分的。罗伯特·莱夫科维茨和布莱恩·克比卡因为突破性地揭示 G 蛋白偶联受体这一重要受体家族的内在工作机制而获得 2012 年诺贝尔化学奖。

G 蛋白偶联受体（GPCR）是与 G 蛋白有信号连接的 1000 多种受体的统称，属于膜蛋白。G 蛋白横跨在细胞膜上，一方面可以解除细胞外的信号，另一方面可以和细胞内的物质发生作用，成为细胞外信息进入细胞内的桥梁。G 蛋白偶联受体能巩固探测激素、气味、化学神经递质，以及其他细胞外的信号，从而将信息通过激活不同类型 G 蛋白中的一种，传递到细胞内部。这类受体的共同特征是由一条穿插细胞膜多达 7 次的多肽链组成。细胞外部分是各种信息分子的结合位点，细胞内部分与 G 蛋白（鸟苷酸结合蛋白）相结合。G 蛋白位于细胞膜上,作为一种转导体可以将细胞外的信号转化为细胞内的信号。每一种G蛋白都包含三个亚基,命名为α、β和γ。G蛋白偶联受体所进行的信息传递过程大体可以分为以下三个步骤:第一步是信号分子与G蛋白受体结合;第二步是将G蛋白激活;第三步是效应系统的活化。值得我们关注的是G蛋白以及与之偶联的受体结构。G蛋白(全称是鸟苷三磷酸结合蛋白),因其活性三磷酸鸟苷(GTP)及二磷酸鸟苷(GDP)密切相关而得名。在未被激活状态下,鸟苷二磷酸会与α亚基结合,整个G蛋白复合体在细胞膜内表面游移。如果G蛋白与对应的受体相遇而这个受体又恰好与相应的信号分子结合的话,G蛋白就会释放GDP并结合胞浆中的GTP。结合了GTP以后活化的G蛋白可以再分解成两部分,这两者都可以继续活化下游的效应蛋白。细胞内的酶类活性物质可以将α亚基结合的GTP转化成GDP,从而终止其活性。当失活的α亚基与βγ亚基再度相遇的时候又会组成G蛋白复合体并开始新的循环。比如,我们的瞳孔可以收缩就是得益于这样的一个循环,一种神经递质乙酰胆碱就会通过与对应的受体结合并激活控制瞳孔括约肌的G蛋白信号传导。

G蛋白偶联受体主要通过与两种效应蛋白结合后才能发挥作用:一种是G蛋白调控的离子通道,另一种是G蛋白活化的酶类活性物质。第一条信号传导通路不受到任何中间物质进行信号的传递,所以G蛋白可以直接调控离子通道。这种"直捷通路"是G蛋白信号传导路径中最快捷的一种,可以在30~100纳秒之间产生作用。而乙酰胆碱通过这样的信号传导路径发挥作用。另一条作用范围更为广泛的信号传导通路被称作第二信使通路。所谓"第二信使"在这里是约数,因为可能有两种,三种甚至三种以上的物质都扮演着第二信使的角色。G蛋白可以通过激活某些酶类物质来发挥作用,这些酶类物质又可以通过激活一系列生化反应来影响细胞功能。从最初到最后的酶类活性物质可以统称为第二信使。这种受体是位于细胞表面或细胞内的特殊蛋白质,能够和特定的激素结合,并引发细胞响应。G蛋白偶联受体是人类感觉的一把锁,也是连接细胞内与细胞外信息的桥梁。对于2012年诺贝尔化学奖两位科学家所做的研究,美国化学会主席巴萨姆·萨卡什里说:"这是向人类智慧的一次伟大致敬,它帮助我们了解在人类的身体中到底发生了什么复杂的过程。"

第三部分 复习与实践

(一) 单选题 A1 型题(最佳肯定型选择题)

1. 细胞膜受体的化学本质是( )

A. 糖蛋白   B. 脂类

C. 糖类   D. 肽类

E. 核酸

2. 神经递质、激素和细胞因子可通过下列哪条共同途径传递信息( )

A. 形成动作电位   B. 使离子通道开放

C. 与受体结合   D. 通过胞饮进入细胞

E. 使离子通道关闭

3. 局部化学介质的特点是( )

A. 作用时间持久   B. 不进入血循环

C. 内分泌细胞释放   D. 不需要下游信使

E. 受体位于胞浆中

4. 受体的特异性取决于( )

A. 活性中心的构象和活性基团

B. 结合域的构象和活性基团

C. 细胞膜的构象和活性基团

D. 胞内信息传导部分的构象和活性基团

E. G蛋白的构象和活性基团

5. 作用于细胞内受体的激素是( )

A. 类固醇激素   B. 儿茶酚胺类激素

C. 生长因子   D. 肽类激素

E. 蛋白类激素

6. 下列哪种激素的受体属于受体-转录因子型( )

A. 肾上腺素   B. 甲状腺素

C. 胰岛素   D. 促甲状腺素

E. 胰高血糖素

7. 需要第二信使传递信号的信号分子是( )

A. 糖皮质激素   B. 雌二醇

C. 甲状腺素   D. 醛固酮

E. 肾上腺素

8. cAMP 通过激活下列哪个酶发挥作用( )?

A. 蛋白激酶 A   B. 己糖激酶

C. 脂肪酸合成酶   D. 磷酸化酶 b 激酶

E. 丙酮酸激酶

9. 直接激活蛋白激酶 C 的化合物是( )

A. cAMP   B. cGMP

C. DAG   D. PIP_2

E. IP_3

10. cAMP-蛋白激酶 A 途径和 DAG-蛋白激酶 C 途径的共同特点是( )

A. 由 G 蛋白介导

B. Ca^{2+} 可激活激酶

C. 磷脂酰丝氨酸可激活激酶

D. 钙泵可拮抗激酶活性

E. cAMP 和 DG 均为小分子,故都可在胞液内自由扩散

11. 直接影响质膜离子通道开闭的配体是( )

A. 神经递质   B. 类固醇激素

C. 生长因子   D. 无机离子

E. 甲状腺素

12. 蛋白激酶的作用是使( )

A. 蛋白质水解   B. 蛋白质或酶磷酸化

C. 蛋白质或酶脱磷酸   D. 酶降解失活

E. 蛋白质合成

13. 属于具有酶活性受体的是( )

A. 干扰素受体   B. 生长激素受体

C. 胰岛素受体   D. 甲状腺素受体

E. 肾上腺素受体

14. G 蛋白是指( )

A. 蛋白激酶 A   B. 鸟苷酸环化酶

C. 蛋白激酶 G   D. Grb 2 结合蛋白

E. 鸟苷酸结合蛋白

15. 与 7 次跨膜结构受体偶联的蛋白质是 ( )

A. 蛋白激酶 A

B. 小 G 蛋白

C. 酪氨酸蛋白激酶

D. 异源三聚体结构的 G 蛋白

E. 接头蛋白

16. 有关 G 蛋白的叙述正确的是( )

A. 分子只能结合 GMP 或 GTP

B. 始终为 α、β、γ 三聚体状态

C. α 亚基与 GTP 结合是活性型

D. 与激素结合,直接激活 G 蛋白

E. 分子有潜在的 ATP 酶活性

17. PKA 的 C 亚基能催化靶蛋白磷酸化的残基是( )

A. 酪氨酸/丙氨酸   B. 甘氨酸/丙氨酸

C. 酪氨酸/甘氨酸   D. 甘氨酸/丝氨酸

E. 苏氨酸/丝氨酸

18. 下列哪种酶可催化 PIP_2 水解 IP_3( )

A. 磷脂酶 A_1 B. 磷脂酶 C

C. PKA   D. PKC

E. 磷脂酶 A_2

19. cGMP 能激活( )

A. 磷脂酶 C   B. 蛋白激酶 A

C. 蛋白激酶 G   D. 磷脂酶 D

E. 蛋白激酶 C

20. 临床上使用硝酸甘油作为血管扩张剂,是因为其在体内能持续产生( )

A. IP_3 B. NO

C. DAG   D. Ca^{2+}

E. cAMP

21. 心钠素通过下列哪种信息传递途径发挥调节作用( )

A. cAMP-蛋白激酶 A 途径

B. cGMP-蛋白激酶 G 途径

C. Ca^{2+}-CaM 激酶途径

D. 受体 TPK-Ras-MAPK 途径

E. JAKs-STAT 途径

22. DAG-蛋白激酶 C 介导的基因表达调控,初级应答反应是( )

A. 造成血管平滑肌松弛

B. 引起机体血糖水平下降

C. 造成细胞的分裂和增殖

D. 增加膜对离子的通透性

E. 促进立早基因的表达

23. 某蛋白分子具有以下特点:①为三聚体(α、β、γ);②有激活型和抑制型两种;③α-GTP 为其活化形式;④具有潜在的 GTP 酶活性。该蛋白最有可能( )

A. 属于 CaM   B. 属于胰岛素受体

C. 属于 PKA   D. 活化后调节 AC 活性

E. 活化后调节 PKC 活性

24. 激素受体复合物与基因的激素反应元件结合后可引起(　　)

A. 基因转录水平改变　　B. 基因内部甲基化

C. 基因发生重排　　D. DNA 分子变性

E. 组蛋白与基因结合

25. 有关类固醇激素作用方式的叙述,正确的是(　　)

A. 激素可进入核内,直接促进转录

B. 激素与受体结合后激活 G 蛋白

C. 激素-受体复合物激活热休克蛋白

D. 激素与受体结合后促进受体解聚

E. 激素-受体结合具有转录因子功能

(二) 单选题 A2 型题(最佳否定型选择题)

1. 下列哪种物质不属于第二信使(　　)

A. cAMP　　B. Ca^{2+}

C. cGMP　　D. IP$_3$

E. 乙酰胆碱

2. 关于 G 蛋白的叙述不正确的是(　　)

A. G 蛋白可与 GDP 或 GTP 结合

B. G 蛋白由 α、β、γ 亚基构成

C. 激素-受体复合体能激活 G 蛋白

D. G 蛋白的 α、β、γ 亚基结合在一起时才具有活性

E. G 蛋白有 GTP 酶活性

3. 根据经典的定义,细胞因子与激素的不同点是(　　)

A. 是一类信息分子

B. 作用于特定的靶细胞

C. 由普通细胞合成并分泌

D. 调节靶细胞的生长、分化

E. 以内分泌、旁分泌和自分泌方式发挥作用

4. 不属于细胞膜受体的是(　　)

A. 肾上腺素受体　　B. 胰岛素受体

C. 生长因子受体　　D. 心钠素受体

E. 甲状腺素受体

5. 有关生长因子受体的叙述,错误的是(　　)

A. 为跨膜蛋白质

B. 与配体结合后可变构,并且二聚化

C. 本身不具有蛋白激酶活性

D. 其丝(苏)氨酸残基可被自身磷酸化

E. 磷酸化后参与信息传递

6. 不是细胞外信号分子的是(　　)

A. 一氧化氮　　B. 葡萄糖

C. 甘氨酸　　D. 前列腺素

E. 乙酰胆碱

7. 不直接被胞内第二信使调节的蛋白激酶是(　　)

A. PKA　　B. PKC

C. PKG　　D. TPK

E. CaM 激酶

8. 关于细胞外信号分子的叙述,错误的是(　　)

A. 信号分子的组成多样化

B. 无机离子也可是细胞信号分子

C. 多由酶促级联反应传递信号

D. 完成信号传递后不需立即灭活

E. 可改变关键酶活性调节细胞代谢

(三) X 型题(多项选择题)

1. 细胞因子可通过下列哪一些分泌方式发挥生物学作用(　　)

A. 内分泌　　B. 外分泌

C. 旁分泌　　D. 突触分泌

E. 自分泌

2. 激动型 G 蛋白被激活后可直接激活(　　)

A. 腺苷酸环化酶

B. 磷脂酰肌醇特异性磷脂酶 C

C. 蛋白激酶 A

D. 蛋白激酶 G

E. 鸟苷酸环化酶

3. 激素与受体结合的特点(　　)

A. 高度特异性　　B. 高度亲和性

C. 共价结合　　D. 可饱和性

E. 结合量与效应正相关性

4. 激素受体(　　)

A. 化学本质多为糖蛋白　　B. 可分布于细胞膜上

C. 可分布于细胞质中　　D. 结构与激素相适应

E. 只分布于靶细胞

5. 与细胞生长、增殖和分化有关的信号转导途径主要有(　　)

A. cAMP-蛋白激酶途径

B. cGMP-蛋白激酶途径

C. 受体型 TPK-Ras-MAPK 途径

D. JAK-STAT 途径

E. Ca^{2+}-依赖性蛋白激酶途径

6. 细胞内信息传递中,能作为第二信使的有(　　)

A. cGMP　　B. AMP

C. DAG　　D. TPK

E. Ca^{2+}

7. 在信息传递过程中不产生第二信使的是(　　)

A. 雌二醇　　B. 甲状腺素

C. 肾上腺素　　　　D. 维甲酸

E. 活性维生素 D_3

8. 能与 GDP/GTP 结合的蛋白质是(　　)

A. G 蛋白　　　　　B. Raf 蛋白

C. Rel 蛋白　　　　D. Grb-2 蛋白

E. Ras 蛋白

(四) 名词解释

1. signal transduction　　2. receptor

3. second messenger　　　4. G protein

5. ligand　　　　　　　　6. signal transducer

7. signal transduction pathway

8. G protein coupled receptor

(五) 简答题

1. 细胞内第二信使有哪些? 其有哪些共同特点?

2. 简述信号转导途径的共同特点和规律。

3. 受体与配体的结合有哪些特点?

(六) 论述题

1. 试述 G 蛋白对腺苷酸环化酶的调节作用。

2. 分别叙述七跨膜受体和单跨膜受体的结构特点。

参 考 答 案

(一) 单选题 A1 型题 (最佳肯定型选择题)

1. A　**2.** C　**3.** B　**4.** B　**5.** A　**6.** B　**7.** E　**8.** A

9. C　**10.** A　**11.** A　**12.** B　**13.** C　**14.** E　**15.** D

16. C　**17.** E　**18.** B　**19.** C　**20.** B　**21.** B　**22.** E

23. D　**24.** A　**25.** E

(二) 单选题 A2 型题 (最佳否定型选择题)

1. E　**2.** D　**3.** E　**4.** E　**5.** D　**6.** B　**7.** D　**8.** D

(三) X 型题 (多项选择题)

1. ACE　**2.** ABE　**3.** ABD　**4.** ABCDE　**5.** CDE

6. ACE　**7.** ABDE　**8.** AE

(四) 名词解释

(略)

(五) 简答题

1. 答题要点: 细胞内小分子第二信使有 cAMP、cGMP、IP_3、DAG、Ca^{2+}、NO、PIP_2 等。其共同特点有: ①在完整细胞中, 该分子的浓度和分布, 在细胞外信号的作用下发生迅速改变; ②该分子类似物可模拟细胞外信号的作用; ③阻断该分子的变化可阻断细胞对外源信号的反应; ④作为别位效应剂在细胞内有特定的靶蛋白分子。

2. 答题要点: ①对于外源信息的反应信号的发生和终止十分迅速; ②信号转导过程是多级酶联反应; ③细胞信号传导系统具有一定的通用性; ④不同信号通路之间存在广泛的信息交流。

3. 答题要点: 受体与配体的结合有以下特点: ①高度专一性: 受体选择性地与特定配体结合, 这种选择性是由分子的空间构象所决定的。②高度亲和力: 体内活性信号存在浓度非常低, 受体与信号分子的高亲和力保证了很低浓度的信号分子也可充分起到调控作用。③可饱和性: 受体-配体的结合曲线呈矩形双曲线; 受体数目是有限的; 增加配体的浓度可使受体饱和, 当受体全部被配体占据时, 再提高配体的浓度也不会增加细胞的效应。④可逆性: 受体与配体以非共价键结合, 当生物效应发生后, 配体即与受体分离。受体可恢复到原来的状态再次接收配体信息, 而配体常被立即灭活。⑤特定的作用模式: 受体的分布和含量具有组织和细胞特异性, 并呈现特定的作用模式, 受体与配体结合后可引起某种特定的生理效应。

(六) 论述题

1. 答题要点: G 蛋白又称鸟苷酸结合蛋白, 是由 α、β、γ 三个亚基组成的三聚体。G 蛋白有两种构象。当 αβγ 三聚体共存并与 GDP 结合时, G 蛋白无活性; 当 α 亚基与 GTP 结合, 并导致 βγ 二聚体脱落, 此时, G 蛋白有活性。α 亚基还有 GTP 酶活性。作用于腺苷酸环化酶的 G 蛋白有两种, 一为激活型 (Gs) 另一种是抑制型 (Gi)。当激活型信息分子与受体结合后, 变构活化的受体与 G 蛋白相互作用, 使其释放 GDP 并立即结合 GTP。结合 GTP 的 G 蛋白发生构象改变, 使 G 蛋白中 α 亚基与 βγ 亚基分离, 释放出 αs-GTP, 后者能激活 AC。游离的 α 亚基水解 GTP→GDP+Pi, 结合 GDP 的 α 亚基与 βγ 亚基亲和力增高, 三个亚基又聚合在一起恢复无活性状态。

2. 答题要点: ①七跨膜受体, 又被称为 G 蛋白偶联受体 (G protein coupled receptor, GPCR), GPCR 是由一条肽链组成的糖蛋白, 氨基端位于细胞外表面, 羧基端在胞膜内侧, 完整的肽链中有七个跨膜的 α-螺旋结构区段, 每个 α-螺旋结构分别由 20~25 个疏水氨基酸残基组成, 由于肽链反复跨膜, 在膜外侧和膜内侧分别形成了三个环状结构, 分别负责结合配体、传递细胞内信号等, 胞内的第 2 和第3个环状结构能与G蛋白相结合。②单跨膜受体:大多为单链糖蛋白,只有一个α-螺旋跨膜区段,分为细胞外区、跨膜区和细胞内区。细胞外区一般有500~850个氨基酸残基,该区为配体结合部位;跨膜区由22~26个氨基酸残基构成一个α-螺旋,高度疏水;细胞内区是受体蛋白的羧基端,或自身具有酪氨酸蛋白激酶活性,或者自身没有酶活性,但与酪氨酸蛋白激酶分子偶联而表现出酶活性。其信号转导的共同特征是需要直接依赖酶的催化作用作为信号传递的第一步,故有称为酶偶联受体。该类受体的下游分子常含有 SH_2 和(或) SH_3 结构域。

(张 茜 黄卫东)

第十九章　癌基因、抑癌基因与生长因子

第一部分　实验预习

肿瘤的发生是由于细胞的增殖和分化失常所导致的恶性生长现象。细胞生长来源于两大类基因调控,一类是正调节信号,促进细胞增殖、阻止细胞终末分化,属癌基因;另一类是负调控信号,抑制增殖,促进分化,成熟和衰老,最终凋亡,这类属抑癌基因。癌基因和抑癌基因的关系是相互制约,促进细胞的增殖和分化。两者失调,即癌基因获得和激活或是抑癌基因丢失和灭活,都会导致肿瘤的发生。

一、癌　基　因

癌基因是指在体外可使细胞转化,在体内诱发肿瘤的基因。癌基因的特异碱基序列最初从病毒中发现,称病毒癌基因。病毒癌基因包括 DNA 病毒癌基因和逆转录病毒癌基因。后来,在正常细胞亦发现癌基因的碱基序列,称细胞癌基因或原癌基因。

原癌基因广泛存在生物界,在进化过程中有高度保守性。原癌基因的作用是通过表达产物蛋白质实现的。表达产物是对细胞增殖、分化、调节细胞发育、组织再生和创伤愈合所必需的物质。某些因素可使原癌基因激活,形成癌性的细胞转化基因。原癌基因可分为 src 家族、ras 家族、myc 家族、sis 家族、myb 家族。原癌基因的表达产物有生长因子的同源序列产物、生长因子受体同源序列产物、蛋白激酶类物质、细胞内信息传递物质(GTP 结合蛋白)、转录因子等。原癌基因的激活方式有获得启动子和增强子、基因易位、原癌基因扩增、点突变等。

二、抑　癌　基　因

抑癌基因是一类抑制细胞过度生长、增殖从而遏制肿瘤形成的基因。前已述及,原癌基因的激活或过度表达与肿瘤的形成有关;抑癌基因的失活和丢失亦可导致肿瘤发生。

常见的抑癌基因有视网膜母细胞瘤基因(Rb 基因)和 p53。

Rb 是最早发现的肿瘤抑制基因,视网膜细胞含有活性 Rb 基因,先天丢失或失活导致视网膜细胞增殖活跃,产生视网膜细胞瘤。Rb 基因的抑制肿瘤作用与 E2F(转录因子)有关。在 G0 和 G1 期,Rb 蛋白和 E2F 形成复合物使 E2F 呈非活性状态。如 Rb 缺失或突变,丧失结合 E2F 的能力,导致细胞增殖活跃、肿瘤发生。

p53 基因与人类肿瘤的相关性最高,野生型 p53 为抑癌基因,而突变 p53 则有癌基因作用。野生型 P53 蛋白在维持细胞正常生长,抑制细胞恶性增殖起重要作用。当细胞 DNA 损伤,P53 蛋白与基因相应部位结合,促进损伤的修复;而当修复失败时启动程序化死亡过程诱导细胞死亡,从而防止细胞的癌变。突变的 P53 蛋白因立体结构改变而失去对细胞恶性增殖的抑制作用,突变 P53 蛋白还可与野生 P53 蛋白形成寡聚体,不能结合和控制 DNA,导致细胞的癌变和肿瘤的发生。

三、生 长 因 子

细胞生长因子是由细胞合成和分泌的肽类物质。这类调节细胞增殖和分化的物质称为细胞生长因子。细胞生长因子最初在淋巴细胞中发现的,又称淋巴因子。亦有人称为肽类生长因子。

生长因子与靶细胞之间的作用有三种模式:内分泌、旁分泌和自分泌。生长因子必须和靶细胞受体结合,产生一系列信息传递和生物学效应。生长因子受体大部分是具有酪氨酸蛋白激酶活性的跨膜蛋白质。当生长因子和受体结合,使受体酪氨酸蛋白激酶活化,然后使相关蛋白磷酸化。有些膜受体依赖胞内信息传递体系,产生第二信息,使相关蛋白质磷酸化。这些蛋白质活化后,进入核内活化转录因子,发挥生物学效应。还有些生长因子受体定位在胞液,在胞内生成复合物,再进入核内调节相关基因,产生生物学效应。

第二部分 知识链接与拓展

HER2 与乳腺癌

HER2 是一个与乳腺癌预后密切相关的生物学指标,同时它又可预测肿瘤对某些药物治疗的敏感性,更重要的是 HER2 在乳腺癌发病机制中起着重要作用,它的存在促进了乳腺癌细胞的生长。HER2 是人表皮生长因子受体-2 的缩写,机体一些正常细胞的表面就有 HER2 的表达。正常细胞内,HER2 蛋白将生长信号从细胞外发送至细胞内。这些信号告诉细胞进行生长和分裂。在研究细胞突变时,有学者发现表皮因子样的配体是双价分子,具有两个结合位点。它们的类似"香蕉样结构"在氨基端表现为高亲和性并具较窄的特异性,可连接到 HER1、HER3 和 HER4 上,羧基端表现为低亲和性连接到 HER2 上,HER2 就成为较广特异性共受体,可以被很多生长因子激发而扩增信号。复杂的信号网络控制了细胞的生长、分化和存活。若能把 HER2 的信号功能敲除,就能削弱或减少恶性肿瘤细胞的生长。基于以上的认识,科学家进行了 HER2 单克隆抗体的制备,并在实验室检测了单克隆抗体的生物活性。此后,在裸鼠移植瘤模型中发现 HER2 单克隆抗体确实可抑制肿瘤的生长。人体研究表明 HER2 阳性患者与阴性患者相比,其肿瘤的侵袭性增加,出现阳性淋巴结、早期转移和死亡的危险性均增加。同时该基因扩增或其产物过表达与预后不良直接相关,故现已作为临床判断乳腺癌预后的一个指标。

同时,针对 HER2 阳性与乳腺癌的密切相关性,第一个针对 HER2 基因的靶向治疗药物——曲妥珠单抗,已经问世并在临床肿瘤的分子靶向治疗中得到广泛的应用。曲妥珠单抗是一种人源化抗体,能特异性地与基因 HER2 所表达的蛋白受体在肿瘤细胞膜外结合,从而阻断肿瘤细胞的信息传播通道,达到治疗恶性肿瘤的目的。多年来的临床经验证实,曲妥珠单抗对 HER2 基因阳性的乳腺癌患者临床有效率可达 50%,其疗效大大高于传统的化疗,同时有效避免了化疗所带来的细胞毒副作用,明显提高了乳腺癌患者的生存率,降低了复发转移的风险。分子靶向治疗的使用是有严格条件的,它所针对的是特定的靶点。拿曲妥珠单抗来说,在使用前首先要确定乳腺癌患者体内有没有 HER2 基因表达的蛋白受体,否则对 HER2 基因呈阴性反应的患者,盲目使用只会事倍功半。因此,在乳腺癌患者的前期手术治疗过程中,应常规检测 HER2 基因的表达情况,以便为将来的分子靶向治疗创造有利条件。

案例 19-1

　　患者,女性,54 岁,乳腺癌ⅡB 期,外院手术,HER2(+++),术后常规放化疗。术后四年出现脑转移,多发肺、骨转移。给予赫赛汀(曲妥珠单抗)联合化疗。脑转移灶行放射治疗。治疗 3 个周期后 CT 重新评估,肺内大的转移灶明显缩小,微小转移灶消失。肿瘤标志物 CA153 从 97.8ng/ml 降至 29.5ng/ml。患者一般状态明显改善,生活质量明显提高,现患者仍在治疗中。

　　问题与思考:
　　(1) HER2 基因与乳腺癌有什么关系?
　　(2) 分子靶向治疗有什么优点?

第三部分　实　　验

临床乳腺癌患者 HER2 基因扩增检测实验

【实验目的】

掌握荧光原位杂交检测 HER-2/neu 基因的原理和方法。

【实验原理】

荧光原位杂交(fluorescence in situ hybridization ,FISH)用荧光染料或抗原、半抗原标记的 DNA 或 RNA 探针与细胞中的 DNA 或 RNA 杂交,洗脱未结合的探针后,在荧光显微镜下对杂交信号的大小、数目、定位和分布等进行分析,在产前诊断、肿瘤遗传学等领域应用广泛。

FISH 检测 HER-2/neu 基因的原理是利用标记了荧光信号的、对 HER-2/neu DNA 特异的探针,杂交到病变组织细胞的 17 号染色体长臂(17q11.2-q12)上,然后在荧光显微镜下观察,所以在组织原位直接显示了此基因扩增与否的情况。同时用标记了其他荧光信号的 CSP17DNA 探针作为对照,杂交到 17 号染色体着丝粒(17p11.1-q11.1)上,这种双探针同标记的方法,进一步保证了观察的准确性。

【主要仪器及器材】

荧光显微镜。

【试剂】

乳腺癌手术切除标本(标本经 10% 中性甲醛固定,常规石蜡包埋,4μm 切片)、HER2 FISH 检测试剂盒、二甲苯、乙醇、亚硫酸钠、蛋白酶、HCl、丙酮、甲酰胺、柠檬酸缓冲液、DAPI 染料。

【操作】

(1) 切片常规二甲苯脱蜡,梯度乙醇水化,酸性亚硫酸钠处理,蛋白酶消化,盐酸酒精浸泡,梯度乙醇脱水,丙酮固定,56℃烤片 5min。

(2) 加 10μl 探针工作液于组织切片上,73℃变性 5min 后于原位杂交仪中杂交,42℃湿盒杂交过夜 16h。

(3) 50%甲酰胺、柠檬酸缓冲液、0.1% NP-40 和 70% 乙醇漂洗,暗处自然干燥玻片,DAPI 复染,封片。暗处放置 20min 后在荧光显微镜下观察(图 19-1,图 19-2)。

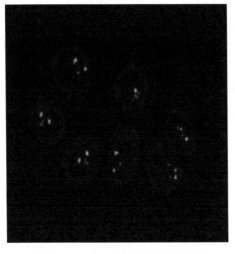

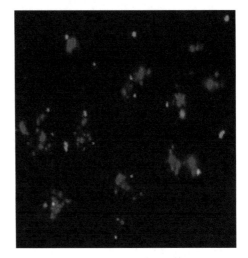

图 19-1 HER2 在细胞核中无扩增　　　　　　图 19-2 HER2 在细胞核中扩增

【预习报告】

请回答下列问题：

（1）为什么 HER2 能够作为临床判断乳腺癌预后的一个指标？

（2）为什么说分子靶向治疗使肿瘤治疗进入了一个全新的时代？

（3）乳腺癌患者在进行分子靶向治疗前为什么要进行 HER2 基因表达的蛋白受体的临床检测？

第四部分　复习与实践

（一）单选题 A1 型题（最佳肯定型选择题）

1. 视网膜母细胞瘤基因是指（　　　）

A. Rb 基因　　　　　　　　B. p16 基因

C. NF1 基因　　　　　　　D. WT1 基因

E. 突变的 Rb 基因

2. 关于病毒癌基因的叙述，正确的是（　　　）

A. 主要存在于 DNA 病毒基因组中

B. 最初在劳氏（Rous）肉瘤病毒中发现

C. 不能使培养细胞癌变

D. 又称原癌基因

E. 由病毒自身基因突变而来

3. 最早被克隆的抑癌基因是（　　　）

A. Rb 基因　　　　　　　　B. p16 基因

C. NF1 基因　　　　　　　D. WT1 基因

E. 突变的 p53 基因

4. 下列癌基因表达产物为 G 蛋白类物质的是（　　　）

A. sis　　　　　　　　　　B. erb-B

C. ras　　　　　　　　　　D. fos

E. myc

5. 原癌基因激活的结果是可能出现（　　　）

A. 新的表达产物　　　　　B. 少量的正常表达产物

C. 异常、截短的表达产物　D. 大量凋亡蛋白

E. 异常、延长的表达产物

（二）单选题 A2 型题（最佳否定型选择题）

1. 下列哪种物质不属于癌基因（　　　）

A. myc　　　　　　　　　　B. fos

C. Rb　　　　　　　　　　D. ras

E. jun

2. 癌基因的表达产物不包括哪类物质（　　　）

A. 顺式作用元件　　　　　B. 反式作用因子

C. 酪氨酸蛋白激酶　　　　D. ras 蛋白

E. 生长因子受体

3. 有关生长因子的转述，错误的是（　　　）

A. 生长因子可由癌基因编码

B. 生长因子受体可由癌基因编码

C. 生长因子受体属多肽类物质

D. 生长因子都是由淋巴细胞分泌的

E. 白细胞介素是一类细胞生长因子

4. 下列叙述错误的是( )

A. 抑癌基因包括 Rb 和 p53

B. 正常情况下,视网膜细胞含活性的 Rb 基因

C. Rb 基因的缺乏或失活,导致视网膜母细胞瘤

D. Rb 基因的抑瘤作用具有一定广泛性

E. Rb 蛋白位于核内,磷酸化形成具有活性,促进细胞分化,抑制细胞增殖的特性

5. 下列哪种癌基因表达产物不属于转录因子类物质( )

A. sis   B. jun

C. myc   D. myb

E. fos

(三) X 型题(多项选择题)

1. 下列属于癌基因的是( )

A. erb-B   B. sis

C. p53   D. Rb

E. ras

2. 下列关于 p53 的叙述,正确的是( )

A. 野生型 p53 是一个抗癌基因

B. 野生型 P53 蛋白在维持细胞正常生长,抑制恶性肿瘤增殖起重要作用

C. p53 基因可监控基因完整性

D. 当细胞 DNA 损伤时,参与 DNA 修复

E. 如修复失败,P53 蛋白启动程序性死亡过程诱导细胞死亡,阻止细胞恶变

(四) 名词解释

1. virus oncogene   **2.** cellular-oncogene

3. anti-oncogene

(五) 简答题

1. 简述癌基因活化的机理。

2. 试述癌基因表达产物分类及其作用。

3. 试述野生型 p53 基因的抑癌机理。

4. 试述肿瘤的发生与癌基因和抑癌基因的关系。

参 考 答 案

(一) 单选题 A1 型题(最佳肯定型选择题)

1. E   **2.** B   **3.** A   **4.** C   **5.** A

(二) 单选题 A2 型题(最佳否定型选择题)

1. C   **2.** A   **3.** D   **4.** E   **5.** A

(三) X 型题(多项选择题)

1. ABE   **2.** ABCDE

(四) 名词解释

(略)

(五) 简答题

1. 答题要点:癌基因的活化包括①获得启动子和增强子;②基因易位;③基因扩增;④点突变。

2. 答题要点:①细胞生长因子促进细胞增殖和分化;②生长因子受体,单跨膜蛋白质,多具有酪氨酸蛋白激酶活性;③蛋白激酶类物质;④GTP 结合蛋白,将激素受体复合物信息传递到细胞膜效应酶;⑤转录因子,调节转录及基因表达。

3. 答题要点:野生型 P53 编码的蛋白质可通过①监控基因的完整性;②抑制解链酶的活性;③参与 DNA 的复制与转录;④启动细胞凋亡程序防止细胞的恶变。

4. 答题要点:①病毒癌基因进入宿主细胞内并表达;②理化及生物因素引起原癌基因异常活化,出现癌基因新的表达产物,过量的癌基因正常的表达产物,产生癌基因异常的表达产物;③抑癌基因的丢失或失活,丧失抑癌作用;④抑癌基因突变后成为具有促癌作用的癌基因。

(姚 青 张继荣)

第二十章　血液的生物化学

第一部分　实验预习

一、血浆蛋白

正常人体的血液约占体重的 8%,比重 1.050~1.060,pH 为 7.40±0.05,渗透压在 37℃约 770kPa(310mOsm/L)。血液由液态的血浆(plasma)与混悬于其中的红细胞、白细胞和血小板组成。血浆约占全血容积的 55%~60%,血液凝固后析出的淡黄色透明液体称血清(serum),血清中不含纤维蛋白原。蛋白质是血浆的主要固体成分,其中既有单纯蛋白质如清蛋白,又有结合蛋白,如糖蛋白、脂蛋白。通常按来源、分离方法和生理功能将血浆蛋白质分类。分离蛋白质的方法包括电泳(electrophoresis)和超速离心(ultra-certrifuge),电泳是最常用方法;用乙酸纤维素薄膜在 pH8.6 巴比妥缓冲液电泳可将血清蛋白质分成五条区带:清蛋白(albumin)、α_1-球蛋白(globulin)、α_2-球蛋白、β-球蛋白和 γ-球蛋白。其中清蛋白是人体血浆中最主要的蛋白质,占血浆总蛋白的 50%。肝脏每天合成 12g 清蛋白,以前清蛋白形式合成。正常清蛋白与球蛋白的浓度比值为(A/G)(1.5~2.5)∶1。按生理功能可将血浆蛋白分为载体蛋白、免疫防御系统蛋白、凝血和纤溶蛋白、蛋白酶抑制剂、激素和参与炎症应答的蛋白。

血浆蛋白质的性质:绝大多数血浆蛋白质在肝合成;血浆蛋白质的合成场所一般位于膜结合的多核蛋白体上;除清蛋白外,几乎所有血浆蛋白均为糖蛋白;许多血浆蛋白呈现多态性(poly morphism);循环过程中,每种血浆蛋白均有自己特异的半衰期。

血浆蛋白的功能:维持胶体渗透压;维持血浆正常的 pH;运输作用;免疫作用;催化作用;营养作用;凝血、抗凝血和纤溶作用。

血浆中的众多凝血因子,抗凝血及纤溶物质在血液中相互作用、相互制约,保持循环通畅。当血管损伤、血液流出血管时,血液内发生一系列酶促级联反应,使血液由液体状态转变为凝胶状态,称为血液凝固(blood coagulatin),是止血的重要环节。

二、血细胞代谢

1. 红细胞代谢　红细胞是血液中的最主要的细胞,成熟的红细胞除质膜、胞浆外,无其他细胞器,不能进行蛋白质和脂类的合成。葡萄糖是成熟红细胞的主要能量物质。糖酵解是红细胞获得能量的唯一途径。红细胞的糖酵解途径还存在 2,3-二磷酸甘油酸(2,3-BPG)旁路,产生的 2,3-BPG 降低 Hb 与 O_2 的亲和力,是调节血红蛋白(Hb)运氧功能的重要因素;也能氧化供能。红细胞内的磷酸戊糖途径与其他细胞相同,主要功能是产生 NADPH+H^+。红细胞中的 NADPH 维持细胞内还原型谷胱甘肽(GSH)的含量,使红细胞免遭外源性和内源性氧化剂的损害。成熟红细胞的脂类都存在于细胞膜,红细胞通过主动渗入和被动交换不断与血浆进行脂质交换,维持正常膜上脂类组成结构及功能。红细胞内糖代谢的意义在于产生的 ATP 用于:①维持红细胞上钠泵(Na^+-K^+-ATPase)的正常运转;②维持红细胞膜上钙泵(Ca^{2+}-ATPase)的正常运行,将红细胞中的 Ca^{2+} 泵入血浆中维持红细胞内低 Ca^{2+} 状态;③维持红细胞膜上脂质与血浆脂蛋白中脂质进行交换所需 ATP;④少量的 ATP 用于谷胱甘肽 NAD^+ 的生物合成;⑤ATP 用于葡萄糖的活化,启动糖酵解过程。

血红蛋白是红细胞中最主要成分,是血液运输 O_2 的重要物质,由珠蛋白和血红素(heme)组成。血红素不但是 Hb 的辅基,也是肌红蛋白、细胞色素、过氧化物酶等的辅基,具有重要的生理功能。合成血红素的基本原料是甘氨酸、琥珀酰 CoA 和 Fe^{2+}。合成的起始和终末在线粒体内,中间阶段在胞液内进行,合成过程可分为四步:①δ-氨基-r-酮戊酸(ALA)的生成;②胆色素原的生成;③尿卟啉原与粪叶啉原的生成;④血红素生成。原卟啉IX与 Fe^{2+} 结合,生成血红素。铅等重金属对亚铁螯合酶有抑制作用。血红素生成后从线粒体转运到胞液,在骨髓的有核红细胞及网织红细胞中与珠蛋白结合成为血红蛋白。

血红素的合成特点:红细胞外(红细胞不含线粒体),体内大多数组织均能合成血红素,但主要合成部位是骨髓与肝。血红素合成中间产物转变主要是吡咯环侧链的脱羧和脱氢反应。合成的起始和最终过程在线粒体,中间步骤在胞液中进行,这对产物血红素的反馈调节具有重要意义。血红素合成受多因素调节,其中最主要调节步骤是 ALA 生成,ALA 合成酶是血红素合成体系的限速酶,受血红素反馈抑制作用。磷酸吡哆醛是该酶的辅酶。

2. 白细胞代谢　人体白细胞由粒细胞、淋巴和单核吞噬细胞三大系统组成,粒细胞内含线粒体很少,故糖酵解是主要的糖代谢途径,为吞噬作用提供能量。具有吞噬功能的白细胞磷酸戊糖途径很活跃,产生大量的 NADPH。中性粒细胞不能从头合成脂肪酸;单核吞噬细胞可将花生四烯酸转变成血栓素和前列腺素;粒细胞及单核吞噬细胞可将花生四烯酸转变为白三烯,白三烯是速发型过敏反应中产生的慢反应物质。粒细胞中含较高的组胺,释放后参与变态反应。单核吞噬细胞能合成多种酶、补体和各种细胞因子。

第二部分　复习与实践

(一)单选题 A1 型题(最佳肯定型选择题)

1. 红细胞主要的糖代谢途径是(　　)

A. 有氧氧化　　　　　B. 糖醛酸途径

C. 糖酵解　　　　　　D. 磷酸戊糖途径

E. 多元醇途径

2. 全血的含量占体重的(　　)

A. 60%　　　　　　　B. 15%

C. 8%　　　　　　　 D. 10%

E. 5%

3. 绝大多数血浆蛋白质的合成场所是(　　)

A. 骨髓　　　　　　　B. 肾脏

C. 肝脏　　　　　　　D. 脾脏

E. 肌肉

4. 将血浆蛋白置于 pH8.6 的缓冲液中进行乙酸纤维膜电泳时,泳动最快的是(　　)

A. α_1-球蛋白　　　　B. α_2-球蛋白

C. γ-球蛋白　　　　　D. β-球蛋白

E. 清蛋白

5. 血浆中运输胆红素的载体是(　　)

A. 清蛋白　　　　　　B. α-球蛋白

C. γ-球蛋白　　　　　D. Y 蛋白

E. Z 蛋白

6. 合成血红素的哪一步反应在胞液中进行?(　　)

A. 血红素的生成　　　B. AIA 的生成

C. 尿卟啉原III的生成　D. 原卟啉原的生成

E. 原卟啉IX的生成

7. 干扰血红素合成的物质是(　　)

A. Fe^{2+}　　　　　　　B. 铅

C. 葡萄糖　　　　　　D. 维生素 C

E. 氨基酸

8. ALA 合酶的辅酶是( )

A. 硫胺素焦磷酸酯(TPP)

B. 黄素单核苷酸(FMN)

C. 尼克酰胺腺嘌呤二核苷酸(NAD^+)

D. 黄素腺嘌呤二核苷酸(FAD)

E. 磷酸吡哆醛

9. 免疫球蛋白主要分布在( )

A. 清蛋白   B. β-球蛋白

C. α_1-球蛋白   D. α_2-球蛋白

E. γ-球蛋白

10. 血红素合成的限速酶是( )

A. 血红素合成酶   B. ALA 合酶

C. 尿卟啉原Ⅲ同合酶   D. ALA 脱水酶

E. 尿卟啉原Ⅰ同合酶

11. 合成血红素的基本原料是( )

A. 珠蛋白、Fe^{2+} B. 琥珀酰 CoA、Fe^{2+}

C. 乙酰 CoA、Fe^{2+} D. 乙酰 CoA、甘氨酸、Fe^{2+}

E. 琥珀酰 CoA、甘氨酸、Fe^{2+}

12. 血红素的合成部位在造血器官的( )

A. 线粒体   B. 微粒体与核糖体

C. 内质网与线粒体   D. 线粒体与胞液

E. 胞液与内质网

13. 成熟红细胞的主要能量来源是( )

A. 糖的有氧氧化   B. 磷酸戊糖途径

C. 脂肪酸 β 氧化   D. 糖酵解

E. 2,3-BPG 支路

14. 在生理条件下合成血红素的限速步骤是合成( )

A. 线状四吡咯   B. 胆色素原

C. 尿卟啉原Ⅲ   D. 原卟啉原Ⅸ

E. δ-氨-γ-酮戊酸

15. 红细胞内的抗氧化物主要是( )

A. $FADH_2$ B. $FMNH_2$

C. GSH   D. NADH

E. $COQH_2$

16. 对成熟红细胞来说,下列哪项说法是正确的( )

A. 存在 RNA 和核糖体

B. 具有分裂增殖的能力

C. 具有催化磷酸戊糖途径的全部酶系

D. 能合成蛋白质及核酸

E. 除存在于血液中外,还大量见于造血器官

17. 成熟红细胞内磷酸戊糖途径所生成的 NADPH 的主要功能是( )

A. 合成膜上胆固醇

B. 促进脂肪合成

C. 维持还原型谷胱甘肽(GSH)的正常水平

D. 提供能量

E. 使 $MHb(Fe^{3+})$ 还原

(二) 单选题 A2 型题(最佳否定型选择题)

1. 血浆清蛋白的功能应除外( )

A. 运输作用   B. 缓冲作用

C. 营养作用   D. 免疫功能

E. 维持血浆胶体渗透压

2. 在血浆内含有的下列物质中,肝脏不能合成的是( )

A. 凝血酶原   B. 免疫球蛋白

C. 清蛋白   D. 纤维蛋白原

E. 高密度脂蛋白

3. 下列哪一种因素不参与血红素合成代谢的调节( )

A. ALA 合酶   B. 线状四吡咯

C. ALA 脱水酶   D. 亚铁螯合酶

E. 促红细胞生成素(EPO)

(三) X 型题(多项选择题)

1. 下列血浆蛋白哪些属于糖蛋白( )

A. 清蛋白   B. α_1-球蛋白

C. 运铁蛋白   D. 结合珠蛋白

E. 铜蓝蛋白

2. 成熟红细胞的代谢途径有( )

A. 糖酵解   B. 氧化磷酸化

C. 2,3-BPG 支路   D. 三羧酸循环

E. 脂肪酸的 β-氧化

3. 血浆白蛋白的功能有( )

A. 维持胶体渗透压

B. 维持血浆的正常 pH

C. 运输某些物质,尤其是脂溶性物质

D. 营养作用

E. 抵抗外来入侵

4. 血红素合成的特点是( )

A. 合成的主要部位是骨髓和肝脏

B. 合成原料是甘氨酸、琥珀酰 CoA 及 Fe^{2+} 等

C. 合成的起始和最终过程均在线粒体中

D. ALA 脱水酶是血红素合成的限速酶

E. 合成中间步骤在胞液中

5. 关于 2,3-BPG 的叙述正确的有( )

A. 在红细胞中含量比其他细胞多

B. 可调节血红蛋白的携氧功能

C. 可稳定血红蛋白分子的 T 构象

D. 分子中含有一个高能磷酸键

E. 不能用于供能

6. 诱导 ALA 合酶合成的物质有(　　)

A. 铅　　　　　　　　B. 促红细胞生成素

C. 铁　　　　　　　　D. 睾酮

E. 血红素

（四）名词解释

2,3-BPG 支路

（五）简答题

1. 简述血浆蛋白质的主要功能。

2. 血红素合成有何特点？

3. 红细胞糖代谢有何特点？

参 考 答 案

（一）单选题 A1 型题（最佳肯定型选择题）

1. C　**2.** C　**3.** C　**4.** E　**5.** A　**6.** C　**7.** B　**8.** E

9. E　**10.** B　**11.** E　**12.** D　**13.** D　**14.** E　**15.** C

16. C　**17.** C

（二）单选题 A2 型题（最佳否定型选择题）

1. D　**2.** B　**3.** B

（三）X 型题（多项选择题）

1. BCDE　**2.** AC　**3.** ABCD　**4.** ABCE　**5.** ABC

6. BD

（四）名词解释

（略）

（五）简答题

1. 答题要点：①维持血浆胶体渗透压；②维持血浆正常的 pH；③运输作用；④免疫作用；⑤催化作用；⑥营养作用；⑦凝血、抗凝血和纤溶作用。

2. 答题要点：①体内大多数组织均具有合成血红素

的能力，但合成的主要部位是骨髓和肝，成熟红细胞不含线粒体，不能合成血红素。②血红素合成的原料是琥珀酰 CoA，甘氨酸和 Fe^{2+} 等简单小分子物质。其中间产物的转变主要是吡咯环侧链的脱羧和脱氢反应。③血红素合成的起始和终末阶段均在线粒体中进行，而其他中间步骤在胞液中进行。这种定位对终产物血红素的反馈调节作用具有重要意义。

3. 答题要点：①红细胞产生的 ATP 主要用于维持膜上钠泵、钙泵的正常运转、维持红细胞膜上脂质与血浆脂蛋白中的脂质进行交换、谷胱甘肽与 NAD^+ 的合成、糖的活化等。②2,3-BPG 的作用主要是调节 Hb 的运氧功能。③NADPH 是红细胞内重要的还原物质，具有对抗氧化剂、保护膜蛋白、血红蛋白和酶蛋白的巯基不被氧化的作用，维持细胞膜的完整性。

（李　岩　孙玉宁）

第二十一章　肝的生物化学

第一部分　实验预习

一、肝在物质代谢中的作用

肝中肝糖原合成、分解和糖异生代谢非常活跃。肝是调节血糖、维持血糖恒定的重要器官。肝在脂类的消化、吸收、合成、分解与运输过程中均具有重要作用,如脂肪合成与分解、脂肪酸的合成与 β-氧化、酮体的生成、胆固醇的合成、胆固醇向胆汁酸的转化,磷脂的合成等。肝还参与脂蛋白 VLDL、HDL 的合成。肝的蛋白质代谢十分活跃,几乎所有血浆蛋白质都来自于肝的合成(γ-球蛋白除外)。肝的氨基酸分解代谢如转氨基、脱氨基、脱羧基、转甲基、氨的转运和尿素合成等都非常活跃。

二、肝的生物转化作用

生物转化是指在肝脏把外源性、内源性非营养物质进行化学改造的过程,以提高其水溶性和极性,利于其从尿液或胆汁排出。

生物转化的特点有转化反应的连续性和多样性;解毒与致毒的双重性。

生物转化反应的主要类型分为两相反应。

(1) 第一相反应:①氧化反应:包括加单氧反应,此反应需细胞色素 P_{450} 和 NADPH;脱氢反应,如乙醇→乙醛→乙酸。②还原反应:硝基还原酶和偶氮还原酶分别将硝基化合物和偶氮化合物还原成胺类。③水解反应:催化酯类、酰胺类和糖苷类化合物的水解。

(2) 第二相反应:即结合反应,非营养物质和体内的葡萄糖醛酸、硫酸等活性形式结合,生成极性很强的物质便于排出。体内提供结合基团的物质有 UDPGA、PAPS、乙酰 CoA、GSH、甘氨酸和 SAM。

三、胆汁与胆汁酸的代谢

胆汁是肝细胞分泌的兼具消化液和排泄液的液体,胆汁酸是其主要功能成分。胆汁酸按结构分为游离胆汁酸和结合胆汁酸;按来源分为初级胆汁酸和次级胆汁酸。

肝细胞以胆固醇为原料合成初级胆汁酸;初级胆汁酸在肠道由细菌作用生成次级胆汁酸;胆汁酸的肝肠循环使有限的胆汁酸库存循环利用。次级胆汁酸在肠道生成。初级胆汁酸在肠道脱掉 7α-羟基,水解侧链结合基团,生成次级胆汁酸。95% 胆汁酸在肠道重吸收,经门静脉入肝脏,重新加工合成,并与新合成的胆汁酸一同再排到肠道,形成胆汁酸肠肝循环。人体每天进行 6~12 次肠肝循环。肠肝循环可以补充肝合成胆汁酸量的不足和人体对胆汁酸的大量需要。

主要调节胆汁酸合成的限速酶是胆固醇 7α-羟化酶。

胆汁酸的功能:①促进脂类的消化和吸收:胆汁酸立体构型具有亲水和疏水两个侧面,

能够降低油/水二相之间的表面张力,促进脂类消化和吸收。②抑制胆汁中胆固醇的析出:胆汁中胆固醇难溶于水,胆汁中的胆汁酸盐和卵磷脂可使胆固醇分散形成可溶性微团,使之不易结晶沉淀。当胆汁酸浓度下降时,易引起胆固醇析出形成结石。

四、胆色素的代谢与黄疸

胆色素是铁卟啉类化合物的分解产物,包括胆绿素、胆红素、胆素原和胆素。游离胆色素在血清中与清蛋白结合而运输,胆红素与葡萄糖醛酸结合生成水溶性的结合胆红素。肠道中10%~20%的胆素原被肠道黏膜细胞重吸收,经门静脉入肝,大部分再经胆汁分泌入肠腔,形成胆素原的肠肝循环。胆红素在血液浓度增高可造成黄疸。临床上常见有溶血性黄疸、肝细胞性黄疸和阻塞性黄疸。各种类型的黄疸均有其独特的生化检测指标。

第二部分 知识链接与拓展

一、肝 硬 化

肝硬化(hepatic sclerosis)是临床常见的慢性进行性肝病,由一种或多种病因长期或反复作用形成的弥漫性肝损害,肝细胞大量坏死,纤维结缔组织反复增生导致肝脏正常结构和功能破坏。病理学上有广泛的肝细胞坏死,残存肝细胞结节性再生,结缔组织增生与纤维隔形成,导致肝小叶结构破坏和假小叶形成,肝脏逐渐变形、变硬而发展为肝硬化,临床上以肝功能损害和门脉高压症为主要表现,并有多系统受累,晚期常出现上消化道出血,肝性脑病、继发性感染等并发症。肝硬化治疗的早期干预非常重要,假小叶一旦形成,肝纤维化就不可逆转,呈进行性加重,晚期容易转化为肝癌,唯一能够使患者痊愈的治疗方法是肝脏移植。

肝脏是三大营养物质代谢的调节枢纽,是非营养物质转化的场所,是胆汁和胆色素的合成器官。当肝硬化时各种物质代谢都会不同程度的受到影响,肝功能损害,多项实验室检查异常。大多数患者表现为贫血、黄疸、白球比例倒置,比值为(0.5~0.7):1[正常参考值(1.3~2.5):1];常有 ALT 和 AST 升高,反映肝细胞损害的程度,血清胆碱酯酶(ChE):肝硬化失代偿期 ChE 活力常明显下降,其下降程度与血清白蛋白相平行,此酶反映肝脏储备能力,若明显降低提示预后不良。在肝硬化晚期,常出现高血氨症、肝性脑病、凝血酶原时间明显延长。

案例 21-1
患者,男,45岁,农民。患者主诉腹胀、乏力伴巩膜及全身皮肤黄染1个月余。既往有乙型病毒性肝炎病史。患者于1个月前无明显诱因出现发热、腹胀和巩膜黄染。B超检查:肝被膜增厚,肝脏表面不光滑,肝实质回声增强,粗糙不匀称,门脉直径增宽,脾大,腹水。实验室检查:谷丙转氨酶514U/L(0~40U/L),总胆红素296μmol/L(3.4~17.1μmol/L),直接胆红素144.3μmol/(0~7.0μmol/L),血氨106μmol/L(20~60μmol/L),白蛋白19.5g/L(28~44g/L),谷草转氨酶83U/L(0~40U/L),碱性磷酸酶148U/L(40~150U/L),胆碱酯酶2668U/L(130~310U/L)。诊断:①肝硬化;②乙型病毒性重型肝炎;③黄疸。

问题与思考:
(1) 肝硬化患者为什么会出现白球比例倒置,血清蛋白电泳有什么特点?
(2) 肝性脑病的发病机制?

二、新生儿黄疸

新生儿黄疸是指新生儿期(自胎儿娩出脐带结扎至生后 28 天),由于胆红素在体内积聚而导致血中胆红素水平升高而出现皮肤、黏膜及巩膜黄染为特征的病症。本病分为生理性黄疸和病理性黄疸。足月儿生理性黄疸在出生后 2~3 天出现,4~5 天达到高峰,5~7 天消退,最迟不超过 2 周;若生后 24h 即出现黄疸,2~3 周仍不退,甚至继续加深加重,或消退后复现,或生后 2 周才开始出现黄疸,均为病理性黄疸。足月儿血清总胆红素超过 205.2μmol/L(12mg/dl),早产儿超过 256.5μmol/L(15mg/dl)　称为高胆红素血症,为病理性黄疸。足月儿间接胆红素超过 307.8μmol/L(18mg/dl),可引起胆红素脑病(核黄疸)的几率较高,损害中枢神经系统,易遗留后遗症。过多的胆红素对婴儿有害,但出生后胆红素轻度升高的原因尚不明了,早产和宫内感染是高危因素。健康婴儿出生后 1 周血中胆红素水平可升至 15~20mg/dl,但重度黄疸(胆红素>25~30mg/dl)如不治疗将导致脑损伤。重度黄疸的治疗主要是蓝光照射(光疗):游离胆红素,在光的作用下转变为结合胆红素,水溶性增加,能迅速经胆汁及尿液排出体外,以降低血中胆红素浓度,达到退黄的作用,是一种安全有效的方法。波长 425~475nm 的蓝光和 510~530nm 的绿光效果较好,日光灯和太阳光也有一定疗效。

案例 21-2
患儿,女,6 天,皮肤黄染 3 天,逐渐加重。第一胎第一产,足月顺产,体重 3.2kg。今查血清总胆红素为 373μmol/L(3.4~17.1μmol/L),Hb 180g/L(170~200g/L),尿胆原(+),尿胆红素(−),大便正常。诊断:新生儿黄疸。
问题与思考:
(1) 新生儿黄疸的生化机制是什么?
(2) 胆红素在肝脏是如何转化的?

第三部分　复习与实践

(一) 单选题 A1 型题(最佳肯定型选择题)

1. 下列属于次级胆汁酸的是(　　)
A. 鹅脱氧胆酸　　　　　B. 甘氨鹅脱氧胆酸
C. 牛磺胆酸　　　　　　D. 甘氨胆酸
E. 甘氨石胆酸

2. 胆汁酸合成的限速酶是(　　)
A. 7α-羟化酶　　　　　B. 12α-羟化酶
C. 7β-羟化酶　　　　　D. 7α-脱羟酶
E. 12β-还原酶

3. 下列化合物中,属于胆色素的是(　　)
A. 胆素原　　　　　　　B. 血红素
C. 胆汁酸　　　　　　　D. 胆固醇
E. 孕激素

4. 胆红素在血液中主要以哪种形式进行运输(　　)
A. 硫酸胆红素　　　　　B. 双葡萄糖醛酸胆红素
C. 胆红素-Y 蛋白　　　　D. 胆红素-Z 蛋白
E. 胆红素-清蛋白

5. 胆红素自肝脏排出的主要形式为(　　)

A. 游离胆红素　　　　B. 游离胆绿素
C. 硫酸胆红素　　　　D. 双葡萄糖醛酸胆红素
E. 胆红素-清蛋白

6. 发生溶血性黄疸时,各项生化指标变化正确的是
(　　)
A. 游离胆红素↑↑、结合胆红素↑、尿胆红素(-)、尿胆素原↓、尿胆素↑
B. 游离胆红素↑、结合胆红素↓、尿胆红素(-)、尿胆素原↑、尿胆素↓
C. 游离胆红素↑↑、结合胆红素→、尿胆红素(-)、尿胆素原↑、尿胆素↑
D. 游离胆红素↑、结合胆红素↑、尿胆红素(++)、尿胆素原→、尿胆素→
E. 游离胆红素→、结合胆红素↑↑、尿胆红素(++)、尿胆素原↓、尿胆素↓

7. 下列哪一种物质的合成过程仅在肝脏中进行
(　　)
A. 尿素　　　　B. 糖原
C. 血浆蛋白　　D. 脂肪酸
E. 胆固醇

8. 生物转化的最主要作用是(　　)
A. 使毒物的毒性降低
B. 使药物失效
C. 使生物活性物质灭活
D. 使某些药物药效更强或毒性增加
E. 使非营养物质极性增强,利于排泄

9. 在生物转化中最常见的一种结合物是(　　)
A. 乙酰基　　　　B. 甲基
C. 谷胱甘肽　　　D. 葡萄糖醛酸
E. 硫酸

10. 急性肝炎时血清中哪一种酶的活性改变最小
(　　)
A. 肌酸磷酸激酶　　B. 谷丙转氨酶
C. 谷草转氨酶　　　D. 乳酸脱氢酶
E. 醛缩酶

(二) 单选题 A2 型题(最佳否定型选择题)
1. 下列关于生物转化的叙述错误的是(　　)
A. 生物转化的对象为非营养物质
B. 生物转化的物质均为外源性物质
C. 生物转化主要在肝脏中进行
D. 生物转化作用可使被转化物质的溶解性增加
E. 生物转化的主要意义在于使被转化物质的生物活性降低或消除

2. 生物转化反应的主要类型不包括(　　)

A. 线粒体单胺氧化酶系介导的氧化反应
B. 硝基还原酶类介导的还原反应
C. 转氨基反应
D. 水解反应
E. 葡萄糖醛酸结合反应

3. 下列关于结合胆红素的叙述,错误的是(　　)
A. 结合胆红素主要为双葡萄糖醛酸胆红素
B. 水溶性比游离胆红素大
C. 主要在肝脏的滑面内质网合成
D. 结合胆红素的生成不属于生物转化
E. 结合胆红素包括少量硫酸酯胆红素

4. 发生肝后性黄疸时,下列哪一项不发生(　　)
A. 血中总胆红素含量升高
B. 血中结合胆红素含量升高
C. 尿胆红素阳性
D. 尿胆素原含量升高
E. 粪胆素原减少

5. 下列哪种物质的分解不能生成胆红素(　　)
A. 脂蛋白　　　　B. 血红蛋白
C. 肌红蛋白　　　D. 细胞色素 C
E. 过氧化氢酶

6. 下列关于胆色素代谢叙述错误的是(　　)
A. 胆色素包括胆绿素、胆红素、胆素原和胆素
B. 胆色素的来源主要为血红蛋白分解代谢
C. 胆红素在肝脏的转化主要生成胆红素葡萄糖醛酸酯
D. 溶血性黄疸的血中结合胆红素显著升高
E. 胆红素在血中主要与白蛋白结合运输

7. 溶血性黄疸时,下列哪种情况不会发生(　　)
A. 血中游离胆红素增加　　B. 粪胆素原增加
C. 尿胆素原增加　　　　　D. 尿中出现胆红素
E. 粪便颜色加深

8. 苯巴比妥可用于治疗新生儿黄疸,其作用主要是影响下列哪种物质的生成(　　)
A. 胆红素-Y 蛋白　　　B. 胆红素葡萄糖醛酸酯
C. 胆红素-清蛋白　　　D. 胆酸甘氨酸酯
E. 石胆酸牛磺酸酯

(三) X 型题(多项选择题)
1. 下列属于初级胆汁酸的包括(　　)
A. 牛磺胆酸、甘氨鹅脱氧胆酸
B. 甘氨胆酸、鹅脱氧胆酸
C. 胆酸、牛磺鹅脱氧胆酸
D. 脱氧胆酸、石胆酸
E. 胆酸、鹅脱氧胆酸

2. 下列关于胆红素的叙述,哪些是错误的(　　)
A. 生理条件下难溶于水
B. 结合胆红素也称血胆红素
C. 在血液中,和清蛋白结合而运输
D. 在肝细胞内,和葡萄糖醛酸基结合
E. 生理条件下,尿中出现胆红素

3. 结合胆红素的特点是(　　)
A. 与血清蛋白质结合的胆红素
B. 水溶性小,不能在尿中出现
C. 水溶性大,可以在尿中出现
D. 不易进入细胞内,毒性小
E. 与重氮试剂直接反应阳性

4. 阻塞性黄疸患者血和尿的变化是(　　)
A. 血清总胆红素增加
B. 与重氮试剂直接反应阳性
C. 与重氮试剂间接反应阳性
D. 尿胆红素阳性
E. 尿胆素原增加

5. 未结合胆红素的特点是(　　)

A. 水溶性大
B. 细胞膜通透性大
C. 正常人主要从尿中排泄
D. 与血浆清蛋白亲和力大
E. 重氮试剂间接反应阳性

(四) 名词解释
1. 生物转化　　　2. 初级胆汁酸
3. 次级胆汁酸　　4. 胆汁酸的肠肝循环

(五) 简答题
1. 简述肝脏在物质代谢中的作用。
2. 何谓生物转化作用? 有哪些反应类型?
3. 胆汁酸有哪些生理功能?
4. 影响生物转化反应的因素主要有哪些? 有何生理意义?
5. 严重肝病患者为何会出现黄疸?
6. 甲亢患者血清胆固醇降低的原因。
7. 胆汁酸的肠肝循环有何生理意义?
8. 结合胆红素与未结合胆红素的区别,对临床诊断有何用途?

参考答案

(一) 单选题 A1 型题(最佳肯定型选择题)
1. E　2. A　3. A　4. E　5. D　6. C　7. A　8. E
9. D　10. A

(二) 单选题 A2 型题(最佳否定型选择题)
1. B　2. C　3. D　4. D　5. A　6. D　7. D　8. A

(三) X 型题(多项选择题)
1. ABCE　2. BE　3. CDE　4. ABD　5. BDE

(四) 名词解释
(略)

(五) 简答题
1. 答题要点:①肝脏在糖代谢中的作用:通过肝糖原的合成、分解与糖异生作用对血糖进行调节,并维持血糖浓度稳定。②肝脏在脂类的消化、吸收、分解、合成和运输中均起到重要的作用。③肝脏能合成多种血浆蛋白,同时又是氨基酸分解和转变的场所。④肝脏在维生素吸收、存储和转化等方面起作用。⑤肝脏参与激素的灭活,毒物药物等通过肝的生物转化,利于排泄。

2. 答题要点:生物转化作用是指机体将一些内源性或外源性的非营养物质进行化学转变,增加其极性(水溶性),使其易随胆汁或尿液排出,这种体内转化过程为生物转化。主要反应类型分为第一相反

应和第二相反应,第一相反应包括氧化、还原和水解反应,第二相反应为结合反应。

3. 答题要点:①促进脂类的消化吸收。由于胆汁酸分子含有亲水和疏水基团,可作为较强的乳化剂,使脂类在水中乳化成细小的微团,同时还可与磷脂酰胆碱、胆固醇、脂肪酸等形成混合微团,利于消化酶作用并容易透过肠黏膜表面水层,促进脂类的消化吸收。②抑制胆固醇结石的形成。胆固醇难溶于水,在胆汁中需与胆汁酸盐等结合成为可溶性微团,才能通过胆道转运至肠道排出体外而不致结晶析出,形成结石。③对胆固醇代谢具有调控作用。胆汁酸由胆固醇转变而来,胆汁酸浓度对该过程的限速酶 7α-羟化酶和胆固醇合成的限速酶 HMG-CoA 还原酶均有抑制作用,而且半数的胆固醇在肝脏被转变成胆汁酸而被排泄,另一半胆固醇在胆汁酸的作用下随胆汁分泌由肠道排出,可见胆汁酸对胆固醇代谢有重要调控作用。

4. 答题要点:生物转化反应具有连续性、类型多样性、解毒和致毒双重性的特点,并且受年龄、性别及身体状况等因素的影响,亦受到药物或毒物的诱导。生物转化作用的生理意义在于对生物活性物质进行生理解毒或灭活,同时增强其溶解度有利于

排出,从而保护机体。同时机体对外源性物质的生物转化,有时反而会出现致毒或致癌等作用,因此不能笼统的视其为"解毒作用"。

5. 答题要点:严重肝病患者肝细胞坏死,对胆红素的摄取、结合、排泄发生障碍;另外由于纤维增生,肝组织结构改变,毛细胆管等发生阻塞,由于压力过高造成毛细胆管破裂,直接胆红素逆流回血,因此造成血清总胆红素增高,范登堡试验双向阳性,尿中出现胆红素等异常,并出现黄疸。

6. 答题要点:因甲状腺素可使 7α-羟化酶的 mRNA 合成迅速增加,因此促进胆固醇转变成胆汁酸,所以甲亢患者血清胆固醇浓度偏低。

7. 答题要点:意义:胆汁酸的循环使用,可以补充肝合成胆汁酸能力的不足和人体对胆汁酸的生理需要。

8. 答题要点:区别:①未结合胆红素是指血清中的胆红素与清蛋白形成的复合物。它分子量大,不能随尿排出;未与清蛋白结合的胆红素是脂溶性的,易透过生物膜进入脑产生毒害作用。所以血中当其浓度增加时可导致胆红素脑病。②结合胆红素主要指葡萄糖醛酸胆红素,它分子量小,水溶性好,可随尿排出。

临床诊断用途:①血浆未结合胆红素增高主要见于胆红素的来源过多,如溶血性黄疸;其次见于未结合胆红素处理受阻,如肝细胞性黄疸。②血浆结合胆红素增高主要见于阻塞性黄疸,其次见于肝细胞学黄疸。③血浆未结合胆红素和结合胆红素均轻度升高见于肝细胞性黄疸。

(张淑雅 芦晓红)

第二十二章 基因工程

第一部分 实验预习

基 因 工 程

为研究基因的结构与功能,从构建的基因组 DNA 文库或 cDNA 文库分离、扩增某一感兴趣的基因(目的基因)就是基因克隆,这一技术又称重组 DNA 技术。一个完整的基因克隆过程应该包括:目的基因的获取,克隆基因载体的选择与构建,目的基因与载体的连接,重组 DNA 分子导入受体细胞,筛选出含有目的基因的重组 DNA 转化细胞等。实现上述过程需要一些重要的工具酶,如限制性核酸内切酶及连接酶等。限制性核酸内切酶是一类能识别 DNA 特异序列的核酸内切酶。

目的基因的获取有多种途径:化学合成,PCR 技术,cDNA 合成和制备基因组 DNA 等。单独外源 DNA 离开染色体是不能复制的。克隆载体可与外源 DNA 构成重组 DNA,介导其在宿主细胞中复制。细菌质粒、噬菌体和一些病毒 DNA 均可被改造成克隆载体。载体应具备以下几个条件:①能在宿主细胞内独立复制;②必须有能供外源性 DNA 插入的限制性核酸内切酶的酶切位点;③具有可供筛选的遗传标志;④本身应尽量小,以供容纳较大的 DNA 片段。通过转化、转染或感染,重组 DNA 分子被导入受体细胞,经适当涂布的培养基培养得到大量转化子菌落或转染噬菌斑。随后鉴定哪一菌落或噬菌斑所含重组 DNA 分子确实带有目的基因,即可得到目的基因的克隆。分离的克隆基因与适当表达载体连接后可实现目的基因在 *E. coli* 或其他表达体系的表达。

第二部分 知识链接与拓展

一、克 隆 羊

1997 年 2 月 27 日,英国《自然》杂志报道了一项震惊世界的研究成果:1996 年 7 月 5 日,英国爱丁堡罗斯林研究所(Roslin)的伊恩·维尔穆特(Wilmut)领导的一个科研小组,利用克隆技术培育出一只小母羊。这是世界上第一只用已经分化的成熟的体细胞(乳腺细胞)克隆出的羊。

多莉没有父亲,它是通过无性繁殖,或者说克隆而来,在培育多莉羊的过程中,科学家采用体细胞克隆技术,主要分 4 个步骤进行:①从一只 6 岁芬兰多塞特白面母绵羊(姑且称为 A)的乳腺中取出乳腺细胞,将其放入低浓度的营养培养液中,细胞逐渐停止分裂,此细胞称之为"供体细胞"。②从一头苏格兰黑面母绵羊(B)的卵巢中取出未受精的卵细胞,并立即将细胞核除去,留下一个无核的卵细胞,此细胞称之为"受体细胞"。③利用电脉冲方法,使供体细胞和受体细胞融合,最后形成"融合细胞"。电脉冲可以产生类似于自然受精过程中的一系列反应,使融合细胞也能像受精卵一样进行细胞分裂、分化,从而形成"胚胎细胞"。④将胚胎细胞转移到另一只苏格兰黑面母绵羊(C)的子宫内,胚胎细胞进一步分化和发育,最后形成小绵羊——多莉。

换言之,多莉有3个母亲:它的"基因母亲"是芬兰多塞特白面母绵羊(A);科学家取这头绵羊的乳腺细胞,将其细胞核移植到第二个母亲(借卵母亲)———一个剔除细胞核的苏格兰黑脸羊(B)的卵子中,使之融合、分裂、发育成胚胎;然后移植到第三头羊(C)——"代孕母亲"子宫内发育形成多莉。从理论上讲,多莉继承了提供体细胞的那只绵羊(A)的遗传特征,它是一只白脸羊,而不是黑脸羊。分子生物学的测定也表明,它与提供细胞核的那头羊,有完全相同的遗传物质(确切地说,是完全相同的细胞核遗传物质。还有极少量的遗传物质存在于细胞质的线粒体中,遗传自提供卵母细胞的受体),它们就像是一对隔了6年的双胞胎。

克隆羊多莉的诞生,引发了世界范围内关于动物克隆技术的热烈争论。它被美国《科学》杂志评为1997年世界十大科技进步的第一项,也是当年最引人注目的国际新闻之一。科学家们普遍认为,多莉的诞生标志着生物技术新时代来临。继多莉出现后,克隆这个以前只在科学研究领域出现的术语变得广为人知。克隆猪、克隆猴、克隆牛……纷纷问世,似乎一夜之间,克隆时代已来到人们眼前。

二、转基因食品

转基因食品(genetically modified foods,GMF)是指利用分子生物学手段,将某些生物的基因转移到其他生物物种上,使其出现原物种不具有的性状或产物,以转基因生物为原料加工生产的食品就是转基因食品。通过这种技术人类可以获得更符合要求的食品品质,它具有产量高、营养丰富、抗病力强等优势,但它可能造成的遗传基因污染也是它的明显缺陷。生活中最常见的几种转基因食品包括:番茄、大豆、玉米、大米、土豆等。例如,番茄是一种营养丰富、经济价值很高的果蔬,但它不耐储藏,为了解决番茄这类果实的储藏问题,研究者发现,控制植物衰老激素乙烯合成的酶基因,是导致植物衰老的重要基因,如果能够利用基因工程的方法抑制这个基因的表达,那么衰老激素乙烯的生物合成就会得到控制,番茄也就不会容易变软和腐烂了。美国、中国等国已培育出了这样的番茄新品种。这种番茄抗衰老,抗软化,耐储藏,可减少加工生产及运输中的浪费。

第三部分 实 验

实验一 聚合酶链式反应(PCR)

【实验目的】

掌握PCR的概念和原理;学习PCR技术的操作步骤;了解PCR技术的应用范围。

【实验目标】

(1) 掌握PCR扩增技术的原理、特点、操作及应用。

(2) 熟悉琼脂糖凝胶电泳。

【实验原理】

聚合酶链式反应(polymerase chain reaction)简称PCR,是美国Cetus公司遗传研究室的科学家Mullis于1983年发明的一种在体外快速扩增特定基因或DNA序列的方法,又称为基因的体外扩增法。其原理与细胞内的DNA复制过程十分类似,首先是变性($>91\text{℃}$),即双链DNA分子在高温温度下加热时变性为两条单链DNA分子。然后是退火(约50℃),即降温过程中,专门设计的一对寡聚核苷酸引物分别结合到两条单链模板DNA的互补序列位置上。最后是延伸(72℃),即在DNA聚合酶的催化下,4种脱氧核苷三磷酸(dNTPs)分子按照碱基互补配对的原则,从引物的3′端开始掺入,并沿着模板分子按5′到3′合成新生的DNA互补链。由于所选用的一对寡聚核苷酸引物是按照和扩增区段两端序列彼此互补的原则设计的,因此,新合成的DNA链的起点,是加入引物在模板DNA链两端的退火位点决定,这是PCR的第一个特点,即它能够指导特定的DNA序列合成。新合成的DNA链具有引物结合位点,可作为下一轮反应的模板。PCR反应由高温变性、低温退火、中温延伸三个步骤组成,这三个步骤经过多次循环,理论上可以扩增出2^n(n是循环次数)的特定DNA区段,这是PCR的第二个特点,即使特定区段的DNA得到迅速大量的扩增。

琼脂糖凝胶电泳是PCR扩增产物鉴定的最常用的方法,扩增产物经过琼脂糖凝胶电泳后,用核酸染料染色,在紫外灯下便可以直接确定DNA的位置,通过和标准DNA电泳对比,就可以判断测定DNA的相对分子质量。

【主要仪器及器材】

PCR仪;离心机;可调式微量移液器;电泳仪;电泳槽;紫外透射分析仪;PCR管;电子天平。

【试剂】

DNA模板;上、下游引物(10pmol/l);2×PCR master mix(含Tap DNA Polymerase,PCR Buffer,dNTPs);核酸染料;琼脂糖;DNA Marker;50×TAE。

【操作步骤】

1. PCR反应　PCR反应体系的建立:按表22-1建立25μl PCR反应体系。

表 22-1　PCR 反应体系

	实验组	阴性对照组
DNA 模板	50~100ng	-
2×PCR master mix	12.5μl	12.5μl
上游引物	1μl	1μl
下游引物	1μl	1μl
去离子水	补水至总体积为25μl	

将PCR管放到PCR仪上,按以下条件进行PCR反应:94℃预变性3min;然后进行30个循环反应,其温度循环条件为:94℃变性45s,45~72℃退火40s,72℃延伸40s;循环结束后72℃再延伸10min,4℃保温适度时间。

2. 琼脂糖凝胶电泳

(1)制备凝胶:配制凝胶的浓度是根据目标DNA大小决定。如配1%的凝胶操作如下:戴上一次性手套,称取0.5g琼脂糖粉,倒入三角烧杯内,加入50ml 1×TAE,用微波炉加热至全部溶解,冷却至60℃(不烫手即可),加入核酸染料0.2μl左右,充分混匀。

(2)将胶板放入胶槽内,插好梳子。

(3)将胶倒入胶板,待胶凝固后,拔出梳子,将胶板和胶一同放入电泳槽内(注意胶孔一侧应位于负极),倒入1×TAE缓冲液直至没过凝胶及加样孔。

(4)上样:取标准分子质量DNA 5μl,取PCR产物10μl上样,分清电源线的正负极,接通电源电泳,电压为100V,电泳40min左右。

观察结果并进行分析:关闭电源,从胶槽内取出胶板,将胶放到紫外投射分析仪中观察,对结果进行分析。由于DNA片断的荧光强弱由DNA含量决定,而DNA的迁移率则反映了DNA片断的大小,故可根据电泳条带的位置和亮度来判断DNA片段的大小和含量。

【注意事项】

(1)使用过的枪头务必更换再用。

(2)PCR反应过程中,防止试剂用品的污染。

(3)核酸染料具有一定的毒性,操作时要戴手套。

(4)倒胶时,琼脂糖溶液的温度不能太高,需冷却到至60℃左右再加入核酸染料。

【预习报告】

请回答下列问题:

(1)何谓PCR,其原理是什么?

(2)PCR反应体系中各成分在PCR反应中的作用是什么?

(3)PCR反应条件如何进行优化?

实验二　重组质粒的转化

【实验目的】

(1)了解质粒的特性及其在分子生物学中的作用。

(2)掌握重组质粒$CaCl_2$法转化方法的原理和方法。

【实验原理】

分子生物学的载体是指携带外源DNA序列进入宿主的DNA分子,质粒是最简单的细菌载体,质粒大小在1000~200000bp是环状分子,独立于细菌染色体而存在,质粒可以作为工具,大量扩增DNA序列或者在宿主细胞中表达外源基因。重组质粒的扩增是在活细胞内进行,因此重组质粒转化进入细菌是关键。转化有化学转化法和物理转化法,宿主细胞经过一定的化学作用后,细胞膜的通透性增加,处于感受态,称之为感受态细胞,这种转化的方法称为化学转化法。常用的化学转化法是1972年由Cohn提出的$CaCl_2$法,即宿主菌在低温条件下的低渗溶液中,膨胀成球形,被转入的DNA与Ca^{2+}形成羟基钙磷复合物黏附于细胞表面,之后使细菌经42℃短时间的热处理,此时受体菌可大量吸收其表面黏附的DNA复合物,完成转化。在培养基上生长数小时后,菌体回复原状,可以进行分裂增殖。该方法的转化率在$5×10^6~2×10^7$转化子/μg质粒。

【主要仪器及器材】

超净工作台;恒温空气振荡器;恒温水浴箱;恒温培养箱;可调式移液器;玻璃涂布棒;培养皿;一次性手套;烧杯;浮漂。

【试剂】

重组质粒(pGEX-4T-1/NP1);感受态细胞 BL21(DE3);LB 培养基。

【操作步骤】

(1) 将已制备好的感受态细胞 BL21(DE3)冰浴。

(2) 在超净工作台中,100μl 感受态细胞加入 0.5μl 重组质粒(≤50ng/μl),并轻轻混匀。

(3) 冰浴 30min。

(4) 42℃水浴,热激 90s。

(5) 迅速将管转移至冰浴,1~2min,然后取出。

(6) 向管内加入 400μl LB 培养基,37℃恒温振荡器上温育 45min。

(7) 取 100μl 培养物至固体 LB 培养平板(Amp⁺),用涂布棒轻轻涂开。

(8) 将培养平板置于恒温空气振荡器,37℃,30min,至液体培养基被吸收,然后倒置(培养基在上方)培养 12~16h。

(9) 4℃保存培养平板。

【注意事项】

(1) 动作轻柔,时间把握要准确。

(2) 做到无菌操作,防止杂菌污染。

【预习报告】

请回答下列问题:

(1) 什么是转化? 转化的方法有哪些? 为什么要做转化?

(2) 简述 $CaCl_2$ 法转化的基本原理?

实验三　重组质粒的提取

【实验目的】

掌握碱裂解法提取质粒 DNA 的原理和方法。

【实验原理】

质粒 DNA 的提取有多种方法,本实验采用碱裂解法提取质粒 DNA。碱裂解法是一种应用最为广泛的制备质粒 DNA 的方法,碱变性抽提质粒 DNA 是基于染色体 DNA 与质粒 DNA 变性与复性的差异而达到分离目的。在 pH 高达 12.6 的碱性条件下,染色体 DNA 的氢键断裂,双螺旋结构解开而变性。质粒 DNA 的大部分氢键也断裂,但超螺旋共价闭合环状的两条互补链不会完全分离,当以 pH 4.8 的 NaAc/KAc 高盐缓冲液去调节其 pH 至中性时,变性的质粒 DNA 又恢复原来的构型,保存在溶液中,而染色体 DNA 不能复性而形成缠连的网状结构,通过离心,染色体 DNA 与不稳定的大分子 RNA、蛋白质-SDS 复合物等一起沉淀下来而被除去,而质粒 DNA 则留在上清液中,通过酚、氯仿抽提残留蛋白,乙醇或异丙醇沉淀质粒,可得到较纯质粒 DNA。

本实验我们使用质粒提取试剂盒,其原理是碱裂解法提取质粒。碱裂解法提质粒要用到三种溶液:溶液Ⅰ,50mmol/L 葡萄糖,25mmol/L Tris-HCl,10mmol/L EDTA,pH 8.0;溶液Ⅱ,0.2mol/L NaOH,1% SDS;溶液Ⅲ,3mol/L 乙酸钾,2mol/L 乙酸。溶液Ⅰ中 Tris-HCl 溶液,调节 pH;EDTA 是 Ca^{2+} 和 Mg^{2+} 等二价金属离子的螯合剂,主要作用是抑制 DNase 的活性,防止 DNA 被降解;溶液 II 中 NaOH 作用是溶解细胞,提供强碱性环境,破坏 DNA 碱基对。十二烷基硫酸钠(SDS)结合大部分蛋白质,当 SDS 遇到钾离子后变成了十二烷基硫酸钾(PDS),而 PDS 是不溶于水的,因此可将绝大部分蛋白沉淀,细菌基因组 DNA 因为太长被 PDS 共沉淀了;溶液 III 中的乙酸是为了中和 NaOH,调节溶液 pH 使质粒复性。离心去除沉淀后,上清液过柱,质粒 DNA 与柱子结合,经过 HB buffer 和 DNA wash buffer 洗涤,去除掺杂的少量蛋白和盐分,而质粒结合在柱子上,且不溶于高浓度的乙醇,仍然保留在柱子上,最后,通过 Elution Buffer 洗脱下来即可。

【主要仪器及器材】

离心机;可调式微量移液器;1.5ml 离心管。

【试剂】

LB 培养基,BL21(DE3)(pGEX-4T-1/*NP*1)菌落,质粒提取试剂盒(E. Z. N. A. Plasmid Mini Kit)。

【操作步骤】

本实验使用试剂盒提取,请按以下说明进行操作:

1. 结合柱的平衡

(1)取一个新的 Hibind DNA 结合柱装在收集管中,吸取 200μl 的 Buffer GPS 平衡缓冲液至柱子中。

(2)室温放置 3~5min。

(3)室温下,12000r/min 离心 2min。

(4)倒弃收集管中的滤液,把 Hibind DNA 柱子重新装在收集管中;加入 700μl 灭菌水至柱子中。

(5)室温下,12000r/min 离心 2min。

(6)倒弃收集管的滤液,把 Hibind DNA 柱子重新装在收集管中。这就是平衡好的柱子,然后按试剂盒说明书进行操作。该流程处理过的柱子,可室温放置 1~2 周。

2. 质粒提取

(1)将带有重组质粒(pGEX-4T-1/*NP*1)的 BL21(DE3)接种于 4ml LB/抗生素培养液中,37℃摇床培养 12~16h。

(2)取 1.5ml 的菌液,室温下 10000r/min 离心 1min 收集细菌。

(3)倒弃培养基。加入 250μl solution I/RnaseA 混合液,用枪吹打使细菌完全悬浮。

(4)往重悬混合液中加入 250μl solution II,轻轻颠倒混匀 4~6 次。此操作避免剧烈混匀裂解液且裂解反应不要超过 5min。

(5)加入 350μl solution III,温和颠倒数次至形成白色絮状沉淀。

(6)室温下,12000r/min 离心 10min。

(7)转移上清液至套有 2ml 收集管的 HiBind DNA 结合柱中,室温下,10000r/min 离心 1min,倒去收集管中的滤液。

(8)把柱子重新装回收集管,加入 500μl HB Buffer,10000r/min 离心 1min,弃去滤液。

(9)把柱子重新装回收集管,加入 700μl DNA Wash Buffer,10000r/min 离心 1min,弃去滤液。

(10)把柱子重新装回收集管,加入 700μl DNA Wash Buffer,10000r/min 离心 1min,弃去滤液。

（11）弃去滤液,把柱子重新装回收集管,10000r/min 离心空柱 2min 以甩干柱子基质,室温静置 5min,以去除柱子中的乙醇。

（12）把柱子装在干净的 1.5ml 离心管上,加入 30~50μl Elution Buffer 到柱子基质中,静置 1~2min, 10000r/min 离心 1min 洗脱出 DNA,−20℃保存。

【注意事项】

（1）加入 solution Ⅱ混匀时动作要柔和,时间不能超过 5min,以防止大肠杆菌基因组 DNA 剧烈震荡或处于强碱时间过长而断裂,影响质粒的纯度。

（2）加入溶液Ⅲ后,如未见大量白色沉淀,说明实验失败,应立即重做。

（3）DNA Wash Buffer 中含有乙醇,务必全部挥发干净,因为残留的乙醇会对限制性内切酶有影响。

实验四　重组质粒的酶切鉴定

【实验目的】

掌握质粒提取的原理和方法,了解限制性核酸内切酶在基因工程的应用。

【实验原理】

质粒提取后,通常要对其进行鉴定。最常见的方法是根据目的基因与载体连接的策略(即重组质粒中目的基因与载体片段长度和限制性酶切位点)进行酶切鉴定。具体做法是:首先选用一种或两种限制性核酸内切酶切割质粒 DNA;然后对酶切产物进行琼脂糖凝胶电泳;最后分析酶切图谱,那些能够切出预期大小的 DNA 片段的质粒可能为正确的质粒。本实验中的重组质粒 pGEX-4T-1/*NP*1（5460bp）前期的构建策略如图 22-1 所示:目的基因 *NP*1（520bp）两端分别引入用于克隆的 *Bam*HⅠ和 *Xho*Ⅰ黏性末端序列。将 *NP*1 装入经 *Bam*HⅠ和 *Xho*Ⅰ双酶切后的载体质粒 pGEX-4T-1 中,完成重组质粒 pGEX-4T-1/*NP*1 的构建。图 22-2 为载体质粒 pGEX-4T-1 的酶切图谱。

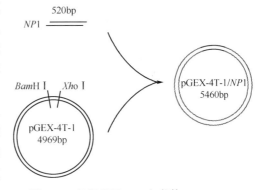

图 22-1　目的基因 *NP*1 与载体 pGEX-4T-1 连接形成重组体 pGEX-4T-1/*NP*1

利用限制性核酸内切酶 *Bam*HⅠ和 *Xho*Ⅰ双酶切质粒 pGEX-4T-1/*NP*1 后,理论上可见 4940bp 和 520bp 左右的两个条带。由于质粒 DNA 存在超螺旋、开环和线状三种构型,可单酶切质粒 pGEX-4T-1/*NP*1 将其全部线性化作为对照。理论上单酶切后只出现一条 5460bp 的 DNA 条带,如图 22-3 所示。

【主要仪器及器材】

恒温水浴锅;电泳仪;电泳槽;紫外透射仪;电子天平;可调式微量移液器;0.2ml 离心管;浮漂。

【试剂】

（pGEX-4T-1/*NP*1）质粒;琼脂糖粉;*Bam*HⅠ;*Xho*Ⅰ;10×K Buffer;10×Loading Buffer;DNA Marker。

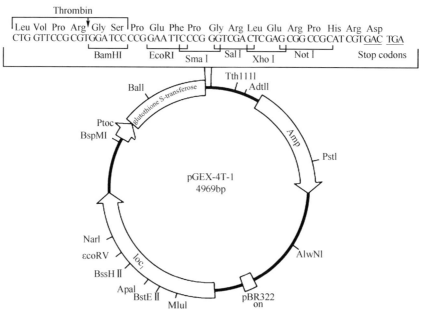

图 22-2　质粒 pGEX-4T-1 的酶切图谱

【操作步骤】

1. 酶切　取 0.2μl 离心管,按表 22-2 做单酶切和双酶切体系各 10μl。

表 22-2　单酶切和双酶切的操作步骤

	*Bam*H I 单酶切	*Bam*H I +*Xho* I 双酶切
H₂O	3.5μl	3.0μl
10×K Buffer	1.0μl	1.0μl
BamH I	0.5μl	0.5μl
Xho I	–	0.5μl
重组质粒	5μl	5μl
总计	10.0μl	10.0μl

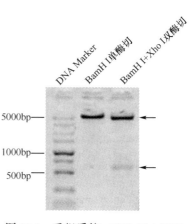

图 22-3　重组质粒 pGEX-4T-1/*NP*1
酶切后琼脂糖凝胶电泳图谱

(1) 37℃水浴 45min。

(2) 水浴结束后,加入 10×Loading Buffer 1μl 混匀。

2. 琼脂糖凝胶电泳及分析　方法参见 PCR 部分。

(1) 制备琼脂糖凝胶。

(2) 上样:取 DNA Marker 5μl,酶切产物 10μl 上样。

(3) 电泳:100V,40min。

(4) 结果观察分析:通过与 DNA Marker 对比,判断酶切条带的大小。

【注意事项】

(1) 避免酶的反复冻融,将酶放置在低温条件下储存和使用。

(2) 使用枪头时,防止用过的枪头将试剂污染。

（3）核酸染料对人有毒性,因此操作时要戴手套。

【预习报告】

请回答下列问题：

（1）什么是限制性核酸内切酶,内切酶与外切酶的有什么区别？

（2）如何进行 DNA 琼脂糖凝胶电泳结果分析？

实验五　重组质粒的原核表达

【实验目的】

掌握重组质粒原核表达的原理和方法,了解原核表达载体的结构和特点。

【实验原理】

原核表达系统中通常使用的可调控的启动子有 Lac（乳糖）启动子、Trp（色氨酸）启动子、T7 噬菌体启动子等。本实验使用的质粒载体为含有 Lac 启动子的原核表达载体,通过 IPTG 诱导菌体使目的基因在大肠杆菌中进行表达。大肠杆菌乳糖（Lac）操纵子含有操纵序列 O、启动序列 P 及调节基因 I 等,在没有乳糖存在时,Lac 操纵子处于阻遏状态。此时,I 序列在 P 启动序列操纵下表达的 Lac 阻遏蛋白与 O 序列结合,阻碍 RNA 聚合酶与 P 序列结合,抑制转录启动。当有乳糖存在时,乳糖进入细胞,经 β-半乳糖苷酶催化,转变为半乳糖,后者作为一种诱导剂结合阻遏蛋白,使蛋白构象变化,导致阻遏蛋白与 O 序列解离,结构基因开始转录。异丙基硫代半乳糖苷（IPTG）是一种作用极强的诱导剂,其作用机制与半乳糖相似,可启动基因转录、表达又不会被细菌代谢掉,从而实现外源基因持续的表达。

【主要仪器及器材】

恒温空气振荡器；超净工作台；微量移液器；离心机。

【试剂】

LB 培养基；BL21（DE3）（pGEX-4T-1/NP1）菌落；1mol/L IPTG；100mg/ml Amp⁺。

【操作步骤】

（1）在超净工作台面,取 400μl 过夜培养的 BL21（DE3）（pGEX-4T-1/NP1）菌体接种到 4ml LB 培养基（Amp⁺）中,37℃,300r/min,2h。测 OD_{600} 达 0.5~0.7 时。

（2）留一管未诱导的对照,其余各管加入 4μl IPTG 诱导,37℃,300r/min,4h。

（3）取 1ml 诱导培养物离心,10000r/min,2min。

（4）弃上清,菌体-20℃保存备用。

【注意事项】

（1）严格无菌操作,防止其他杂菌污染。

（2）注意观察细菌的生长状态。

【预习报告】

请回答下列问题：

（1）原核表达系统的优点是什么？

（2）原核表达载体有哪些,具有哪些结构特点？

（3）简述基因工程的基本实验流程。

实验六　蛋白表达的 SDS-PAGE 检测

【实验目的】

掌握 SDS-PAGE 的原理；了解 SDS-PAGE 的操作方法。

【实验原理】

聚丙烯酰胺凝胶电泳简称为 PAGE，是以聚丙烯酰胺凝胶作为支持介质的一种常用电泳技术。聚丙烯酰胺凝胶是由单体丙烯酰胺和甲叉双丙烯酰胺聚合而成三维网状结构，其孔径可以人为控制，浓缩胶是大孔胶，分离胶是小孔胶，分离胶具有分子筛的作用。蛋白质在聚丙烯酰胺凝胶中电泳时，它的迁移率取决于它所带净电荷以及分子的大小等因素。如果加入一种试剂使电荷因素消除，那电泳迁移率就取决于分子的大小，就可以用电泳技术测定蛋白质的分子量。SDS 恰好具有这种作用，SDS 是一种阴离子去垢剂，其分子带负电荷。蛋白质在含有强还原剂的 SDS 溶液中与 SDS 分子结合时，形成 SDS-蛋白质复合物。这种复合物由于结合大量带负电荷的 SDS，好比蛋白质穿上带负电的"外衣"，蛋白质本身带有的电荷则被掩盖了，从而起到消除各蛋白质分子之间自身的电荷差异的作用。因此在电泳时，蛋白质分子的迁移速度则主要取决于蛋白质分子大小。由于蛋白质-SDS 复合物在单位长度上带有相等的电荷，所以它们以相等的迁移速度从浓缩胶进入分离胶，进入分离胶后，由于聚丙烯酰胺的分子筛作用，小分子的蛋白质可以容易的通过凝胶孔径，阻力小，迁移速度快；大分子蛋白质则受到较大的阻力而被滞后，这样蛋白质在电泳过程中就会根据其各自分子量的大小而被分离。

本实验中对上一实验中经 ITPG 诱导的 pGEX-4T-1 空质粒及重组质粒 pGEX-4T-1/*NP*1 重组质粒的蛋白表达产物进行 SDS-PAGE 电泳检测。理论上 pGEX-4T-1 诱导后可见 GST 蛋白（约 26kD），pGEX-4T-1/*NP*1 诱导后可见 GST-NP1 融合蛋白（约 45kD）。如图 22-4 所示。

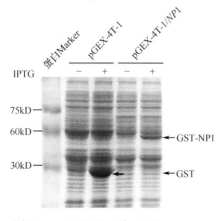

图 22-4　pGEX-4T-1 及 pGEX-4T-1/*NP*1 诱导表达产物 SDS-PAGE 电泳图谱

【主要仪器及器材】

恒压；恒流电源（0～500V，0～100mV）；垂直板电泳槽；烧杯（或三角烧杯）；可调式微量加样器。

【试剂】

1. 30% 丙烯酰胺溶液　配制方法见 SDS-聚丙烯酰胺凝胶电泳实验。

2. 分离胶缓冲液（pH8.8）　配制方法见 SDS-聚丙烯酰胺凝胶电泳实验。

3. 浓缩胶缓冲液（pH6.8）　配制方法见 SDS-聚丙烯酰胺凝胶电泳实验。

4. 10%SDS　配制方法见 SDS-聚丙烯酰胺凝胶电泳实验。

5. 电极缓冲液（pH 8.3）　配制方法见 SDS-聚丙烯酰胺凝胶电泳实验。

6. 样品缓冲液　配制方法见 SDS-聚丙烯酰胺凝胶电泳实验。

7. 10%过硫酸铵　配制方法见 SDS-聚丙烯酰胺凝胶电泳实验。

8. TEMED　从原瓶分装，4℃存放。

9. 染色液　配制方法见 SDS-聚丙烯酰胺凝胶电泳实验。

10. 脱色液　配制方法见 SDS-聚丙烯酰胺凝胶电泳实验。

【操作步骤】

1. SDS-PAGE 凝胶的制备

(1) 戴上手套,用纱布洗净玻璃板,晾干。

(2) 玻璃板用胶条密封,装到电泳槽中,先用水检查密封效果。

(3) 用烧杯按配胶表的顺序加入各组分,先配分离胶,后配浓缩胶(浓缩胶临倒之前加入 TEMED)。

(4) 将分离胶注入玻璃板间隙(注意应为浓缩胶留够空间,是梳齿长度再加 1cm 的高度)。

(5) 轻轻在分离胶顶层加入去离子水,以防止空气中的氧对凝胶聚合的抑制作用。

(6) 待分离胶聚合,约 20min,倒干净去离子水。

(7) 注满浓缩胶,并插好梳子,避免顶端有气泡。

(8) 浓缩胶需要充分聚合,1h。

(9) 去掉胶条,将胶板按内低外高的顺序放入电泳槽。

(10) 加入电泳缓冲液,内侧需没过胶孔。

(11) 拔出梳子。

2. 样品处理与上样

(1) 取出诱导菌,加入 100μl 的 0.1mol/L Tris-HCl(pH8.0),用枪吹打均匀。

(2) 取出 12μl 诱导菌加入 3μl 5×SDS-PAGE 上样缓冲液,混匀,放入浮漂,煮沸 5min。

(3) 取 10μl 蛋白 Marker,10μl 处理好的未诱导和诱导菌依次加入到胶孔。

3. 电泳

(1) 连接电源,开始电泳,电压 80V,待溴酚蓝跑到分离胶时,电压调整为 100V。

(2) 电泳至溴酚蓝距离胶底 1cm 时停止电泳,整个电泳时间约为 1.5h。

4. 染色与脱色

(1) 打开玻璃板,用刀片切去浓缩胶,取下分离胶放到染色器皿中,加入蛋白质染色液,染色 4h。

(2) 回收染色液,用水冲去胶上染液,再加入脱色液,脱色 2h。

5. 实验结果分析　通过和蛋白 Marker 对比,可以获知表达蛋白的表达与否。

【注意事项】

(1) 丙烯酰胺与 N,N′-亚甲基双丙烯酰胺是毒剂,须佩戴手套操作。

(2) 10% 过硫酸铵临用前配置。

(3) TEMED 在灌胶前加入。

(4) 选择和玻璃板间隙匹配的梳子。

(5) 上样时,勿刺破胶面。

【预习报告】

请回答下列问题:

(1) SDS-PAGE 的基本原理是什么?

(2) SDS-PAGE 与乙酸纤维素薄膜电泳、琼脂糖凝胶电泳的区别是什么?

(3) 了解其他蛋白质分离与纯化的技术。

第四部分　复习与实践

（一）单选题 A1 型题（最佳肯定型选择题）

1. 基因工程操作过程可以按顺序概括为以下几个字（　　）

A. 转、筛、分、接、切　　B. 分、切、接、转、筛

C. 分、转、接、筛、切　　D. 转、分、接、切、筛

E. 切、分、转、接、筛

2. 能识别 DNA 特异序列并在识别位点或其周围切割双链 DNA 的一类酶是（　　）

A. 核酸外切酶　　B. 核酸内切酶

C. 限制性核酸外切酶　　D. 限制性核酸内切酶

E. 核酸末端转移酶

3. 有关限制性核酸内切酶的叙述，正确的是（　　）

A. 由噬菌体提取而得

B. 可将单链 DNA 随机切开

C. 可将双链 DNA 特异切开

D. 可将两个 DNA 片段连接起来

E. 催化 DNA 的甲基化

4. 重组 DNA 技术常用的限制性核酸内切酶为（　　）

A. Ⅰ类酶　　B. Ⅱ类酶

C. Ⅲ类酶　　D. Ⅳ类酶

E. Ⅴ类酶

5. 限制性核酸内切酶 Hind Ⅲ 切割 5′-A▼A GCTT-3′ 后产生（　　）

A. 平端　　B. 5′突出黏端

C. 3′突出黏端　　D. 钝性末端

E. 配伍黏末端

6. 下列选项中，符合Ⅱ类限制性内切核酸酶特点的是（　　）

A. 识别的序列是回文结构

B. 没有特异酶切位点

C. 同时有连接酶活性

D. 可切割细菌体内自身 DNA

E. 切割的是 DNA 的一条链

7. 在基因工程中，将目的基因与载体 DNA 拼接的酶是（　　）

A. DNA 聚合酶Ⅰ　　B. DNA 聚合酶Ⅲ

C. 限制性内切核酸酶　　D. DNA 连接酶

E. 逆转录酶

8. 常用于合成 cDNA 第二链的酶是（　　）

A. Klenow 片段　　B. 连接酶

C. 碱性磷酸酶　　D. 末端转移酶

E. 限制性核酸内切酶

9. 常用于标记双链 DNA 3′-OH 端的酶是（　　）

A. Klenow 片段　　B. 连接酶

C. 碱性磷酸酶　　D. 末端转移酶

E. 限制性核酸内切酶

10. 可以利用逆转录酶作为工具酶的作用是（　　）

A. 质粒的构建　　B. 细胞的转染

C. 重组体的筛选　　D. 目的基因的合成

E. 重组体的连接

11. 作为克隆载体的最基本条件是（　　）

A. DNA 分子量较小　　B. 环状双链 DNA 分子

C. 有自我复制功能　　D. 有一定遗传标志

E. 有自我表达功能

12. DNA 克隆依赖 DNA 载体的最基本性质是（　　）

A. 青霉素抗性　　B. 卡那霉素抗性

C. 自我复制能力　　D. 自我转录能力

E. 自我表达能力

13. 就分子结构而论，质粒一般是（　　）

A. 环状双链 DNA 分子　　B. 环状单链 DNA 分子

C. 环状单链 RNA 分子　　D. 线状双链 DNA 分子

E. 线状单链 DNA 分子

14. 有关理想质粒载体的特点，正确的是（　　）

A. 为线性单链 DNA

B. 含有多种限制酶的单一切点

C. 含有同一限制酶的多个切点

D. 其复制受宿主控制

E. 不含耐药基因

15. 环状双链 DNA，由 4363bp 组成，具有一个复制起始点，一个抗氨苄青霉素和一个抗四环素的基因（　　）

A. pBR322　　B. DNA

C. 装配型质粒　　D. M13-DNA

E. 穿梭质粒

16. 直接针对目的 DNA 进行筛选的方法是（　　）

A. 氨苄青霉素抗药性　　B. 青霉素抗药性

C. 分子杂交　　D. 分子筛

E. 电泳

17. 如果克隆的基因能够在宿主菌中表达，且表达产物与宿主菌的营养缺陷互补，那我们可以（　　）

A. 用营养突变菌株进行筛选

B. 用营养完全株进行筛选

C. 通过 α-互补进行蓝白斑筛选

D. 免疫组化筛选

E. 抗药性标志

18. α-互补筛选法属于(　　)

A. 抗药性标志筛选　　　B. 酶联免疫筛选

C. 标志补救筛选　　　　D. 原位杂交筛选

E. Southern 杂交筛选

19. 表达人类蛋白质的最理想的细胞体系是(　　)

A. 酵母表达体系　　　　B. 原核表达体系

C. E.coli 表达体系　　　D. 昆虫表达体系

E. 哺乳类细胞表达体系

20. 真核表达载体不含有(　　)

A. 选择标记　　　　　　B. 启动子

C. 转录翻译终止信号　　D. mRNA 加 poly A 信号

E. 3'-加帽信号

(二) 单选题 A2 型题(最佳否定型选择题)

1. 下列 DNA 中,一般不用作克隆载体的是(　　)

A. 质粒 DNA　　　　　　B. 大肠杆菌 DNA

C. 病毒 DNA　　　　　　D. 噬菌体 DNA

E. 酵母人工染色体

2. 下列选项中不属于重组 DNA 的工具酶的是(　　)

A. 拓扑异构酶　　　　　B. DNA 连接酶

C. 逆转录酶　　　　　　D. 限制性核酸内切酶

E. 大肠杆菌 DNA 聚合酶 I 大片段

3. 关于基因工程的叙述,下列哪项是错误的(　　)

A. 也称基因克隆

B. 只有质粒 DNA 能被用作载体

C. 需供体 DNA

D. 重组 DNA 转化或转染宿主细胞

E. 重组 DNA 需进一步纯化、传代和扩增

4. 关于质粒的叙述,下列哪项是错误的(　　)

A. 大小约为数千个碱基对

B. 是双链的线性分子

C. 存在于大多数细菌的胞质中

D. 易从一个细菌转移入另一个细菌

E. 常带抗药基因

5. 下列哪项不是限制性内切酶识别序列的特点(　　)

A. 特异性很高

B. 常由 4~6 个核苷酸组成

C. 一般具有回文结构

D. 少数内切酶识别序列中的碱基可以有规律地替换

E. 限制性内切酶的切口均是黏性末端

6. 重组 DNA 的连接方式不包括(　　)

A. 黏性末端连接　　　　B. 平头末端连接

C. 黏性末端与平头末端直接连接

D. DNA 连接子技术

E. 人工接头连接

7. 克隆的基因组 DNA 可在多种真核系统表达,例外的是(　　)

A. E.coli 表达体系　　　B. 昆虫表达体系

C. 酵母表达体系　　　　D. COS 细胞表达体系

E. CHO 细胞表达体系

(三) X 型题(多项选择题)

1. 基因工程中常用的载体有(　　)

A. 质粒　　　　　　　　B. 噬菌体

C. 真菌　　　　　　　　D. 病毒

E. 细菌

2. 重组 DNA 技术中,可用于获取目的基因的方法有(　　)

A. 化学合成法　　　　　B. PCR

C. Western blot　　　　D. 基因敲除

E. 基因文库筛选

3. 下列关于质粒载体的叙述,正确的是(　　)

A. 具有自我复制能力

B. 有些质粒常携带抗药性基因

C. 为小分子环状 DNA

D. 含有克隆位点

E. 质粒分为严密型质粒和松弛型质粒

4. 从基因组 DNA 文库或 cDNA 文库分离、扩增某一感兴趣基因的过程就是(　　)

A. 基因克隆　　　　　　B. 分子克隆

C. 重组 DNA 技术　　　D. 构建基因组 DNA 文库

E. 构建 cDNA 文库

5. 将重组 DNA 分子导入受体细菌的方法有(　　)

A. 接合　　　　　　　　B. 转座

C. 转化　　　　　　　　D. 转移

E. 感染

6. 下述序列属于完全回文结构的是(　　)

A. 5'...CCTAGG...3'　　B. 5'...CCATGG...3'

C. 5'...CCTTGG...3'　　D. 5'...CGATCG...3'

E. 5'...CGTACG...3'

7. 用于构建基因组 DNA 文库的载体有(　　)

A. 酵母人工染色体　　　B. 黏粒

C. λ 噬菌体　　　　　　D. 腺病毒

E. 脂质体

（四）名词解释

1. DNA clone　　　　2. genetic engineering

3. restriction endonuclease　　4. target gene

5. gene vector　　　6. plasmid

7. competent cell

（五）简答题

1. 何谓限制性核酸内切酶？写出大多数限制性核

酸内切酶识别 DNA 序列的结构特点。

2. 何谓目的基因？写出其主要来源途径。

3. 作为基因工程的载体必须具备哪些条件。

（六）论述题

1. 试述基因重组的基本过程。

2. 基因工程的原核表达体系有何优缺点？

参 考 答 案

（一）单选题 A1 型题（最佳肯定型选择题）

1. B　2. D　3. C　4. B　5. B　6. A　7. D　8. A

9. D　10. D　11. C　12. C　13. A　14. B　15. A

16. C　17. A　18. C　19. E　20. E

（二）单选题 A2 型题（最佳否定型选择题）

1. B　2. A　3. B　4. S　5. E　6. C　7. A

（三）X 型题（多项选择题）

1. ABCD　2. ABE　3. ABCDE　4. ABC　5. CDE

6. ABDE　7. ABC

（四）名词解释

（略）

（五）简答题

1. 答题要点：限制性内切核酸酶（restriction endonuclease）是能够识别 DNA 的特异序列，并在识别位点或其周围切割双链 DNA 的一类内切酶。大部分限制性内切核酸酶识别 DNA 位点的核苷酸序列呈二元旋转对称，通常称这种特殊的结构顺序为回文结构。所有限制性内切核酸酶切割 DNA 均产生含 5′磷酸基和 3′羟基基团的末端。限制性核酸内切酶的特点：①识别 DNA 的特异序列并切割；②不同的酶识别核苷酸序列往往包含 4~6 个核苷酸；③不同的酶切割 DNA 效率不同；④可产生黏性或钝性末端；带有相同类型的黏性末端或钝性末端的 DNA 都可以再相互连接。

2. 答题要点：基因工程中把需要研究的基因称为目的基因。目的基因可来自 cDNA 和基因组 DNA，也可通过化学合成法和聚合酶链反应获得。

3. 答题要点：载体是供插入目的基因并将其导入宿主细胞内表达或复制的运载工具。理想的载体应具备以下几个条件：能稳定复制，目的基因的插入基本不影响载体的复制能力；应具有一个以上的单一限制性核酸内切酶位点，以便目的基因插入；分子质量小，拷贝数高；从生物防护角度考虑是安全的。

（六）论述题

1. 答题要点：基因重组的基本过程为：①分：分离出目的基因和基因载体的选择、构建。②切：用限制性核酸内切酶将载体和目的基因切成使二者易连接的状态。③接：用 DNA 连接酶把目的基因和载体连接成重组体。④转：把重组 DNA 分子转入受体细胞内进行表达。⑤筛：筛选出含有重组 DNA 的受体细胞并使其扩增，以获得大量的基因表达产物。

2. 答题要点：原核表达体系 E. coli 是当前采用最多的原核表达体系，其优点是培养方法简单、迅速、经济而又适合大规模生产工艺，而且人们运用 E. coli 表达外源基因已经有 20 多年的经验。缺点：①由于缺乏转录后加工机制，E. coli 表达体系只能表达克隆的 cDNA，不宜表达真核基因组 DNA；②由于缺乏适当的翻译后加工机制，E. coli 表达体系表达的真核蛋白质不能形成适当的折叠或进行糖基化修饰；③表达的蛋白质常常形成不溶性的包涵体，欲使其具有活性尚需进行复杂的复性处理；④很难在 E. coli 表达体系表达大量的可溶性蛋白。

（顾银霞　高玉婧）

第二十三章　常用分子生物学技术原理及其应用

第一部分　实验预习

一、常见的分子生物学技术

分子生物学常见的技术包括核酸分子杂交、分子印迹技术、PCR 技术、核酸序列分析技术。

(一) 核酸杂交技术

利用核酸变性和复性的原理,把不同的 DNA 与 RNA 单链放在同一溶液或把不同的 DNA 单链放在一起,只要存在一部分碱基配对,就可以形成杂化双链。用这种方法检测核酸的同源性。

(二) 印迹技术

印迹技术就是将电泳分离的 DNA(RNA)分子转移到硝酸纤维膜上,成为固相分子。再让其和已知探针杂交。如出现杂交链,通过放射自显影印迹出杂交的区带。核酸印迹技术可分为 DNA 印迹技术(Southern blot),RNA 印迹技术(Northern blot)和蛋白质免疫印迹技术(Western blot)。

DNA 印迹技术主要用于基因组 DNA 分析,特异性基因的定位及检测以及基因 DNA 分析,定位及检测基因重组质粒及噬菌体的分析等。RNA 印迹技术主要检测组织细胞内 RNA 的表达水平以及不同组织间同一基因的表达差异等。蛋白质免疫印迹技术主要检测样品中特异性蛋白的存在以及蛋白质的半定量分析。

(三) 探针技术

探针技术是把一个已知的 DNA(RNA)序列,用同位素标记末端,在硝酸纤维膜上与未知的 DNA(RNA)杂交。如果出现杂交链,通过同位素放射自显影显示出区带。说明未知的检测核酸与探针有同源性。

(四) 聚合酶链反应(PCR 技术)

1. 原理　DNA 的体外扩增技术,将 DNA 两端接上互补的寡核苷酸链,作为引物,通过复制进行反复扩增目的 DNA 片断。PCR 反应体系包括模板 DNA,特异性引物,DNA 聚合酶(耐热),dNTP 以及 Mg^{2+} 的缓冲液。

2. 基本反应步骤　①变性,反应体系加热 95℃,模板 DNA 变为单链;②退火,逐渐地温度降低,使引物和模板退火结合;③延伸,在 72℃ 条件下进行聚合反应。上述三个步骤为一个循环,多次循环达到扩增的目的。

3. 用途 ①目的基因的克隆;②体外基因变异体的设计;③微量 DNA 分析。主要应用病原微生物的检测,突变基因的筛选,法医学鉴定及 DNA 序列分析。

(五) 核酸序列分析

核酸序列分析常用 DNA 末端合成终止法和化学裂解法。DNA 末端合成终止法的原理就是用四种 ddNTP(2′,3′-二脱氧三磷酸核苷)代替 dNTP,使部分 DNA 合成链因无 3′-游离羟基而终止反应。再用电泳分离这些片段,可进一步读出核酸序列。

二、分子生物学在医学中相关的几个问题

(一) 疾病相关基因的克隆与鉴定

人类携带的各种有害基因可以导致疾病。克隆致病基因的主要策略是:①功能克隆法,从已知的功能变化克隆基因;②定位克隆基因从致病基因的染色体定位,进行克隆基因。通过这两种克隆方法可以预测出候选致病基因。前者称为非定位候选基因策略,而后者称为定位候选基因克隆策略。

(二) 转基因、核转移及基因剔除技术

1. 转基因技术 转基因技术就是将目的基因整合到受精卵或胚胎细胞,将细胞导入动物子宫,发育成个体。这种个体能将目的基因传给子代,该技术称转基因技术,导入的目的基因称转基因,接受目的基因的受体动物称为转基因动物。

2. 核转移技术 核转移技术就是将动物体细胞核全部导入另一个去除胞核的受精卵,使之发育成个体。其所携带遗传性状仅来源一个父体(母体),因而为无性繁殖。从遗传上讲,是一个个体的完全拷贝,又称之为克隆。

3. 基因剔除技术 专一地去除动物某种目的基因的技术称为基因剔除技术,或称为基因靶向灭活。这种技术在细胞水平上,建立新的细胞系,亦可在整体水平进行,获得基因剔除动物。

(三) 基因文库

基因文库是指一个包含某一生物体的全部 DNA 序列的克隆群体。基因文库可分为基因组 DNA 文库和 cDNA 文库。基因组 DNA 文库是指包括某一生物细胞的全部基因组 DNA 序列的克隆群体。cDNA 文库是指某一组织细胞在一定条件下所表达的全部 mRNA 经逆转录合成的 cDNA 序列的克隆群体。它以 cDNA 片段的形式储存着该组织细胞的基因表达信息。

(四) 生物芯片技术

生物芯片技术是 20 世纪末发展起来的规模化生物信息分析技术,可分为基因芯片和蛋白质芯片。基因芯片包括 DNA 芯片和 cDNA 芯片,是指将许多特定的 DNA 片段和 cDNA 片段作为探针,有规律地紧密排列固定于单位面积的支持物上,然后与待测的荧光样品杂交。杂交后,用激光共聚焦荧光检测系统扫描,通过计算机进行检测、比较和分析。蛋白质芯片技术是将高度密集排列的蛋白质分子作为探针点阵,固定在固相支持物上。当和蛋白质样品反应时,可捕获样品中的靶蛋白,通过检测进行定性和定量分析。

三、人类基因组计划及后基因组的研究

(一) 人类基因组计划

人类基因组计划从 1991 年开始实施,具体内容包括:①遗传图分析;②物理图分析;③基因组 DNA 全部序列分析;④资料的储存和利用。人类基因组计划的实施促进了医学的发展。人们逐渐认为人类疾病与基因或多或少相关联。

(二) 后基因组研究

1. 后基因组研究内容　①功能基因组学主要讨论细胞在不同时间,不同条件下表达基因的种类和数量,比较不同细胞间,或同一细胞在不同条件下的表达差异,进一步认识基因在细胞生长、发育、分化和病理条件下的功能变化,认识其表达调控方式及调节机制;② 蛋白质组学是后基因组研究的又一重要内容,对细胞内的基因表达全部蛋白质,尤其是不同时期,不同条件,疾病及给药前后基因表达的蛋白质做全面的分析。除上述两方面研究之外,还有对蛋白质空间结构分析及预测,基因表达产物分析,细胞信号传导机制研究等。

2. 后基因组研究意义　后基因组研究进展为医学发展提供更多的线索和机遇;对各种疾病发病机制做最终的解释;亦从分子生物学高度为疾病诊断和治疗提供新的线索。

四、疾病相关基因的诊断

疾病相关基因的诊断包括限制性长度多态性分析和单链构象多态性分析。

(一) 限制性长度多态性分析(RFLP)

RFLP 是利用限制性核酸内切酶消化 DNA 分子,经琼脂糖电泳分离并显示出与正常个体不同的突变 DNA 分子的电泳谱型。凡是有限制性内切酶位点变化的突变均可用此方法检测。

(二) 单链构象多态性分析(SSCP)

SSCP 是疾病相关基因分析和克隆的方法。如果基因碱基发生变化,可导致一定程度基因构象的变化,电泳时,出现不同于原有区带的迁移率。此方法常用于检测突变分子。

第二部分　复习与实践

(一) 单选题 A1 型题(最佳肯定型选择题)

1. 免疫印迹技术指的是(　　)
A. 结合在膜上的蛋白质分子与抗体分子结合
B. 结合在膜上的 DNA 分子与抗体结合
C. 结合在膜上的 RNA 分子与抗体结合
D. 结合在膜上的 DNA 分子与 RNA 分子结合
E. 结合在膜上的免疫分子与 DNA 的结合

2. 用来鉴定蛋白质的技术是(　　)
A. Northern 印迹杂交　　B. 亲和层析
C. Southern 印迹杂交　　D. Western 印迹杂交
E. 离子交换层析

3. 用来鉴定 RNA 的技术是(　　)
A. Northern 印迹杂交　　B. 亲和层析
C. Southern 印迹杂交　　D. Western 印迹杂交

E. 离子交换层析

4. 用来鉴定 DNA 的技术是( )

A. Northern 印迹杂交   B. 亲和层析

C. Southern 印迹杂交   D. Western 印迹杂交

E. 离子交换层析

5. "Sourthern blot" 指的是( )

A. 将 DNA 转移到膜上,用 DNA 做探针杂交

B. 将 RNA 转移到膜上,用 DNA 做探针杂交

C. 将 DNA 转移到膜上,用蛋白质做探针杂交

D. 将 RNA 转移到膜上,用 RNA 做探针杂交

E. 将 DNA 转移到膜上,用 RNA 做探针杂交

6. 用于核酸杂交的探针至少应符合下列哪条( )

A. 必须是双链 DNA

B. 必须是双链 RNA

C. 必须是单链 DNA

D. 必须是 100bp 以上的大分子 DNA

E. 必须是蛋白质

7. Western blot 中的探针是( )

A. RNA   B. 单链 DNA

C. cDNA   D. 抗体

E. 双链 DNA

8. 同位素标记探针检测 NC 膜上的 RNA 分子( )

A. 叫做 Northern blot   B. 叫做 Southern blot

C. 叫做 Western blot   D. 叫做蛋白分子杂交

E. 叫做免疫印迹杂交

9. 探针是经过什么标记的核酸分子( )

A. 用放射性同位素标记   B. 用生物素标记

C. 用地高辛标记   D. A、B、C 都对

E. 用抗体标记

10. 原位杂交是指( )

A. 在 NC 膜上进行杂交操作

B. 在组织切片或细胞涂片上进行杂交操作

C. 直接将核酸点在 NC 膜上的杂交

D. 在 PVDF 膜上进行杂交操作

E. 在凝胶电泳中进行的杂交

11. 聚合酶链式反应可表示为( )

A. PEC   B. PER

C. PDR   D. BCR

E. PCR

12. PCR 实验延伸温度一般是( )

A. 90℃   B. 72℃

C. 80℃   D. 95℃

E. 60℃

13. 标签蛋白沉淀是( )

A. 研究蛋白质相互作用的技术

B. 基于亲和色谱原理

C. 常用标签是 GST

D. 也可以是 6 组氨酸标签

E. 以上都对

14. 研究蛋白质与 DNA 在染色质环境下相互作用的技术是( )

A. 标签蛋白沉淀   B. 酵母双杂交

C. 凝胶迁移变动实验   D. 染色质免疫沉淀法

E. 噬菌体显示筛选系统

15. 动物整体克隆技术又称为( )

A. 转基因技术   B. 基因灭活技术

C. 核转移技术   D. 基因剔除技术

E. 基因转移技术

(二) 单选题 A2 型题(最佳否定型选择题)

1. 分子杂交实验不能用于( )

A. 单链 DNA 与 RNA 分子之间的杂交

B. 双链 DNA 与 RNA 分子之间的杂交

C. 单链 RNA 分子之间的杂交

D. 单链 DNA 分子之间的杂交

E. 抗原与抗体分子之间的杂交

2. 下列哪种物质不能用作探针( )

A. DNA 片段   B. cDNA

C. 蛋白质   D. 氨基酸

E. RNA 片段

3. 双脱氧末端终止法测序体系与 PCR 反应体系的主要区别是前者含有( )

A. 模板   B. 引物

C. DNA 聚合酶   D. ddNTP

E. 缓冲液

4. 关于聚合酶链反应(PCR)的叙述错误的是( )

A. 是体外获得目的 DNA 广泛采用的一种方法

B. 需要设计出合适的引物

C. 催化反应的酶是一般的依赖 RNA 的 DNA 聚合酶

D. 似于 DNA 的天然复制过程

E. PCR 由变性-退火-延伸三个基本反应步骤构成

5. Northern blot 与 Southern blot 不同的是( )

A. 基本原理不同

B. 无需进行限制性内切酶消化

C. 探针必须是 RNA

D. 探针必须是 DNA

E. 靠毛细作用进行转移

6. 可以不经电泳分离而直接点样在 NC 膜上进行杂交分析的是( )

A. 斑点印迹　　　　B. 原位杂交
C. RNA 印迹　　　　D. DNA 芯片技术
E. DNA 印迹

7. 下列哪种物质在 PCR 反应中不能作为模板(　　)
A. RNA　　　　B. 单链 DNA
C. cDNA　　　　D. 蛋白质
E. 双链 DNA

8. RT-PCR 中不涉及的是(　　)
A. 探针　　　　B. cDNA
C. 逆转录酶　　　　D. RNA
E. dNTP

9. 关于 PCR 的基本成分叙述错误的是(　　)
A. 特异性引物　　　B. 耐热性 DNA 聚合酶
C. dNTP　　　　D. 含有 Zn^{2+} 的缓冲液
E. 模板

10. cDNA 文库构建不需要(　　)
A. 提取 mRNA
B. 限制性内切酶裂解 mRNA
C. 逆转录合成 cDNA
D. 将 cDNA 克隆入质粒或噬菌体
E. 重组载体转化宿主细胞

11. 有关 DNA 序列自动化测定的不正确叙述是(　　)
A. 用荧光代替了同位素标记
B. 激光扫描分析代替人工读序
C. 基本原理与手工测序相同
D. 不再需要引物
E. 需要与手工序列分析相同的模板

12. 人类基因组计划研究内容不包括(　　)
A. 遗传作图　　　B. 蛋白质表达图
C. 基因组序列图　　D. 物理图谱
E. 转录图

(三) X 型题(多项选择题)
1. 常用于研究基因表达的分子生物学技术有(　　)
A. Northern blot　　B. Southern blot
C. Western blot　　D. RT-PCR
E. 酵母双杂交系统

2. 核酸探针可以是(　　)
A. 人工合成寡核苷酸片段
B. 基因组 DNA 片段
C. RNA 片段
D. cDNA 全长或部分片段
E. 核苷酸

3. 生物大分子印迹技术包括(　　)

A. DNA blot　　　B. RNA blot
C. 蛋白质印迹　　D. 免疫印迹
E. 糖类分子的印迹

4. PCR 技术主要用于(　　)
A. 目的基因的克隆
B. 基因的体外突变
C. DNA 和 RNA 的微量分析
D. DNA 序列测定
E. 基因突变分析

5. 克隆羊多莉的产生(　　)
A. 属于同种异体细胞转移技术
B. 属于同种异体细胞核转移技术
C. 多莉的遗传基因来自另一只羊的体细胞
D. 需要在试管内受精
E. 属于无性繁殖

6. 有关转基因技术的正确说法包括(　　)
A. 基因转移只能在同种异体之间进行
B. 基因转移只能在同种个体之间进行
C. 将目的基因整合入受精卵细胞
D. 将目的基因整合入胚胎干细胞
E. 接受了目的基因的动物不能遗传

7. 从动物体内去除某种基因的技术称为(　　)
A. 基因靶向灭活　　B. 基因剔除
C. 基因转移　　　D. 基因克隆
E. 基因重排

8. 基因剔除技术(　　)
A. 基本原理是基因可发生同源重组
B. 将有活性的基因放入受精卵细胞
C. 将灭活的基因导入胚胎干细胞
D. 需要进行微注射
E. 微注射的目的是定向导入靶基因

9. 基因组 DNA 文库建立需要(　　)
A. 基因组进行限制性内切酶消化
B. DNA 片段克隆到相应载体中
C. 重组体感染宿主菌
D. 筛选目的基因可以通过核酸分子杂交的方法进行
E. 以 λ 噬菌体为载体的人基因组 DNA 文库的克隆数目至少应在 10^6 以上

10. 疾病动物模型可用于(　　)
A. 探讨疾病的发生机制
B. 克隆致病基因
C. 新治疗方法的筛选系统
D. 新药物的筛选系统

E. 新疾病模型的筛选系统

11. 蛋白质芯片主要应用于( )

A. 蛋白质结构的研究

B. 蛋白质表达谱的研究

C. 蛋白质功能的研究

D. 蛋白质之间的相互作用研究

E. 疾病的诊断和新药的筛选

12. 研究蛋白质相互作用的技术包括( )

A. 标签蛋白沉淀　　　B. 酵母双杂交

C. 凝胶阻滞实验　　　D. 噬菌体显示筛选系统

E. DNA 印迹

13. 后基因组研究内容包括( )

A. 测定全部基因组序列

B. 测定 cDNA 序列

C. 测定一条染色体上的 DNA 序列

D. 研究基因表达产物的功能

E. 研究不同组织细胞中基因表达的差异

(四) 名词解释

1. probe　　　　　　**2.** blotting technology

3. gene library　　　**4.** 核转移技术

5. gene chip　　　　**6.** PCR 聚合酶链反应

7. 人类基因组计划

(五) 简答题

1. 简述印迹技术的分类及应用。

2. 简述 PCR 技术的基本原理及应用。

3. 简述基因转移和基因剔除技术在医学发展中的作用。

4. 人类基因组计划的目的是什么？对医学发展会带来哪些影响？

5. 后基因组研究包括哪些内容？

(六) 论述题

1. 试述 PCR 反应体系的基本成分、PCR 的基本反应步骤和主要用途。

2. 试述酵母双杂交技术的基本原理及应用。

参 考 答 案

(一) 单选题 A1 型题(最佳肯定型选择题)

1. A　**2.** D　**3.** A　**4.** C　**5.** A　**6.** C　**7.** D　**8.** A

9. D　**10.** B　**11.** E　**12.** B　**13.** E　**14.** D　**15.** C

(二) 单选题 A2 型题(最佳否定型选择题)

1. E　**2.** D　**3.** D　**4.** C　**5.** A　**6.** A　**7.** D　**8.** A

9. D　**10.** B　**11.** D　**12.** B

(三) X 型题(多项选择题)

1. ACDE　**2.** ABCD　**3.** ABCD　**4.** ABCDE　**5.** BCE

6. BCD　**7.** AB　**8.** ACD　**9.** ABCDE　**10.** ACD

11. BCDE　**12.** AB　**13.** DE

(四) 名词解释

(略)

(五) 简答题

1. 答题要点:印迹技术是指将在凝胶中分离的生物大分子转移或直接放在固定化介质上并加以检测分析的技术。它主要包括 DNA 印迹技术 (Southern blot)、RNA 印迹技术 (Northern blot) 和蛋白质免疫印迹技术 (Western blot) 等。

DNA 印迹技术主要用于基因组 DNA 的定性和定量分析,例如对基因组中特异基因的定位及检测等,此外亦可用于分析重组质粒和噬菌体。

RNA 印迹技术主要用于检测某一组织或细胞中已知的特异 mRNA 的表达水平,也可以比较不同组织和细胞中的同一基因的表达情况。

蛋白质免疫印迹技术,也叫免疫印迹,用于检测样品中特异性蛋白质的存在、细胞中特异蛋白质的半定量分析以及蛋白质分子的相互作用研究等。

2. 答题要点:PCR 技术类似于 DNA 的体内复制。以 DNA 分子为模板,以一对与模板序列互补的寡核苷酸片段为引物,在 DNA 聚合酶作用下,利用 4 种脱氧核苷酸,完成新的 DNA 的合成,重复这一过程使目的 DNA 片段得到扩增。这一技术可以将微量目的 DNA 片段扩增 100 万倍以上。基本步骤是首先待扩增 DNA 模板加热变性解链,随之将反应混合物冷却至某一温度,这一温度可使引物与它的靶序列发生退火,再将温度升高使退火引物在 DNA 聚合酶作用下得以延伸。这种变性-复性-延伸的过程就是一个 PCR 循环,PCR 就是在合适条件下的这种循环的不断重复。主要用于目的基因的克隆、基因的体外突变、DNA 和 RNA 的微量分析、DNA 序列测定和基因突变分析等。

3. 答题要点:基因转移和基因剔除技术在医学中最重要的用途是建立疾病动物模型。以往的遗传疾病动物模型主要是自然发生或用化学药物、放射诱导等方式获得。基因转移和基因剔除技术为直接建立动物模型提供了有效的手段。这些模型可用于探讨疾病的发生机制,更重要的是可作为新的治疗方法和新的药物筛选系统。

建立动物模型:①单基因决定疾病模型:应用基因剔除模拟基因失活,如动脉硬化症疾病模型。②多基因决定疾病模型。

4. 答题要点:人类基因组计划的目的是分析人类基因组 24 条染色体中约 30 亿核苷酸 DNA 分子的全部序列,对了解各种基因的功能,表达的调控,理解进化的基础有重大的意义。内容包括:①建立高分辨率的人类基因组遗传图。②建立人类所有染色体的物理图谱。③研究完成人类所有基因组的全部序列测定。④发展取样,收集,数据的存储及分析技术。该计划大大促进医学发展,DNA 遗传作图和物理作图对于认识疾病相关基因具有推动作用。遗传性疾病的基因定位,尤其是对多基因复杂性状的基因位点将在全基因组中得以确认,可对一些传统的疾病(高血压、糖尿病等)从分子生物学角度有新的认识,并寻求新的治疗途径。

5. 答题要点:后基因组的研究工作包括:①功能基因组学,揭示不同细胞在不同发育阶段,不同的生理和病理条件下基因表达状态,深入认识这些基因在发育、分化、病理状态下的功能变化及调控机理。②蛋白质组学,不同生命期间(正常、疾病、给药前、后)蛋白质表达情况。③蛋白质空间结构的分析及预测。④基因表达产物的功能分析。⑤细胞信号传导的机理研究。后基因组研究的进展将为医学发展提供更多的线索和机遇。

(六) 论述题

1. 答题要点:组成 PCR 反应体系的基本成分包括模板 DNA、特异性引物、耐热性 DNA 聚合酶、dNTP 以及含有 Mg^{2+} 的缓冲液。PCR 的基本反应步骤包括:①变性:将反应体系加热至 95℃ ,使模板 DNA 完全变性为单链,同时引物自身以及引物之间存在的局部双链也得以消除。②退火:将温度下降至适宜温度使引物与模板结合。③延伸:将温度升至 72℃ ,DNA 聚合酶以 dNTP 为底物催化 DNA 的合成反应。

PCR 主要用途:①目的基因的克隆。②基因的体外突变。③DNA 和 RNA 的微量分析。④DNA 序列测定。⑤基因突变分析。

2. 答题要点:酵母双杂交系统目前已成为分析细胞内未知蛋白相互作用的主要手段之一。该技术是基于酵母转录激活因子 GAL4 分子的 DNA 结合区(BD)和促进转录的活性区(AD)被分开后将丧失对下游基因的激活作用,但 BD 和 AD 分别融合了具有配对相互作用的两种蛋白质分子后,就可以依靠所融合的蛋白质分子之间的相互作用而恢复对下游基因的表达激活作用。

酵母双杂交系统可以用于:①证明两种已知基因序列的蛋白质可以相互作用的生物信息学推测。②分析已知存在相互作用的两种蛋白质分子的相互作用功能结构域或关键的氨基酸残基。③将拟研究的蛋白质的编码基因与 BD 基因融合成为" 诱饵 "表达质粒,可以筛选 AD 基因融合的" 猎物 "基因表达文库,筛选未知的相互作用蛋白质。

(顾银霞　高玉婧)